机械工程测试技术

U0240290

主　编　周传德
副主编　文　成　李　俊
　　　　余　愚　陈　刚

重庆大学出版社

内 容 提 要

机械设计、机械制造和机械测试是机械工程领域的三大分支。随着科学技术的发展,以及自动化、计算机、信息技术、微机电系统和机械测试的多学科交叉,机械测试技术得到迅速发展和越来越广泛的应用。编者以卓越工程师培养教育培养计划和机械工程专业人才培养标准为指导,针对普通应用型本科编写本教材。本教材吸收编者多年的教学经验和相关参考书的优点,着重于工程应用的阐述,重点突出,内容符合教学大纲的要求。全书共 11 章,其内容包括测试系统的基本特征、信号分析基础、信号调理及信号处理(含数字信号处理)、振动测试、噪声测试、机械参量测试等应用。

本书可作为高等学校机械类、自动化类及相关专业本科生的教材和参考书,也可供从事机械工程测试工作的工程技术人员参考。

图书在版编目(CIP)数据

机械工程测试技术/周传德主编. —重庆:重庆大学出版社,2014.1(2021.8)
机械设计制造及其自动化专业本科系列规划教材
ISBN 978-7-5624-7959-8

Ⅰ.①机… Ⅱ.①周… Ⅲ.①机械工程—测试技术—高等学校—教材 Ⅳ.①TG806

中国版本图书馆 CIP 数据核字(2014)第 002446 号

机械工程测试技术
主 编 周传德
策划编辑:曾显跃

责任编辑:文 鹏 版式设计:曾显跃
责任校对:任卓惠 责任印制:张 策

*

重庆大学出版社出版发行
出版人:饶帮华
社址:重庆市沙坪坝区大学城西路 21 号
邮编:401331
电话:(023)88617190 88617185(中小学)
传真:(023)88617186 88617166
网址:http://www.cqup.com.cn
邮箱:fxk@cqup.com.cn(营销中心)
全国新华书店经销
POD:重庆市圣立印刷有限公司

*

开本:787mm×1092mm 1/16 印张:15 字数:374 千
2014 年 1 月第 1 版 2021 年 8 月第 2 次印刷
ISBN 978-7-5624-7959-8 定价:42.00 元

前 言

设计、工艺和检测是机械工程三大组成部分。在工业自动化、机械制造业信息化和创新型人才培养中,测试技术和测试技术课程起着极为重要的作用。测试技术涉及电子、工程数学、计算机和信息技术等多学科的交叉,知识点较多,该课程虽进行过多次大面积更新,但被认为较为难学的课程之一。本教材根据卓越工程师教育培养计划和机械工程工程师标准要求,以工程应用为重点,借助已有的工程工具 Matlab 和 Lab-___ 等,以解决实际工程问题为主线,穿插传感器、机械特性___ 满足普通应用型本科的人才培养需要,以培养学生___测试系统为目标。

___3 篇 11 章。第一篇测试概述,系统地论述了测___基本特性;第二篇信号处理,包括测试系统中的信___数据采集,信号处理和数字信号处理基础等,并配以___ LabVIEW 演示多媒体或案例;第三篇典型机械测试系___包括振动、噪音、机械参量、工业自动化等测试系统的构建与应用,内容包括机械系统分析、传感器选择、基于计算机的测试系统搭建及测试结果分析,每章至少含有一个工程案例。前两篇为基础,第三篇为综合。教材从测试系统基本理论与传感器原理、特点及应用领域,信号分析方法物理含义、特点及应用,到典型测试系统的构建、应用与分析进行深入浅出的阐述,配以实际工程案例,力求使读者对测试系统有一个"一体化"的完整理解。

本书在编写过程中,吸取了相关教材和参考书的优点,本书可作为高等院校"机械工程及自动化""机械设计""机械电子工程""车辆工程""测试技术与仪器""能源动力"和其他相近专业的教材,也可供从事测试技术的科技人员参考。由于编者水平有限,且时间紧迫,未能广泛汇集意见,恳切希望教师、学生和读者对本书的内容编排、材料取舍以及书中的错误、欠妥之处提出批评、指正和修改意见。

编 者

2012 年 12 月

目录

第 1 章

概　论

1.1　测试技术概述

测试是人们从客观事物中提取所需信息,借以认识客观事物并掌握其客观规律的一种科学方法。在测试过程中,需要选用专门的仪器设备,设计合理的实验方法和进行必要的数据处理,从而获得被测对象有关信息及其量值。广义来看,测试属于信息科学的范畴。一般说来,信息的载体称为信号,信息则蕴涵于信号之中。信息总是通过某些物理量的形式表现出来的,这些物理量也就是信号。例如,单自由度质量—弹簧系统的动态特性可以通过质量块的位移—时间关系来描述,质量块位移的时间历程就是信号,它包含着该系统的固有频率和阻尼比等特征参数,也就是所需要的信息。分析采集到的这些信息,就可以掌握这一系统的动态特性。

测试技术包含了测量(measurement)和试验(test)两方面的含义。机械工程测试的对象是机械系统(包括各种机械零件、机构和部件)及其组成部分(包括与机械系统有关的电路、电器等)。机械工程测试过程包括测量、试验、计量、检验、故障诊断等过程。测量的基本任务有两个:①提供被测对象(如产品)的质量依据;②提供机械工程设计、制造、研究所需的信息。因此,设计、工艺、测试三者共同构成了机械工程的三大技术支柱。产品从设计、制造、运行、维修到最终报废,都与机械测试与测量密不可分。现代机械设备的动态分析设计、过程检测控制、产品的质量检验、设备现代化管理、工况监测和故障诊断等,都离不开机械测试。机械测试是实现这些过程的技术基础。同时,测试技术还是进行科学探索、科学发现和技术发明的技术手段。

从机械结构动力学分析的角度看,测试技术的任务又可归结为研究系统的输入(激励 $x(t)$)、输出(响应 $y(t)$),以及系统本身的特性(系统传递特性 $h(t)$)和它们三者之间的相互关系,如图 1.1 所示。它具体表现为:

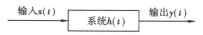

图 1.1　测试系统及其输入和输出

①已知激励、响应,求系统的动态特性(传递函数),用以验证系统特性的数学模型。在工

程模型试验方面,可进行产品的动态设计、结构参数设计和模型特征参数的研究等。

②已知系统的特性(传递函数)和响应(输出),求激励(输入),用以研究载荷或载荷谱。某些工程系统(如火箭、车辆、井下钻具等)的载荷(如阻力、风浪等)很难直接测得,设计这些系统时往往凭经验和假设,因此误差较大。采用参数识别的方法能准确地求得载荷。为此目的而组成的测试系统称为载荷识别系统,它为产品的优化设计提供了依据。

③由已知的测量系统对被测系统的响应进行测量分析(即数据采集分析系统)。被测量可以是电量,也可以是非电量。该系统的功用是测量响应的大小、频率结构和能量分布等,也可用于计量、系统监测以及故障诊断等。

当系统响应超过其特定输出时,控制装置的功能将调整被测系统的参数,使响应(输出)改变,从而使系统工作在最佳响应状态或使系统按规定的指令工作。这种响应控制系统常用于参数的自动测量与控制。

1.2　测试系统的组成

测试系统的概念是广义的。在测试信号的流通道中,任意连接输入输出并具有特定功能的部分,均可视为测试系统。系统的特性不可避免地会给流经系统的信号带来影响,进而影响测试结果的精度和可靠性。建立测试系统的概念并掌握系统的基本特性,对于正确选用测试系统、校准测试系统以及提高测试的准确性等尤为重要。

系统是由若干相互作用和相互依赖的事物组合而成的具有特定功能的整体。测试系统的特定功能是对研究对象进行具有试验性质的测量,以获取研究对象的有关信息。机械工程测试过程一般包含了从被测对象拾取机械信号,再将非电性质的机械信号转换为电信号,经放大后输入后续信号处理设备进行分析处理等步骤。信号分析处理可采用模拟系统或数字分析处理系统。由于后者有很高的性能价格比、高稳定性、高精度,故目前多采用数字式分析处理系统。

为了从被测对象提取所需要的信息,需要采用适当的方式对被测对象实行激励,使其既能产生特征信息,同时又能产生便于检测的信号。例如,在测取机械系统的固有频率时,采用瞬态激振或稳态正弦扫描激振,激发该系统的振动响应,拾取其响应信号,通过分析便可求出系统固有频率。图 1.2 所示为测试系统的基本构成。可见,一个测试系统一般由试验装置、测量装置、数据处理装置和显示记录装置等所组成。

1.2.1　试验装置

试验装置是使被测对象处于预定的状态下,并将其有关方面的内在联系充分显露出来,以便进行有效测量的一种专门装置。测定结构的动力学参数时,所使用的激振系统就是一种试验装置。

1.2.2　测量装置

测量装置是把被测量通过传感器变换成电信号,经过后接仪器的变换、放大、运算,将其变成易于处理和记录的信号。所以,测量装置是根据不同的机械参量选用不同的传感器和相应的后接仪器所组成的测量环节。不同的传感器要求的后接仪器也不相同。

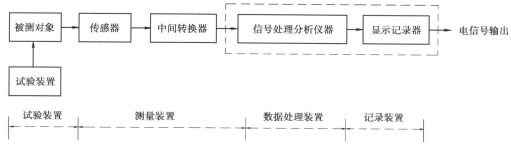

图 1.2 测试系统的基本结构

1.2.3 数据处理装置

数据处理装置是将测量装置输出的信号进一步进行处理以排除干扰和噪声污染,并清楚地估计测量数据的可靠程度,获取有用的特征信息。有效地排除混杂在信号中的干扰信息(噪声),提高所获得信号(或数据)的置信度,这是数据处理的前提。

1.2.4 记录装置

记录装置是测试系统的输出环节,它可将对被测对象所测得的有用信号及其变化过程显示或记录(或存储)下来。数据显示可以用各种表盘、电子示波器和显示屏等来实现。数据记录则可采用模拟式的各种笔式记录仪、磁带记录仪或光线记录示波器等设备来实现,而在现代测试工作中,越来越多的是采用虚拟仪器直接记录存储在硬盘或软盘上。

测试系统中,传感器是测量装置与被测量之间的接口,处于测试系统的输入端,完成被测量的感知和能量转换工作,其性能直接影响着整个测试系统,对测量精确度起着主要作用。由于被测机械量种类繁多,加之同种物理量可以用多种不同转换原理的传感器来检测,同一转换原理也可以用于不同测量对象的传感器中,如加速度计按其敏感元件不同就有压电式、应变式和压阻式等多种,因此传感器具有多样性。表 1.1 汇总了机械工程常用的传感器。

表 1.1 机械工程测试常用的传感器

类 型	传感器名称	变换原理	被测量
机械类	测力杆	力—位移	力、力矩
	测力环	力—位移	力
	纹波管	压力—位移	压力
	波登管	压力—位移	压力
	纹波薄皮	压力—位移	压力
	双金属片	温度—位移	温度
	微型开关	力—位移	物体尺寸、位置、有无
	液柱	压力—位移	压力
	热电偶	热—电位	温度

续表

类　型	传感器名称	变换原理	被测量
电阻类	电位计 电阻应变片 热敏电阻 气敏电阻 光敏电阻	位移—电阻 变形—电阻 温度—电阻 气体浓度—电阻 光—电阻	位移 力、位移、应变、加速度 温度 可燃气体浓度 开关量
电感类	可变磁阻电感 电涡流 差动变压器	位移—自感 位移—自感 位移—互感	力、位移 测厚度、位移 力、位移
电容类	变气隙、变面积型电容 变介电常数型电容	位移—电容 位移—电容	位移、力、声 位移、力
压电类	压电元件	力—电荷,电压—位移	力、加速度
光电类	光电池 光敏晶体管 光敏电阻	光—电压 光—电流 光—电阻	光强等 转速、位移 开关量
磁电类	压磁元件 动圈 动磁铁	力—磁导率 速度—电压 速度—电压	力、扭矩 速度、角速度 速度
霍尔效应类	霍尔元件	位移—电势	位移—转速
辐射类	红外 X 射线 γ 射线 β 射线 激光 超声	热—电 散射、干涉 射线穿透 射线穿透 光波干涉 超声波反射、穿透	温度、物体有无 厚度、应力 厚度、探伤 厚度、成分分析 长度、位移、角度 厚度、探伤
流体类	气动 流量	尺寸、间隙—压力 流量—压力差、转子位置	尺寸、距离、物体大小 流量

作为一个重要的测试单元,传感器首先必须在它的工作频率范围内满足不失真测试的条件。在选择和使用传感器时还应该注意:传感器对微弱信号要有足够的感知度。通常用灵敏度、分辨力等技术指标表示传感器对微弱信号的感知度。灵敏度高意味着传感器能检测信号的微小变化,但高灵敏度的传感器较容易受噪声的干扰,其测量范围也较窄。因此,同一种传感器常常做成一个序列,有高灵敏度而测量范围较小的,也有测量范围宽而灵敏度较低的,使用时要根据被测量的变化范围(动态范围)并留有足够的余量来选择灵敏度适当的传感器。

其次,传感器的输出量与被测量真值要有足够的一致性。精密度和精确度是评价一致性的技术指标,精确度越高,其价格也越高,对测量环境的要求也越高。因此,应当从实际出发,选择能满足测量需要的、有足够精确度的传感器。另外,传感器应该有高度的可靠性,能长期完成它的功能并保持其性能参数不变,同时传感器在与被测对象建立连接关系时,传感器与被测物之间的相互作用要小,应尽可能减小其对被测对象运行状态以及特性参数的影响,如质量和体积要尽可能小、选择非接触传感器等。关于各类传感器工作原理、变换电路与应用等,本书将在具体参量测量系统中详细介绍。

1.3 测试技术的发展趋势

随着科学技术水平的不断提高和生产技术的高速度发展,机械工程测试技术也随之向前迈进。在传感器技术方面,当前信息时代对于传感器的需求量日益增多,同时其性能要求也越来越高。随着计算机辅助设计技术(CAD)、微机电系统(MEMS)技术、光纤技术、信息理论以及数据分析算法不断迈上新的台阶,传感器系统正朝着微型化、智能化和多功能化的方向发展。在测试系统方面,卡式仪器、总线仪器、集成仪器、智能控件化虚拟仪器直至网络仪器等,不断地丰富、拓展着测试领域的测试手段。此外,测试系统的体系结构、测试软件、人工智能测试技术等也有很大的发展。仪器与计算机技术的深层次结合产生了全新的测试仪器的概念和结构。近年来,计算机技术在现代测试系统中的地位显得越来越重要,软件技术已成为现代测试系统的重要组成部分。当然,计算机软件不可能完全取代测试系统的硬件。因此,现代测试技术要求从事测试科技的人员不仅要具备良好的计算机技术基础,更要求深入掌握测试技术的基本理论和方法。

在现代测试技术中,通用集成仪器平台的构成技术、数据采集技术、数字信号分析处理软件技术是决定现代测试仪器系统性能与功能的三大关键技术。以软件化的虚拟仪器和虚拟仪器库为代表的现代测试仪器系统与传统测试仪器相比较的最大特点就在于:用户可在集成仪器平台上按自己的要求开发相应的应用软件,构成自己所需要的实用仪器和实用测试系统,仪器及系统功能不局限于厂家的束缚。特别是当测试仪器系统进一步实现网络化以后,仪器资源将得到很大的延伸,其性能价格比将获更大的提高,机械工程测试领域将出现一个更加蓬勃发展的新局面。

1.4 本书主要内容和学习要求

本课程主要研究机械工程中常见物理量的测量与测试。例如对机器及其零部件的长度、角度及其精度的测量;对机器设备的振动、噪声的测试;对机器设备的各种物理参量如应力应变、力、压力、扭矩、转速的测量;分析测试技术在机械设备故障诊断和自动控制领域的应用情况,并通过以上的测量与测试对机器设备的质量进行评价和控制。同时还要研究测量测试的方法与系统特性,从而实现正确的设计测试方案、正确地使用仪器设备以及正确地进行测量测试结果的分析处理。本书通过综合实例分析,力求使学生对测试系统有一个"一体化"的完整理解。

根据本门学科的对象和任务,对高等学校机械类各有关专业来说,"机械工程测试技术"是一门主干技术基础课。通过对本课程的学习,培养学生能合理地选用测试装置并初步掌握静、动态机械参量测试方法和常用工程试验所需的基本知识和技能,做到"选得准,用得好",为在工程实际中完成对象测试任务打下必要的基础。

具体而言,学生在学完本门课程后应具备以下的知识和技能:

①对机械工程测试工作的概貌和思路有一个比较完整的概念,对机械工程测试系统及其各环节有一个比较清楚的认识,并能初步运用于机械工程中某些静、动态参量的测试和产品或结构的动态特性试验。

②了解常用传感器、中间转换放大器的工作原理和性能,并能依据测试工作的具体要求进行较为合理的选用。

③掌握测试装置静、动态特性的评价、测试方法,测试装置实现不失真测量的条件,并能正确地运用于测试装置的分析和选择。

④掌握信号在基本变换域的描述方法,信号模拟分析、信号数字分析的一些基本概念;掌握信号频谱分析、相关分析的基本原理和方法,并对其延拓的其他分析方法有所了解。

⑤掌握虚拟仪器、虚拟测试系统和信号分析处理软件系统的基本原理和使用。

⑥通过本课程的学习和实践,应能对机械工程中某些静、动态参数的测试自行选择、设计测试仪器仪表、组建测试系统和确定测试方法,并能对测试结果进行必要的数据处理。

本课程具有很强的实践性,在教与学的过程中应紧密联系实际,既要注意掌握基本理论、弄清物理概念。同时,必须加强对学生动手能力的培养,必须通过教学实验和实践环节,使学生尽可能熟练掌握有关的测试技术和测试方法,达到具有初步处理实际测试工作的能力。

习题与思考题

1.1 信号和信息是测试技术中两个基本的概念,请描述信号与信息之间的关系。

1.2 机械测试技术是机械工程的三大技术支柱之一,机械生产、机床设备和机电产品质量都离不开机械测试技术。从机械测试技术的工程应用看,它可分为哪些类型的应用?

1.3 测量(measurement)和试验(test)主要区别是什么?

1.4 举例说明什么是测试。

第**2**章
测试系统特性分析

测试系统即测试装置，即相关事物按照一定关系组成能够完成指定测试任务的整体。根据测试对象的不同，测试系统结构的复杂程度差异较大，相应的系统特性也不相同。了解测试系统的特性是开展测试技术应用和研究的基础。本章主要讨论测试系统及其输入信号和输出信号三者之间的关系，重点讨论测试系统的静态特性、动态特性及其相关特性参数的求取方法，并对测试系统的主要干扰及其抑制措施进行介绍。

2.1 测试系统概述

在测试系统中，被测信号可分成两种形式：一种是不随时间变化或变化极其缓慢的信号，称为静态信号；另一种是随时间变化而变化的周期信号、瞬时信号或随机信号，称为动态信号。无论是静态信号或动态信号，都要求测试系统能够不失真地复现输入信号的变化，而这主要取决于测试系统的性能。由于输入信号的状态不同，测试系统所呈现出来的输入输出特性也不同，从而使得测试系统根据被测信号的不同存在所谓的静态特性和动态特性。

理想的测试系统应具有单值和确定的输入输出关系，并且这种关系以线性关系最佳。由于线性系统处理起来较简单，所以线性系统发展比较早且相对较成熟，能够进行较完善的数学处理与分析；而非线性系统一般具有较高的复杂程度、处理难度和处理成本，非线性系统的处理一般通过在一定范围内以线性系统进行近似处理。虽然实际测试系统大多不可能在整个工作范围内完全保持线性，但在一定范围和一定的(误差)条件下可作线性处理，从而把测试系统看作一个线性系统。本书也主要考虑测试系统的线性特性。

测试系统的特性主要通过测试装置及其输入信号、输出信号三者之间的关系来反映，如图 2.1 所示。

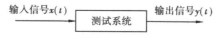

图 2.1　测试装置及其输入输出之间的关系

一般地,当系统的输入 $x(t)$ 和输出 $y(t)$ 之间的关系可用常系数线性微分方程来描述时,其微分方程的一般形式为

$$a_n \frac{\mathrm{d}^n y(t)}{\mathrm{d}t^n} + a_{n-1} \frac{\mathrm{d}^{n-1} y(t)}{\mathrm{d}t^{n-1}} + \cdots + a_1 \frac{\mathrm{d}y(t)}{\mathrm{d}t} + a_0 y(t)$$

$$= b_m \frac{\mathrm{d}^m x(t)}{\mathrm{d}t^m} + b_{m-1} \frac{\mathrm{d}^{m-1} x(t)}{\mathrm{d}t^{m-1}} + \cdots + b_1 \frac{\mathrm{d}x(t)}{\mathrm{d}t} + b_0 x(t) \tag{2.1}$$

通常,$n > m$ 表明系统是稳定的,即系统的输入不会使输出发散。如果系数 $a_0, a_1, \cdots, a_n$ 和 $b_0, b_1, \cdots, b_m$ 是时间 t 的函数,则式(2.1)为变系数方程,所描述的系统为时变系统。反之,若系数 $a_0, a_1, \cdots, a_n$ 和 $b_0, b_1, \cdots, b_m$ 为常数,则式(2.1)为常系数微分方程,所描述的是时不变线性系统,简称定常系统。也就是说,如果系统的输入延迟一段时间,则输出延迟相同时间。

如果用 $x(t) \rightarrow y(t)$ 表示图 2.1 所示测试系统输入、输出的对应关系,则线性时不变系统具有如下主要性质:

(1)叠加性

如果 $x_1(t) \rightarrow y_1(t)$, $x_2(t) \rightarrow y_2(t)$,则

$$x_1(t) \pm x_2(t) \rightarrow y_1(t) \pm y_2(t) \tag{2.2}$$

叠加性表明:一个输入的存在,不影响另一个输入所引起的输出。

(2)比例性

如果 $x_1(t) \rightarrow y_1(t)$,对于任意常数 a,则有

$$a x_1(t) \rightarrow a y_1(t) \tag{2.3}$$

(3)微分特性

微分特性即系统对输入微分的响应等同于对原输入响应的微分。

如果 $x(t) \rightarrow y(t)$,则有

$$\frac{\mathrm{d}x(t)}{\mathrm{d}t} \rightarrow \frac{\mathrm{d}y(t)}{\mathrm{d}t} \tag{2.4}$$

(4)积分特性

如果系统的初始状态为零,则系统对输入积分的响应等于对原输入响应的积分。

如果 $x(t) \rightarrow y(t)$,则有

$$\int_0^t x(t) \, \mathrm{d}t \rightarrow \int_0^t y(t) \, \mathrm{d}t \tag{2.5}$$

(5)频率保持性

如果 $x(t) \rightarrow y(t)$,有

$$x_i(t) = X_i \sin(\omega_i t + \theta_x) \leftrightarrow y_i(t) = Y_i \sin(\omega_i t + \theta_y) \tag{2.6}$$

输出信号 $y(t)$ 相对于输入信号 $x(t)$ 改变的只是幅值和相位,而频率保持不变,否则高频的原信号 $x(t)$ 通过测试系统后可能检测得到的是低频信号。根据线性系统的频率保持特性,在测试过程中知道了线性时不变系统的输入激励频率,则在所测得的响应信号中只有与输入激励信号同频率的分量才是输入所引起,而其他频率分量都是噪声。

上述 5 个特性是线性系统的主要性质。在实际应用中,判断一个系统是否是线性系统,只要判断系统是否满足叠加性和比例性即可。

2.2　测试系统的静态特性分析

在测试系统中,被测信号可分成静态信号和动态信号。无论是静态信号或动态信号,都要求测试系统能够不失真地复现输入信号的变化,而这一要求取决于测试系统的性能。由于输入信号的状态不同,测试系统所呈现出来的输入输出特性也不同,从而使得测试系统根据被测信号的不同存在相应的静态特性和动态特性。

一般,静态特性和动态特性的描述方法不同。当测量问题是关于时间的快变量(即动态信号),需要重点考虑系统的动态特性,系统的输入与输出之间的动态关系用微分方程来描述。当被测量是恒定不变或变化很慢(即静态信号),不需要对系统进行动态描述,则只需涉及系统的静态特性。需要注意,动态特性与静态特性之间是相互联系和影响的,一个静态特性差的系统很难有较好的动态特性。

描述测试系统静态(或信号变化极缓慢)测量时输入、输出关系的方程、图形与特性参数等称为测试系统的静态传递特性,简称为测试系统的静态特性。测试系统的准确度在很大程度上与静态特性有关。最常用的静态特性包括:静态传递方程、定度曲线、灵敏度、重复性、漂移、回程误差、精确度、灵敏度、分辨率、线性度。

2.2.1　静态传递方程

当输入信号为静态信号时,输入信号和输出信号不随时间变化(或变化极其缓慢),因此输入和输出的各阶导数均为零,则输入与输出关系可由式(2.1)简化为:

$$y(t) = \frac{b_0}{a_0}x(t) \tag{2.7}$$

式(2.7)描述的是线性时不变系统输入与输出关系,是常系数线性微分方程的特例,称为测试系统的静态传递方程,简称为静态方程。描述静态方程的曲线称为测试系统的静态特性曲线或定度曲线。在工程测试应用中,一般通过静态标定来确定定度曲线(即以比被标定系统准确度高的标准信号源或已知量加载于被标定系统,测得系统激励—响应的量值关系并在直角坐标系描绘其图形)。

理想线性时不变系统的输入与输出呈单调、线性比例函数关系,如图 2.2 所示。

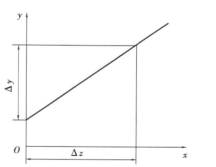

图 2.2　线性时不变系统输入输出关系

测试系统的静态特性就是描述定度曲线特点的一些参数,主要包括:重复性、漂移、回程误差、精确度、灵敏度、分辨率、线性度和非线性等,下面分别讨论。

2.2.2　线性度

线性度是指测试系统的输入量 x 与输出量 y 之间能否保持理想线性特性的一种度量。在全量程范围内,静态标定曲线与拟合直线的接近程度称为线性度,如图 2.3 所示。线性度

9

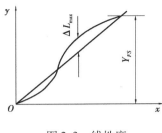

图 2.3　线性度

一般用静态标定曲线与拟合直线的最大偏差 ΔL_{max} 与满量程输出值 Y_{FS} 的百分比来表示,即

$$\gamma_L = \frac{\Delta L_{max}}{Y_{FS}} \times 100\% \qquad (2.8)$$

需要注意,线性度是以所参考的拟合直线为基准的。即使是同一个测试系统,由于不同拟合方法得到的拟合直线是不同的,因此,计算的线性度也将不同。常用的拟合方法有端点直线法、端点平移直线法、平均法和最小二乘法。平均法计算简单,拟合精度较高,常用于要求不高的场合;最小二乘法拟合精度高,但计算烦琐,一般用于较重要场合。

为了保证测试系统的准确可靠,要求测试系统的线性度要好(即非线性误差小)、灵敏度高、迟滞误差小和重复性误差小。而线性度是一个综合性参数,重复性和迟滞误差也能反映在线性度上。

2.2.3　灵敏度

灵敏度是指测试仪表或装置在达到稳态后,输入量变化与其所引起输出量变化的比值,也就是输出增量 Δy 与输入增量 Δx 之比,即

$$S = \frac{\Delta y}{\Delta x} \qquad (2.9)$$

式中　S——灵敏度;

　　　Δy——输出变量 y 的增量;

　　　Δx——输入变量 x 的增量。

对于实际测试系统,灵敏度就是静态标定曲线的斜率。对于线性测试系统,灵敏度是一个常数,静态标定曲线与拟合曲线接近重合,此时灵敏度为拟合直线的斜率。对于非线性测试系统,其灵敏度将随时间的变化而变化。

灵敏度的量纲取决于输入输出的量纲。如果测量装置的输入和输出具有相同的量纲,则灵敏度没有量纲,此时灵敏度可用"放大倍数"或"增益"代替灵敏度,它描述的是测量装置对被测量变化的反应能力。

对于带有指针和刻度盘的测量装置,灵敏度也可直观地理解为单位输入变量所引起的指针偏转角度或位移。

应当注意,灵敏度越高,测量范围越窄,稳定性下降。

2.2.4　分辨力

分辨力是指测试系统所能检测到最小输入量变化的能力,通常用最小单位输出量所对应的输入量来表示。即当输入量缓慢变化且超过某一增量时,测试系统才能检测到输入量的变化,这个输入量的增量就称为分辨力。例如,电压感位移传感器的分辨力为 1 μm,能检测到的最小位移量是 1 μm,也就是说,当被测位移变化 0.1 ~ 0.9 μm 时,传感器基本没反应。

一个测试系统的分辨力越高,表示它所能检测出的输入量最小变化量越小。对于数字测试系统,其输出系统的最后一位所代表的输入量即为该系统的分辨力;对于模拟测试系统,一般用输出指示标尺最小分度值的一半所代表的输入量来表示其分辨力。

测试系统的分辨力也称为灵敏度阀、灵敏阈或灵敏限。

2.2.5　迟滞误差（回程误差）

测试系统在测量时，在相同的测试条件和量程范围内，当输入量 x 由小增大（即正行程）再由大减小（即反行程）变化时，同一个输入量在测试系统会产生不同的输出量，导致测试系统的正反行程不重合，如图 2.4 所示。在全量程范围内，同一个输入量对应的正反行程两个输出量的最大差值 ΔH_{max} 与满量程输出值 Y_{FS} 的百分比来表示，即

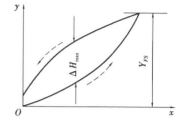

图 2.4　迟滞误差

$$\gamma_H = \frac{\Delta H_{max}}{Y_{FS}} \times 100\% \qquad (2.10)$$

在实际测试系统中，迟滞误差产生的原因包括测试系统内部各种类型的摩擦和间隙，敏感材料的物理性质和机械零部件的缺陷，机械或电气材料的滞后特性等。如传动部件的间歇、紧固件的松动、放大器件的零漂、弹性材料的弹性滞后等都将产生迟滞误差。

2.2.6　漂移

漂移是指测试系统在输入不变的条件下，输出随时间而变化的趋势，即测试系统的输入量未发生变化时其输出量所发生的变化。在规定条件下，输入不变，在规定时间内输出的变化称为点漂。在测试系统测试范围最低值处的点漂称为零点漂移，简称零漂。

漂移主要是由于测试系统自身结构参数的变化或环境参数（如温度、湿度等）的变化所引起。

2.2.7　重复性

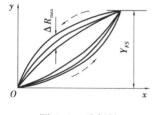

图 2.5　重复性

重复性表示测试系统在同一工作条件下，按同一方向进行全量程多次测量时所得到的特性曲线的重复程度，如图 2.5 所示。重复性反映了系统的随机误差，一般用正、反行程最大偏差 ΔR_{max} 与满量程输出 Y_{FS} 的百分比来表示，即

$$\gamma_R = \frac{\Delta R_{max}}{Y_{FS}} \times 100\% \qquad (2.11)$$

测试系统的重复性还可用来表示仪表在相当长时间内，维持其输出特性不变的性能。在这个意义上，重复性与稳定性是一致的。

2.2.8　稳定性

稳定性表示系统在较长的时间内保持其性能参数的能力，也就是在规定条件下，测量装置的输出特性随时间推移而保持不变的能力。测试系统的稳定性有两种指标：

①时间上的稳定性，以稳定度表示。稳定度是指在规定条件下，测试系统的某些性能指标随时间变化的程度。这是由测试系统内部的随机波动、周期变化和漂移等引起的示值

11

变化。

②测试系统外部环境(如室温、大气压等)和工作条件变化所引起的示值不稳定性,以各种影响系数表示。

除了上述列出的几个主要静态特性参数外,还有精度、量程、测量范围、信噪比等静态特性指标。

2.3　测试系统的动态特性

当被测输入量随时间快速变化时,测试系统输出量不仅受输入量的影响,而且也受到测试系统动态特性的影响。测试系统的动态特性指输入量随时间变化时,其输出量随输入量而变化的关系。众所周知,用体温计测量人体体温,要求体温计必须与指定人体部位接触足够长的时间(至少 3~5 min),其读数才能较真实地反映人体温度,其原因是体温计的示值输出滞后于温度输入。这种现象称为时间响应。如果不了解体温计动态特性,测试过程中与人体接触时间不够,由于体温计的时间响应速度太慢,或者说它的时间常数 τ 太大,就会导致温度计的输出温度(示值)低于人体实际温度。如果某一化学反应时间很短,温度变化很快,显然不能用体温计来测量反应过程的温度变化,因为体温计的动态特性不能满足这一测量过程的需要。显然,响应速度就是动态特性的指标之一,这是一个时域动态特性的例子。下面是一个关于频域特性的例子。据报道,第二次世界大战时,列队的士兵以整齐的步伐通过一座桥梁导致了桥梁倒塌,而多年来人们在上面行走却没有倒塌。原因是,桥梁对不同频率输入信号(人对桥梁作用的力)的响应(桥梁的振动)是不一样的,当输入量足够大(整齐步伐对桥梁的作用力)、频率(步伐的快慢)正好等于桥梁的固有频率时,桥梁的响应(桥梁的振动)急剧增大,从而导致桥的垮塌。这是桥梁设计过程中对动态特性(桥梁的频率响应)了解不够造成的。对于测试系统,当输入信号频率超出测试系统允许的频率范围,系统的输出(测试结果)就会出现较大的失真或误差。测试系统的频率响应也是系统的动态特性。

上述事例分析表明,分析测试系统的动态特性对于设计和应用测试装置进行被测量的检测至关重要。

然而,测试系统的动态特性不仅与输入量有关,还与测试系统的结构有关。所以,描述测试系统的动态特性实质上就是要建立关于输入信号、输出信号和测试系统结构参数三者之间的关系。即把物理的测试系统抽象成数学模型,而不管输入输出量的物理特性(即不管是机械量、电量还是热量),分析输入信号与响应信号之间的关系。

线性系统的动态特性有多种描述方法。线性测试系统的动态数学模型比静态数学模型复杂得多。要精确建立数学模型非常困难,工程上一般通过近似,把测试系统看作时不变线性系统,从而使测试系统的动态数学模型可用常系数线性微分方程(2.1)来描述。式(2.1)中的系数 $a_0,a_1,\cdots,a_n$ 和 $b_0,b_1,\cdots,b_m$ 都是与测试装置结构有关的系数。对于时不变线性系统,这些系数是常数;对于时变系统,它们是时间 t 的函数。

通过求解描述系统动态特性的微分方程,即可求得系统的动态特性。一般,通过拉普拉斯变换建立相应的传递函数,通过傅里叶变换建立相应的频率特性函数,把时域下的微分方程变成频域下的代数方程,既便于方程的求解,也方便描述测试系统的动态特性。

　　传递函数、频率响应函数以及脉冲响应函数是在不同域对线性系统传输特性进行描述的方法。其中,频率响应函数是系统动态特性的频域描述,脉冲响应函数是系统动态特性的时域描述。

2.3.1　频率响应函数及频率特性

　　许多工程系统的微分方程及其传递函数很难建立,且传递函数的物理概念也很难理解。与此相反,频率响应函数有着明确的物理概念,容易通过实验建立,在此基础上也容易求出传递函数。

　　对于线性时不变系统,如果输入信号为正弦信号,输出必然是与输入同频率的正弦信号,但输出信号的幅值和相位不等于输入信号的幅值和相位。其输出信号与输入信号的幅值比和相位差是输入信号频率的函数,用幅值比和相位差也可表示系统的动态特性。测试系统的频率响应指输入量为正弦信号时的稳态输出(响应)。当由低到高改变正弦输入信号的频率时,输出量与输入量的幅值比及相位差随频率而变化的特性就称为测试系统的频率特性,而幅频函数和相频函数统称为频率响应函数。

　　设 $x(t)$ 为输入作用于测试系统,系统的稳态输出用 $y(t)$ 表示,$x(t)$ 和 $y(t)$ 的傅里叶变换分别为 $X(\omega)$ 和 $Y(\omega)$,那么频率响应函数就是等于稳态输出和输入的傅里叶变换之比,记为 $H(\omega)$,即

$$H(\omega) = \frac{Y(\omega)}{X(\omega)} = \frac{F[y(t)]}{F[x(t)]} \tag{2.12}$$

　　显然,频率响应函数是描述系统正弦输入和其稳定输出的关系。

　　频率响应函数 $H(\omega)$ 是一个复数,具有相应的模(幅值)和相角。若用 $P(\omega)$ 和 $Q(\omega)$ 分别表示 $H(\omega)$ 的实部、虚部,则

$$H(\omega) = P(\omega) + jQ(\omega) \tag{2.13}$$

　　由欧拉公式,得

$$H(\omega) = A(\omega) e^{j\phi(\omega)} \tag{2.14}$$

则

$$A(\omega) = |H(\omega)| = \sqrt{P^2(\omega) + Q^2(\omega)} \tag{2.15}$$

$$\phi(\omega) = \arctan \frac{Q(\omega)}{P(\omega)} \tag{2.16}$$

　　$A(\omega)$ 称为系统的幅频特性,反映了输出信号与输入信号的幅值比随频率变化的关系,形成的 $A(\omega)$—ω 曲线称为幅频特性曲线。$\phi(\omega)$ 称为相频特性,反映了输出信号与输入信号的相位差随频率变化的关系,形成的 $\phi(\omega)$—ω 曲线称为相频特性曲线。

　　频率响应函数是系统动态特性的频域描述,用频率响应函数描述系统的最大优点就是可以通过实验来求得频率响应函数,原理简单明了。可依次用不同频率 ω_i 的简谐波去激励被测系统,测出激励和稳态输出的幅值 X_i、Y_i 和相位差 ϕ_i,此时的幅值比为 $A_i = \dfrac{Y_i}{X_i}$。这样,不同频率下的幅值比和相位差就构成了该系统的频率特性,全部 A_i—ω 和 ϕ—ω 曲线即可表达系统的频率响应函数。

　　需要指出的是,在测量频率响应函数时,应在系统响应达到稳定时才进行测量;实验测定

频率响应函数也适用于任何复杂信号,因为任何复杂信号都可分解成简谐波信号的叠加,此时的幅频特性和相频特性分别表征系统对输入信号中各频率分量幅值的缩放能力和相位角前后移动能力。

2.3.2 脉冲响应函数

测试系统动态特性也可以在时域进行描述,即用时间域函数或时域特征参数来描述测试系统的输出量与变化的输入量之间的内在联系。通常是以一些典型信号如脉冲信号、阶跃信号、斜坡信号、正弦信号等作为输入,加载到测试系统,以特定输入下的时域响应特征参数如响应速度、峰值时间、稳态时间、稳态输出、超调量等来描述系统的动态特性。本节介绍基于脉冲输入信号的测试系统动态特性时域描述。

初始条件为零的情况下,在 $t = 0$ 时刻,给测量系统输入一单位脉冲(冲激)函数,即 $x(t) = \delta(t)$。如果测量系统是稳定的,那么经过一段时间后它会渐渐恢复到原来的平衡位置,如图 2.6 所示。

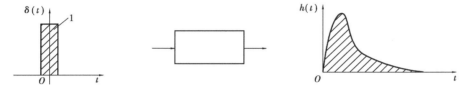

图 2.6　单位脉冲响应函数

单位脉冲函数又称为 δ 函数或狄拉克函数,是一个宽度为 0、幅值为无穷大而面积为 1 的脉冲,表示为

$$\delta(t) = \begin{cases} \infty, t = 0 \\ 0, t \neq 0 \end{cases} \tag{2.17}$$

且

$$\int_{-\infty}^{\infty} \delta(t)\,\mathrm{d}t = 1 \tag{2.18}$$

当测量系统输入一单位脉冲函数,即 $x(t) = \delta(t)$ 时,由于单位脉冲函数的拉氏变换为 1,因此系统的传递函数为

$$H(s) = \frac{Y(s)}{X(s)} = Y(s) \tag{2.19}$$

此时系统传递函数的反拉普拉斯变换为

$$y(t) = h(t) \tag{2.20}$$

式中　$h(t)$ 就是系统的脉冲响应函数,有时也称为系统的权函数。

脉冲响应 $h(t)$ 是系统动态特性的时域描述。对于任何输入信号 $x(t)$,系统的响应 $Y(t)$ 等于系统的脉冲响应 $h(t)$ 与 $x(t)$ 的时域卷积。

$$y(t) = x(t)h(t) \tag{2.21}$$

上式两边同取傅里叶变换,可得

$$Y(\omega) = X(\omega)H(\omega) \tag{2.22}$$

如果将 $s = \mathrm{j}\omega$ 代入上式,可得

$$Y(s) = H(s)X(s)$$

也就是说,脉冲响应函数 $h(t)$ 与频率响应函数 $H(j\omega)$ 之间是傅里叶变换和逆变换的关系,与传递函数 $H(s)$ 之间是拉普拉斯变换和拉普拉斯逆变换的关系。

虽然传递函数 $H(s)$ 只要把 s 换成 $j\omega$ 就可得到频响函数 $H(j\omega)$,但二者含义上是有差别的。传递函数 $H(s)$ 是输出量与输入量拉普拉斯变换之比,其输入量并不限于正弦信号,而且传递函数不仅决定着测量系统的稳态性能,也决定着它的瞬态性能,因此在控制系统应用得较多。频率响应函数 $H(j\omega)$ 是在正弦信号激励下,测量系统达到稳态后输出量与输入量之间的关系。对一个测试过程,为得到准确的被测信号,常使测量系统工作到稳态阶段,所以测试系统中频率响应函数应用得较多。

2.3.3 常见测试系统的动态特性

常见测试系统有一阶和二阶系统,高阶系统可看作若干一阶和二阶系统的串联或并联。因此,这里只介绍一、二阶系统的动态特性。

(1)一阶系统

1)一阶系统的特性

可用一阶常系数微分方程描述的系统称为一阶系统。液柱式温度计、忽略质量的弹簧阻尼系统、RC 低通滤波器等都是一阶系统,如图 2.7 所示。

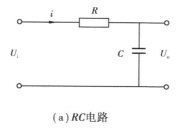
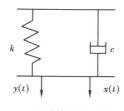

（a）RC 电路 　　　　　　　　　　（b）弹簧阻尼系统

图 2.7　一阶系统实例

对于图示的 RC 低通滤波器,由电工学知识可知

$$\begin{cases} U_i = iR + U_o \\ U_o = \dfrac{1}{C}\int i\,\mathrm{d}t \end{cases} \tag{2.23}$$

得

$$U_o = \frac{1}{C}\int \frac{U_i - U_o}{R}\,\mathrm{d}t \tag{2.24}$$

两边微分,得微分方程

$$RC\frac{\mathrm{d}U_o}{\mathrm{d}t} + U_o = U_i \tag{2.25}$$

方程两边进行拉氏变换得

$$RCsU_o(s) + U_o(s) = U_i(s) \tag{2.26}$$

系统的传递函数为

$$H(s) = \frac{U_o(s)}{U_i(s)} = \frac{1}{RCs + 1} \tag{2.27}$$

令系统的时间常数 $\tau = RC$,则上式可以改写为

$$H(s) = \frac{1}{\tau s + 1} \tag{2.28}$$

其频率响应函数为

$$H(\omega) = \frac{1}{j\tau\omega + 1} = \frac{1}{1 + (\tau\omega)^2} - j\frac{\tau\omega}{1 + (\tau\omega)^2} \tag{2.29}$$

其幅频特性和相频特性为

$$A(\omega) = \frac{1}{\sqrt{1 + (\tau\omega)^2}} \tag{2.30}$$

$$\phi(\omega) = -\arctan(\tau\omega) \tag{2.31}$$

式中,负号表示输出信号滞后于输入信号。

一阶系统具有以下特性:

①外激励频率 ω 远小于 $1/\tau$ 时($\omega < 1/5\tau$),其幅值 $A(\omega)$ 接近于 1(误差不超过 2%)。

②时间常数 τ 是反映一阶系统特性的重要参数。在 $\omega = 1/\tau$ 处,$A(\omega) = 0.707(-3 \text{ dB})$,相位滞后 45°。时间常数 τ 决定了系统所适用的频率范围。

2)一阶系统在典型输入下的响应

由前述可知,测试系统的输入、输出与传递函数之间有关系式:

$$Y(s) = H(s) \cdot X(s) \tag{2.32}$$

对上式作拉普拉斯反变换,有

$$y(t) = L^{-1}[Y(s)] = L^{-1}[H(s) \cdot X(s)] \tag{2.33}$$

①单位脉冲输入下的响应。对于单位脉冲输入,$x(t) = \delta(t)$,则 $X(s) = L^{-1}[\delta(r)] = 1$,所以

$$y(t) = h(t) = L^{-1}\left[\frac{1}{j\tau\omega + 1}\right] = \frac{1}{\tau}e^{\frac{-t}{\tau}} \tag{2.34}$$

其脉冲响应函数如图 2.8 所示。

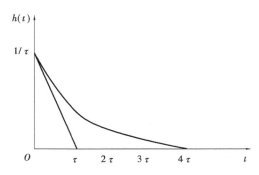

图 2.8　一阶系统的脉冲响应函数

②单位阶跃输入下的响应。单位阶跃输入的定义为

$$x(t) = \begin{cases} 0 & t < 0 \\ 1 & t \geqslant 0 \end{cases} \tag{2.35}$$

如图 2.9 所示,其拉普拉斯变换为 $X(s) = \frac{1}{s}$。

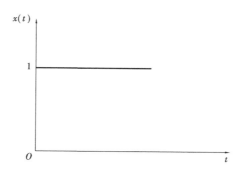

图 2.9　单位阶跃函数

单位阶跃响应函数为

$$y(t) = L^{-1}\left[\frac{1}{j\tau\omega + 1} \cdot \frac{1}{S}\right] = 1 - e^{\frac{-t}{\tau}} \tag{2.36}$$

如图 2.10 所示,一阶系统在单位阶跃下的稳态输入误差为零,并且进入稳态的时间 $t\rightarrow\infty$。但是当 $t = 4\tau$ 时,$y(4\tau) = 0.982$,误差小于 2% ;当 $t = 5\tau$ 时,$y(5\tau) = 0.993$,误差小于 1%。所以,对于一阶系统,时间常数越小越好。

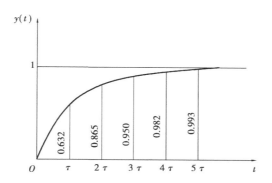

图 2.10　一阶系统的单位阶跃响应

(2)二阶系统

1)二阶系统的特性

可用二阶常系数微分方程描述的系统称为二阶系统。弹簧阻尼质量系统和 *RLC* 电路等都是二阶系统,如图 2.11 所示。

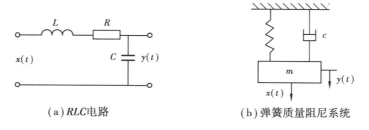

(a)*RLC*电路　　　　　　(b)弹簧质量阻尼系统

图 2.11　二阶系统实例

17

二阶系统的微分方程为

$$\frac{\mathrm{d}^2 y(t)}{\mathrm{d}t^2} + 2\zeta\omega_n \frac{\mathrm{d}y(t)}{\mathrm{d}t} + \omega_n^2 y(t) = S \cdot \omega_n^2 x(t) \tag{2.37}$$

式中　ζ——系统的阻尼比，$\zeta < 1$；

　　　ω_n——系统的固有频率；

　　　S——系统的灵敏度。

当静态灵敏度 $S = 1$ 时，二阶系统的传递函数、频率响应函数、幅频特性和相频特性分别为

$$H(s) = \frac{\omega_n^2}{s^2 + 2\zeta\omega_n s + \omega_n^2} \tag{2.38}$$

$$H(s) = \frac{1}{1 - \left(\dfrac{\omega}{\omega_n}\right)^2 + 2\mathrm{j}\zeta\left(\dfrac{\omega}{\omega_n}\right)} \tag{2.39}$$

$$A(\omega) = \frac{1}{\sqrt{\left[1 - \left(\dfrac{\omega}{\omega_n}\right)^2\right]^2 + 4\zeta^2\left(\dfrac{\omega}{\omega_n}\right)^2}} \tag{2.40}$$

$$\phi(\omega) = -\arctan\frac{2\zeta\left(\dfrac{\omega}{\omega_n}\right)}{1 - \left(\dfrac{\omega}{\omega_n}\right)^2} \tag{2.41}$$

2）二阶系统在典型输入下的响应

①单位脉冲输入下的响应。单位脉冲响应函数为

$$h(t) = \frac{\omega_n}{\sqrt{1 - \zeta^2}} \cdot \mathrm{e}^{-\zeta\omega_n t}\sin\left(\sqrt{1 - \zeta^2}\,\omega_n t\right) \tag{2.42}$$

其曲线是一条幅值按指数规律衰减的正弦曲线，如图 2.12 所示。

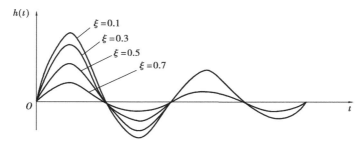

图 2.12　二阶系统的单位脉冲响应函数

②单位阶跃响应。单位阶跃响应函数（如图 2.13 所示）为

$$y(t) = 1 - \frac{\mathrm{e}^{-\zeta\omega_n t}}{\sqrt{1 - \zeta^2}}\sin(\omega_d t + \phi) \tag{2.43}$$

其中，$\omega_d = \omega_n\sqrt{1 - \zeta^2}$，$\phi = -\arctan\dfrac{\sqrt{1 - \zeta^2}}{\zeta}(\zeta < 1)$

二阶测试系统的单位阶跃响应有如下性质：

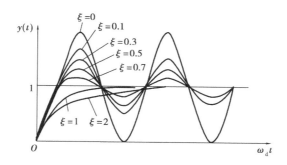

图 2.13　二阶系统的单位阶跃响应

①阶跃响应曲线的形状有三种,其形状只取决于 ζ。ζ 表示阻尼的程度,$\xi > 1$ 时,曲线缓慢变化,逐渐趋于 1,但不会超过 1;$\xi < 1$ 时,曲线作减幅振动,逐渐趋于 1;$\xi = 1$ 时,曲线介于前面两者之间,不产生振动;$\xi = 0$ 时,产生无休止的持久振荡。由此可以明显看出输入输出之间的差异,输出需要一定的时间才能达到稳态值。

②进入稳态的时间取决于系统的固有频率 ω_n 和阻尼比 ζ。ω_n 越高,系统响应越快。ζ 值过大,则趋于稳态的时间过长;ζ 值过小,由于振荡之故,趋于稳态的时间仍然很长。所以,为提高响应速度,通常选取 $\zeta = 0.6 \sim 0.8$。

2.3.4　测试系统动态特性参数的识别

对测量系统特性参数的测定,包括静态参数的测定和动态参数的测定。静态参数的测定相对较简单,一般在标准输入量作用下测出输入输出曲线并在此基础上确定出该测量系统的灵敏度、线性度以及回程误差等参数。

测试系统的动态参数测量相对较复杂,系统受到激励后才表现出来,且隐含在系统的响应之后。在测量系统的动态特性参数时,一般以标准信号(正弦信号、阶跃信号等)作为输入信号,用实验方法测出输出输入特性曲线,然后求出系统的相关动态特性参数。一阶系统的动态特性参数就是时间常数 τ;二阶系统的动态特性参数就是阻尼比 ζ 和固有频率 ω_n。常用的动态特性参数测定方法有阶跃响应法和频率响应法。

(1)阶跃响应法

阶跃响应法是以阶跃信号作为测试系统的输入信号,测得系统的阶跃响应曲线,然后求出系统的动态特性参数。

1)一阶系统时间常数的测定

由式(2.36),单位阶跃信号的响应为

$$y(t) = 1 - e^{-\frac{t}{\tau}}$$

一阶系统的单位阶跃响应曲线如图 2.10 所示。

当输出响应达到稳态值的 63.2% 时,系统所需的时间就是一阶系统的时间常数 τ。当然,这样求得的时间常数未涉及响应全过程,其值仅取决于某一瞬时值,测量结果的准确性较差,也无法准确判断系统是否为一阶系统。

上式可变化得

$$\ln[1 - y(t)] = -\frac{t}{\tau} \tag{2.44}$$

可知，$\ln[1-y(t)]$ 与 t 呈线性关系。因此，根据试验测得的数据作出 $\ln[1-y(t)]$—t 曲线，并求出直线的斜率，即可确定时间常数 τ。这种方法是以全部测量数据为基础，即考虑全部瞬态过程，因此测量得到的动态特性参数较准确可靠。

2）二阶系统阻尼比和固有频率的测定

对于二阶系统，在欠阻尼情况下（一般 $\zeta = 0.7 \sim 0.8$），由二阶系统的阶跃响应可知，其瞬态响应是以 $\omega_d = \omega_n\sqrt{1-\zeta^2}$ 为角频率作衰减振荡的，其峰值所对应的时间 $t_p = 0$，π/ω_d，$2\pi/\omega_d$，…。当 $t_p = \pi/\omega_d$ 时，系统的响应 $y(t)$ 达到最大值，最大超调量 M 与阻尼比 ζ 的关系为

$$M = y\left(\frac{\pi}{\omega_d}\right) - 1 = e^{-\left(\frac{\zeta\pi}{\sqrt{1-\zeta^2}}\right)} \qquad (2.45)$$

或

$$\zeta = \sqrt{\frac{1}{\left(\frac{\pi}{\ln M}\right)^2 + 1}} \qquad (2.46)$$

因此，从阶跃响应曲线（如图 2.14 所示）上测得最大超调量 M 后，便可按照上式求出阻尼比 ζ。

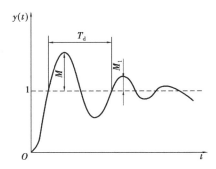

图 2.14　欠阻尼二阶系统的阶跃响应

如果系统测得的阶跃响应过程较长，可利用任意两个超调量来求其阻尼比。设第 i 个超调量 M_i 和第 $i+n$ 个超调量 M_{i+n} 相隔 n 个周期，分别对应时间 t_i 和 t_{i+n}，则

$$t_{i+n} = t_i + \frac{2n\pi}{\omega_n\sqrt{1-\zeta^2}} \qquad (2.47)$$

将 t_i 和 t_{i+n} 代入阶跃响应函数，有

$$\ln\frac{M_i}{M_{i+n}} = \frac{2n\pi\zeta}{\sqrt{1-\zeta^2}} \qquad (2.48)$$

整理后得

$$\zeta = \sqrt{\frac{\delta_n^2}{\delta_n^2 + 4\pi^2 n^2}} \qquad (2.49)$$

其中，$\delta_n = \ln\dfrac{M_i}{M_{i+n}}$。

这样，根据阶跃响应曲线测得 M_i 和 M_{i+n} 就可求得阻尼比 ζ。超调量与阻尼比的关系如图 2.15 所示。

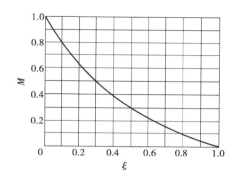

图 2.15　欠阻尼二阶系统的 M—ζ 关系

（2）频率响应法

频率相应法以一组频率可调的标准正弦信号作为测试系统的输入，通过对系统输出幅值和相位的测试，得到幅频和相频特性曲线，进而求得系统的动态特性参数。这种方法实质上是一种稳态响应法，即通过输出的稳态响应来测得系统的动态特性。

一般，动态测试装置的性能文件中都附有该装置的幅频和相频特性曲线。

对于一阶系统，主要的动态特性参数是时间常数 τ，它可通过幅频特性和相频特性直接求取（为了研究问题的方便，通常将系统的静态灵敏度 S 归一化为 1），即

$$A(\omega) = \frac{1}{\sqrt{1 + (\tau\omega)^2}}$$

$$\phi(\omega) = -\arctan(\tau\omega)$$

对于二阶系统，可从相频特性曲线（图 2.16（b））直接估计其动态特性参数：固有频率 ω_n 和阻尼比 ζ。在 $\omega = \omega_n$ 时，输出对输入的相位角滞后为 90°，该点的斜率直接反映了阻尼比的大小。但相频特性曲线的测量比较困难，所以常用幅频特性曲线估计二阶系统的动态特性参数。

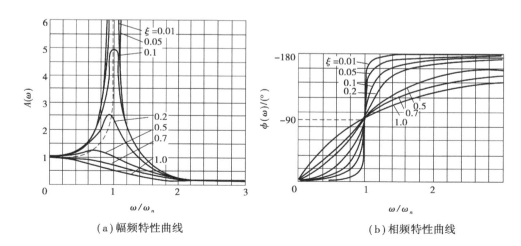

（a）幅频特性曲线　　　　　　　　　（b）相频特性曲线

图 2.16　二阶系统的频率特性

由幅频特性曲线（图 2.16（a））可知，当阻尼比 $\zeta < 0.7$ 时，幅频特性曲线的峰值（共振点）

在稍偏离固有频率 ω_n 的 ω_r 处,且

$$\omega_n = \frac{\omega_r}{\sqrt{1 - 2\zeta^2}} \tag{2.50}$$

此时幅频特性 $A(\omega_r)$ 的峰值为

$$A(\omega_r) = \frac{1}{2\zeta\sqrt{1 - \zeta^2}} \tag{2.51}$$

当阻尼比 ζ 很小时,峰值角频率 $\omega_r \approx \omega_n$,幅频特性的峰值为 $A(\omega_r) \approx 1/(2\zeta)$。

设峰值的 $1/\sqrt{2}$ 处对应的角频率分别为 ω_1 和 ω_2(如图 2.17 所示),且 $\omega_1 = (1 - \zeta)\omega_n$,
$\omega_2 = (1 + \zeta)\omega_n$,则阻尼比的估计值为

$$\zeta = \frac{\omega_2 - \omega_1}{2\omega_n} \tag{2.52}$$

上述利用峰值来估计固有频率 ω_n 和阻尼比 ζ 的方法也称为共振法。

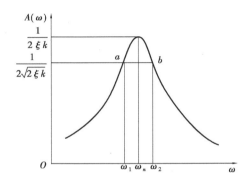

图 2.17 二阶系统阻尼比的估计

2.5 测试系统不失真测量的条件

为了使测试系统的输出能够真实、准确地反映被测对象的信息,测试系统需要实现不失真测量。

设测试系统的输入信号为 $x(t)$,输出信号为 $y(t)$,若要求信号在传输、转换过程中不失真,则 $y(t)$ 与 $x(t)$ 应满足

$$y(t) = A_0 x(t - t_0) \tag{2.53}$$

式中,A_0 为信号增益,t_0 为滞后时间。

也就是说,输出信号 $y(t)$ 与输入信号 $x(t)$ 相比,只是在幅值上扩大了 A_0 倍,时间上滞后了 t_0,该系统的输出波形和输入波形精确地相似(如图 2.18 所示),可认为该测试系统具有不失真测量的特性。

对式(2.65)两边取傅里叶变换,得

$$Y(j\omega) = A_0 e^{-j\omega t_0} X(j\omega) \tag{2.54}$$

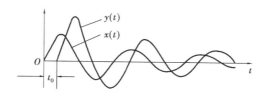

图 2.18　不失真传输波形

系统的频率响应函数为

$$H(j\omega) = \frac{Y(j\omega)}{X(j\omega)} = A_0 e^{-j\omega t_0} \tag{2.55}$$

由此可见,要求测试系统的输出波形不失真,其幅频特性和相频特性应分别满足

$$A(\omega) = A_0 = 常数 \tag{2.56}$$
$$\phi(\omega) = -t_0\omega$$

幅频特性不失真条件 $A(\omega) = A_0 =$ 常数,反映在幅频特性曲线上应是一条平坦的直线,即在整个频率范围内是一常数。相频特性不失真条件 $\phi(\omega) = -t_0\omega$,反映在相频特性曲线上应是一条过原点的斜线,即滞后时间 $t = \phi(\omega)/\omega = t_0 =$ 常数。

如果测量结果用来作为反馈控制信号,滞后时间可能破坏系统的稳定性,此时要求测量结果无滞后,即 $\phi(\omega) = 0$。

需要指出的是,测试系统必须同时满足幅值条件和相位条件才能实现不失真测量。$A(\omega)$ 不等于常数所引起的失真称为幅值失真;$\phi(\omega)$ 与 ω 的非线性所引起的失真称为相位失真。实际测试系统不可能在非常宽的频率范围内都满足不失真测量条件。输入信号频率不同,输出信号的幅值和相位都不同。因此,一般情况下上述两种失真在测试系统都存在,理想的精确测量是不可能实现的,且频率越高失真越大,只能尽可能地采取一定的技术手段将波形失真控制在一定的误差范围内。

对于一阶系统,时间常数 τ 越小,系统的响应速度越快,近似满足不失真测量条件的频带就越宽。所以一阶系统的时间常数 τ 原则上越小越好。

对于二阶系统(图 2.19),其频率特性曲线上有两段值得注意:

①在 $\omega < 0.3\omega_n$ 频率范围内,相频特性 $\phi(\omega)$ 的值较小,且 $\phi(\omega)$ 与 ω 接近直线,幅频特性 $A(\omega)$ 在该范围内变化不超过 10%,输出波形失真较小。

②在 $\omega > (2.5 \sim 3)\omega_n$ 频率范围内,$\phi(\omega)$ 接近 180°,且随 ω 变化很小,此时可用实际测量结果减去固定相位差或把输出信号反相 180°,就可使相频特性基本满足不失真测量条件。但从幅频特性来看,$A(\omega)$ 在该频率范围内幅值太小,输出波形失真太大。

若二阶系统输入信号的频率范围在上述两个频段之间,即 $0.3\omega_n < \omega < (2.5 \sim 3)\omega_n$,则系统的频率特性受阻尼比 ζ 的影响较大,需要作具体分析。分析表明,阻尼比越小,系统对扰入动容易发生超调和共振,对使用不利。当 $\zeta = 0.6 \sim 0.7$ 时,可获得较好的综合特性。当 $\zeta = 0.7$,$\omega < 0.5\omega_n$ 时,幅值误差不超过 2.5%,相频特性 $\phi(\omega)$ 接近线性关系。

此外,因测试系统有多个装置组成,原则上只有保证各装置都满足不失真测量条件,才能保证最终输出的波形不失真。

2.6 测试系统的抗干扰及负载效应

2.6.1 测试系统的干扰

测试过程中,各种干扰信号与有用信号的叠加,将严重影响到测量结果的可靠性和准确性。了解测试系统的干扰源及其抑制方法是测试系统设计和应用中非常重要的一项任务。

通常把来自测试系统内部的无用信号称为噪声,把来自测量系统外部的无用信号称为干扰。广义地讲,叠加在有用信号上的无用信号都统称为干扰。

测试系统常见的干扰包括:

①机械振动或冲击对传感器形成的干扰。

②电磁场的干扰,一般由大型动力设备、动力输电线路以及变压器造成。

③光线对半导体器件性能的影响而产生的干扰。

④环境温度的变化导致电路参数的变化形成干扰。

干扰窜入测试系统的方式主要有三种途径:

①电磁干扰。其干扰主要以电磁波辐射的方式窜入测试系统。

②信道干扰。即信号在传输过程中,通道元器件的噪声或非线性畸变所造成的干扰。

③电源干扰。即由于电源波动、电网干扰信号的窜入以及测试装置电路内阻引起各单元电路相互耦合造成的干扰。

2.6.2 测试系统的抗干扰设计

由于大多数测试系统的电子元器件及电子线路具有信号电平低、速度高、元器件安装密度高等特点,对电磁干扰比较敏感。而且,绝大部分测试系统都需要外部供电,外部电网对系统的干扰以及系统内部通过内阻相互耦合造成的干扰对系统的影响较大。因此,克服电磁干扰和电源干扰极为重要。

(1)电磁干扰的抑制

形成电磁干扰有三个要素:干扰源、传播途径(耦合通道)、干扰受体(被干扰设备)。因此,为了确保系统不受内外电磁干扰,必须针对上述三个要素采取相应的措施,即消除或抑制干扰源,破坏干扰耦合通道,加强干扰受体的抗电磁干扰能力。

对于电磁干扰,常用的干扰抑制方法是屏蔽、接地和隔离。

1)电磁屏蔽

电磁屏蔽就是采用高电导率和高磁导率的材料制成封闭的容器,将受扰电路至于容器中,从而抑制容器外的干扰对容器内电路的影响;或者将干扰源至于容器中,以消除干扰源对外部电路的影响。

双绞线传输也可起到抑制外部电磁干扰的作用,其工作原理与电磁屏蔽不同。从现场输出的开关信号或传感器输出的微弱模拟信号,根据情况可采用两种屏蔽线传输。对于静电干扰,采用金属网状编织的屏蔽线,金属网做屏蔽层,芯线传输信号;对于电磁感应干扰,采用双绞线,一根做屏蔽线,另一根传输信号。其意义在于对所包含的空间提供了一个等电位体,屏蔽体内导体电位的相对变化对屏蔽体外的导体没有影响,屏蔽体外导体电位的变化对屏蔽体内导体的相对电位也没有影响,从而起到屏蔽的作用。

屏蔽传输线包括单股导线的屏蔽线和多股导线外加屏蔽层的屏蔽电缆。屏蔽层一般需要接地,使其信号线不受外部电器干扰的影响。但要注意,屏蔽层应遵守一点接地原则,以免产生地线环路而使信号线中的干扰增加。

2)接地

接地的含义可以理解为一个等电位点或等电位面,它是电路或系统的基准电位,但不一定是大地电位。保护地线必须接在大地电位上,信号地线依据设计可以是大地电位,也可以不是大地电位。

接地设计目的在于:

①消除各电路电流流经一个公共地线阻抗时所产生的噪声电压;

②避免受磁场和地电位差的影响,即不使其形成地环路;

③使屏蔽和滤波有环路;

④确保系统安全。

测试系统的地线是所有电路公共的零电平参考点。理论上来说,地线上各点电平是相同的。然而,由于各地点之间必须用具有一定电阻的导线连接,一旦有电流流过时就可能使各地点的电位产生差异。同时,由于地线是所有信号的公共点,所有信号电流都要流经地线,从而可能产生公共地电阻的耦合干扰。地线的多点连接也会产生环路电流,并且会与其他电路产生耦合。因此,设计地线和接地点对于系统的稳定至关重要。

不同的地线有不同的处理技术,常用的接地方式包括以下几种:

①单点接地。即各单元电路的地点接在一点上,如图 2.19 所示。其优点是不存在环形回路,也就不存在环路电流。各单元地点电位只与本电路的地电流和接地电阻有关,相互干扰较小。例如,在低频电子线路(小于 1 MHz)中,为了避免地线造成地环路,应将信号源的地和接受设备的地接在一点,以消除两个地之间的电位差及其所引起的地环路。

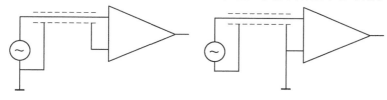

图 2.19　单点接地

②串联接地。即各单元电路的地点顺序连接在一条公共地线上,如图 2.20 所示。优点是接法简单,但每个电路的电位都受到其他电路的影响,干扰通过公共地线相互耦合。采用串联接地时,信号电路应尽可能靠近电源,即靠近真正的地点,所有地线应尽可能粗些,以降低地线电阻。

③多点接地。即电路板上具有多个接地点(或者电路把地做成一片)。这样就有尽可能宽的接地母线以及尽可能低的接地电阻。各单元电路可就近连接到接地母线(如图 2.21 所示)。接地母线的一端接到供电电源的地线上,形成工作接地。

④模拟地和数字地。现代测量系统都同时具有模拟电路和数字电路。由于数字电路工作在开关状态下,电流起伏波动较大,可能对模拟电路通过地线形成干扰。为了减少这类干

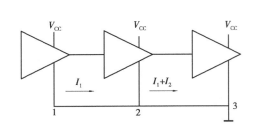

图 2.20　串联接地

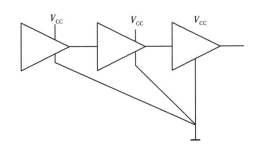

图 2.21　多点接地

扰,可采用两套整流电路分别给模拟电路和数字电路供电,它们之间采用光耦合器耦合,如图2.22 所示。

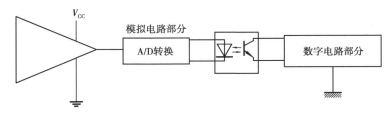

图 2.22　模拟地和数字地

(2)电源干扰的抑制

由电源引入的干扰也是测试系统的一个干扰源。对于交流干扰,可通过低通滤波来抑制,如采用集中参数的 π 型滤波器、交流稳压器。对于直流电源干扰,除选择稳压性能好、波纹系数小的电源外,还要克服因脉冲电路运行时引起的交叉干扰。这主要使用去耦法,即在各主要的集成电路芯片的电源输入端,或在印刷电路板电源布线的一些关键点与地之间接入一个 $1 \sim 10 \ \mu F$ 的电容。同时,为了滤除高频干扰,可再并联一个 $0.01 \ \mu F$ 的小电容。

2.6.3　测试系统的负载效应

当一个装置连接到另一个装置上并发生能量交换时,会发生两种现象:前装置的连接处甚至整个装置的状态和输出都将发生变化;两个装置形成一个新的整体,该整体虽然保留了两组装置的某些主要特征,但其传递函数已不能简单地用两个装置串联的形式来表达。在实际测量过程中,测试系统与被测对象之间、测试系统内部各环节之间相互连接时,测试系统作为被测对象的负载,后连接环节作为前连接环节的负载,必然对测量结果产生影响。测试系统中,一个装置由于后接另一个装置而产生的这种现象,称为测试系统的负载效应。

负载效应所产生的后果有些可以忽略,有些后果非常严重,必须加以重视。

下面以测量一直流电路电阻压降为例(如图2.23 所示)说明负载效应的影响。

电阻 R_2 两端的压降为

$$U_0 = \frac{R_2}{R_1 + R_2}E \tag{2.57}$$

为了对电阻 R_2 两端电压进行测量,可在电阻 R_2 两端并联一个内阻为 R_m 的电压表。这时,由于 R_m 的接入, R_2 和 R_m 的并联电阻为 R_L,其端压降为

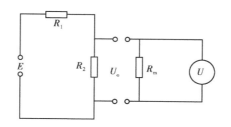

图 2.23 直流电路中的负载效应

$$U = \frac{R_L}{R_1 + R_L}E = \frac{R_m R_2}{R_1(R_m + R_2) + R_m R_2}E \qquad (2.58)$$

其中

$$R_L = \frac{R_m R_2}{R_m + R_2}$$

显然,由于测量仪表的接入,被测系统(原电路)状态及被测量(R_2 两端的压降)都发生了变化。U 与 U_0 的差随 R_m 的增大而减小。这个实例充分说明了负载效应对测量结果的影响。

在测试工作中应有整体的概念,充分考虑各装置和环节连接可能产生的影响。测量装置一旦介入便成为被测对象的负载,将会引起测量误差。两个环节相连,后一个环节称为前环节的负载,产生相应的负载效应。在选择传感器时,必须考虑传感器对被测对象的负载效应。在组成测试系统时,也要考虑各组成环节之间连接时的负载效应,应尽可能减小负载效应的影响。

习题与思考题

2.1 信号和信息是测试技术中两个基本的概念,描述信号与信息之间的关系。

2.2 说明线性系统的频率保持性在测量中的作用。

2.3 某一阶测量装置的传递函数为 $1/(0.04s + 1)$,若用它测量频率为 0.5 Hz、1 Hz、2 Hz 的正弦信号,试求其幅度误差。

2.4 用一时间常数为 2 s 的温度计测量炉温时,当炉温为 200~400 ℃,以 150 s 为周期且按正弦规律变化时,温度计输出的变化范围是多少?

2.5 用一阶系统对 100 Hz 的正弦信号进行测量时,如果要求振幅误差在 10% 以内,系统时间常数应为多少? 如果用该系统对 50 Hz 的正弦信号进行测试时,则此时的幅值误差和相位误差是多少?

2.6 设一力传感器作为二阶系统处理。已知传感器的固有频率为 800 Hz,阻尼比为 0.14,问使用该传感器作频率为 400 Hz 正弦变化的外力测试时,其振幅误差和相位角误差各为多少?

2.7 在使用灵敏度为 80 nC/MPa 的压电式力传感器进行压力测量时,首先将它与增益为 5 mV/nC 的电荷放大器相连,电荷放大器接到灵敏度为 25 mm/V 的笔试记录仪上,试求该压力测试系统的灵敏度。当记录仪的输出变化 30 mm 时,压力变化为多少?

2.8 试说明二阶装置的阻尼比多采用 0.6~0.7 的原因?

2.9 在对某压力传感器进行校准时,得到一组输入输出的数据如下:

	0.1	0.2	0.3	0.4	0.5	0.6	0.7	0.8	0.9
正行程平均值	220.2	480.6	762.4	992.3	1 264.5	1 532.8	1 782.5	2 012.4	2 211.6
反行程平均值	221.3	482.5	764.2	993.9	1 266.1	1 534.1	1 784.1	2 013.6	2 212.1

试计算该压力传感器的最小二乘线性度和灵敏度。

2.10 试求由两个传递函数分别为 $\dfrac{2.4}{3.6s+0.4}$ 和 $\dfrac{28\omega_n^2}{s^2+1.3\omega_n s+\omega_n^2}$ 的两个子系统串联而成的测试系统的总灵敏度,其中,ω_n 为二阶系统(环节)的固有频率。

2.11 试述脉冲响应函数与频率响应函数、传递函数之间的联系。

第 **3** 章
信号转换与调理

传感器输出的电信号大多数不能直接输送到显示、记录或分析仪器中去。其主要原因是：大多数传感器输出的电信号很微弱，需要进一步放大，有的还要进行阻抗变换；有些传感器输出的是电参量，要转换为电能量；输出信号中混杂有干扰噪声，需要去掉噪声，提高信噪比；若测试工作仅对部分频段的信号感兴趣，则有必要从输出信号中分离出所需的频率成分；当采用数字式仪器、仪表和计算机时，模拟输出信号还要转换为数字信号等。因此，传感器的输出信号要经过适当的调理，使变换处理后的信号变为信噪比高、有足够驱动功率的电压或电流信号，从而与后续测试环节相适应。通常使用各种电路完成上述任务，这些电路称为信号变换及调理电路。常用的信号变换及调理电路有：电桥、放大器、滤波器、调制器与解调器、电气隔离等。

信号变换及调理电路属于模拟信号处理环节，它是利用一定的数学模型所组成的硬件运算网络来实现对连续时间信号进行分析处理的过程。尽管数字信号处理技术已经获得了很大发展，但模拟信号处理仍然是不可缺少的，即使在数字信号分析系统中，也要加入模拟分析设备。它基于硬件的信号调理速度很快，在计算机测试系统中一般作为数字信号处理的前奏。

3.1 放大电路

传感器输出的微弱电压、电流或电荷信号，其幅值或功率不足以进行后续的转换处理，或驱动指示器、记录器以及各种控制机构，因此需对其进行放大处理。对信号的放大电路要求为：①输入阻抗应与传感器输出阻抗相匹配；②一定的放大倍数和稳定的增益；③低噪声；④低的输入失调电压和输入失调电流以及低的漂移；⑤足够的带宽和转换速率；⑥高共模输入范围和高共模抑制比；⑦可调的闭环增益；⑧线性好、精度高；⑨成本低。

集成运算放大器可以作为一个器件构成各种基本功能的电路。这些基本电路又可以作为单元电路组成电子应用电路。理想运算放大器具有输入阻抗无穷大，输出阻抗无穷小，开环放大倍数无穷大，没有零点漂移，输入电流和输入电压都为零等特点。这里主要介绍测试系统中由集成运算放大器组成的一些典型放大电路。

3.1.1 反相放大器

反相放大电路与同相放大电路是集成运算放大器两种最基本的应用电路,许多集成运放的功能电路都是在反相和同相两种放大电路的基础上组合和演变而来的。

反相放大器电路如图3.1所示,其特点是输入信号和反馈信号均加在运放的反相输入端。根据理想运放的特性,其同相输入端电压与反相输入端电压近似相等,流入运放输入端的电流近似为0,可以得到反相放大器的电压增益为

$$A_v = \frac{u_o}{u_i} = -\frac{R_2}{R_1} \tag{3.1}$$

其反馈电阻 R_2 值不能太大,否则会产生较大的噪声及漂移,一般为几十千欧至几百千欧。R_1 的取值应远大于信号源 u_i 的内阻。R_3 为等效平衡电阻,满足 $R_3 = R_1 /\!/ R_2$。

3.1.2 同相放大器

图3.2所示为同相放大器电路,其特点是输入信号加在同相输入端,而反馈信号加在反相输入端。同样由理想运放特性,可以分析出同相放大器的增益为

$$A_v = \frac{u_o}{u_i} = 1 + \frac{R_2}{R_1} \tag{3.2}$$

同相放大器具有输入阻抗高而输出阻抗很低的特点,广泛用于前置放大级。图中 R_3 为等效平衡电阻,且 $R_3 = R_1 /\!/ R_2$。作为同相放大器的特例,若 $R_1 \to \infty$,$R_2 \to 0$,$R_3 \to 0$,则构成了电压跟随器。其特点是:对低频信号,其增益近似为1,同时具有极高的输入阻抗和低输出阻抗。因此,它常在测试系统中用作阻抗变换器。

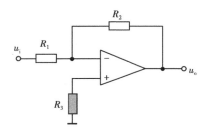

图 3.1 反相放大器

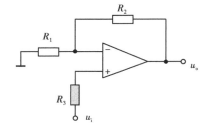

图 3.2 同相放大器

3.1.3 差动放大器

在实际测量中,信号常含有共模成分或从参考地端引入的干扰,这时可采用差动输入放大电路来放大输入信号中的差模分量、抑制共模分量,如图3.3所示。

所谓差模信号,是指双端输入时,两个信号的相位相差180°。共模信号指双端输入时,两个信号相位相同。一般温度、电源电压等的变化引起的零点漂移和其他干扰信号都可以视作共模信号。

差动放大器的输出电压为

$$u_o = \frac{R_f}{R}(u_{i2} - u_{i1}) \tag{3.3}$$

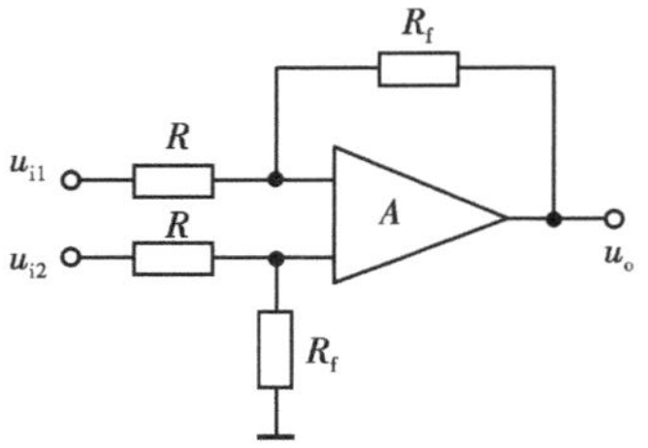

图 3.3 差动输入放大器

当 $R = R_f$ 时,为减法器,输出电压为

$$u_o = u_{i2} - u_{i1} \tag{3.4}$$

差模放大倍数为

$$A_d = \frac{u_o}{u_{i2} - u_{i1}} = \frac{R_f}{R} \tag{3.5}$$

显然,有害的共模信号被差动放大电路抑制,而待放大的有用信号是以差模输入的,能够被差动放大电路放大。

在实际应用中,由于阻值存在误差,共模放大倍数可表示为

$$A_c = \frac{4\delta}{1 + \dfrac{R}{R_f}} \tag{3.6}$$

式中　δ——电阻具有的相同公差。

对于差动放大器,一个很重要的指标是共模抑制比(CMRR),即在开环状态下,运放的差模电压增益 A_d 与共模电压增益 A_c 之比,可以用下式表示

$$\mathrm{CMRR} = \frac{A_d}{A_c} = \frac{1 + A_d}{4\delta} \tag{3.7}$$

CMRR 表明了运放对共模信号的抑制能力,该值越大越好。显然,减小 δ,可以显著增大共模抑制比 CMRR。

由于差动放大器具有双端输入—单端输出、共模抑制比较高的特点,通常用作传感放大器或测量仪器的前端放大器。

作为差动放大器的特例,若 $R_f \to \infty$,$R \to 0$,则构成了电压比较器,可将两个相差不是很小的电压进行比较,输入信号之差只需微伏级就能使输出电压极性翻转。电压比较器可将模拟信号转换成二值信号,即只有高电平和低电平两种状态的离散信号,因此,常作为模拟电路和数字电路的接口电路使用。

3.1.4　交流放大电路

若只需要放大交流信号,可采用如图 3.4 所示的集成运放交流电压同相放大器(或交流电压放大器)。

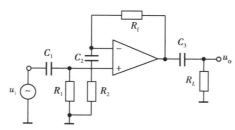

图 3.4　交流放大器

图中电容 C_1、C_2 及 C_3 为隔直电容,因此交流电压放大器无直流增益,其交流电压放大倍数为

$$A_v = 1 + \frac{R_f}{R_1} \tag{3.8}$$

式中,电阻 R_1 接地是为了保证输入为零时,放大器的输出直流电位为零。交流放大器的输入

电阻为 $R_i = R_1$。R_1 不能太大,否则会产生噪声电压,影响输出;但也不能太小,否则放大器的输入阻抗太低,影响前级信号源输出。R_1 一般取几十千欧。

耦合电容 C_1、C_3 可根据交流放大器的下限频率 f_L 来确定,一般取

$$C_1 = C_3 = (3 \sim 10)/(2\pi R_L f_L) \tag{3.9}$$

一般情况下,集成运放交流电压放大器只放大交流信号,输出信号受运放本身的失调影响较小,因此不需要调零。

3.1.5 电荷放大器

电荷放大器常作为压电式传感器测量系统中的输入电路,也可以用于电容式传感器等变电容参数的测量中。它能将高内阻的电荷源转换为低内阻的电压源,且输出电压正比于输入电荷。因此,电荷放大器同样也起着阻抗变换的作用,其输入阻抗高达 $10^{10} \sim 10^{12}$ Ω,输入阻抗小于 100 Ω。使用电荷放大器突出的一个优点是:在一定条件下,传感器的灵敏度与电缆长度无关。

电荷放大器实际上是一个具有深度电容负反馈的增益放大器。它的等效电路如图 3.5 所示。

当运算放大器的开环增益很大时,电荷放大器的输出电压为

$$U_o \approx -q/C_f \tag{3.10}$$

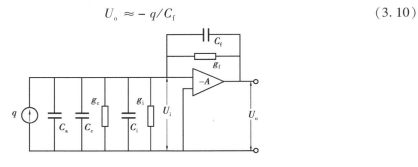

图 3.5 电荷放大器的等效电路

图 3.5 中 q——传感器产生的电荷;

C_f——放大器的负反馈电容;

g_c、g_i、g_f——电缆的漏电导、放大器的输入电导、放大器的反馈电导;

C_a、C_c、C_i——压电传感器的电容、连接电缆电容、输入电容;

U_i、U_o——电路的输入电压、输出电压。

式(3.10)表明,电荷放大器的输出电压与压电传感器的电荷成正比,与电荷放大器的负反馈电容成反比,而与放大器的放大倍数的变化或电缆电容等均无关系。只要保持反馈电容的数值不变,就可以得到与电荷量变化呈线性关系的输出电压。当反馈电容越小,输出就越大,因此要达到一定的输出灵敏度要求,必须选择适当的反馈电容。

3.1.6 测量放大器

在许多测试场合,传感器输出的信号往往很微弱,而且伴随有很大的共模电压(包括干扰电压)。对这种信号一般需要采用测量放大器,亦称仪表放大器。图 3.6 所示是目前广泛应用的三运放测量放大器电路。

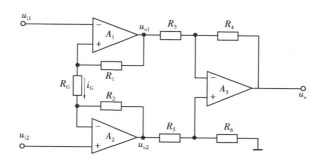

图 3.6　测量放大器

测量放大器利用两个相同特性的运算放大器组成对称电路,并采用共模负反馈电路的方法解决极间耦合和克服零点漂移问题。该放大器前级为同相并联型差动比例放大器 A_1 和 A_2 组成,后级是差动比例放大器 A_3。由于 A_1、A_2 是高性能运放,开环增益很大,所以 A_1、A_2 的两输入端电位相同,A_3 放大的是 A_1、A_2 的输出之差,如果它们的输出失调是同相的,就可以互相抵消。因此,总失调主要由 A_3 本身引起,因此应把 A_3 的增益压低,主要增益由前级担任。这样既可降低输出温漂,又可降低 A_3 的失调电流引起的温漂和输出。

测量放大器电路还具有增益调节功能,调节 R_G 可以改变增益而不影响电路的对称性。由电路结构分析可知测量放大器的增益为

$$A_v = \frac{u_o}{u_{i1} - u_{i2}} = -\frac{R_4}{R_3}\left(1 + \frac{2R_1}{R_G}\right) \tag{3.11}$$

目前,许多公司已开发出各种高质量的单片集成测量放大器,通常只需外接电阻 R_G 用于设定增益,外接元件少,使用灵活,能够处理几微伏到几伏的电压信号。

图 3.6 是测量放大器在应变测量中的应用。其中,R_1、R_2 为电阻应变片,R_6、R_7 为固定电阻,R_1、R_2、R_6、R_7 构成半桥电路,其输出经由 IC_1、IC_2、IC_3 组成的测量放大器放大后输出电信号 U_{o1},放大倍数可由外接可调电阻 R_{w3} 来调节。

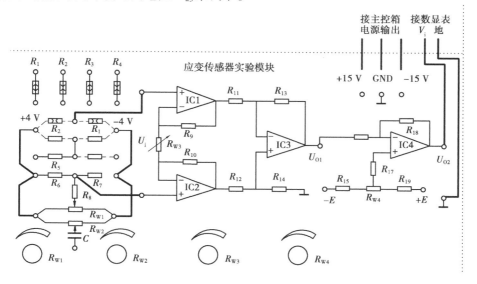

图 3.7　电桥与测量放大器的连接

3.1.7 隔离放大器

对于生物电信号以及强电、强电磁干扰环境下信号的放大,需要采用隔离放大器,以保证人身及设备的安全并降低干扰的影响。隔离放大器应用于高共模电压环境下的小信号测量,是一种特殊的测量放大电路,其输入、输出和电源电路之间没有直接的电路耦合,信号在传输过程中没有公共的接地端。隔离放大器由输入放大器、输出放大器、隔离器以及隔离电源等几部分组成,如图 3.8 所示。

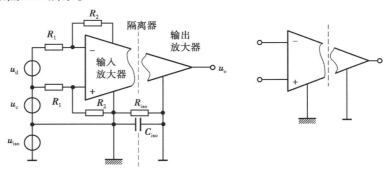

图 3.8 隔离放大器的基本电路及其电路符号

在隔离放大器中采用的隔离方式主要是采用变压器耦合和光电耦合信号方式。变压器耦合具有较高的线性度和隔离性能,共模抑制比高,技术较成熟,但通常带宽较窄,约数 kHz 以下,且体积大、工艺成本复杂。光电耦合结构简单、成本低廉,器件质量轻、频带宽,但光耦合器是非线性器件,尤其在信号较大时将出现较大的非线性误差。

由于隔离放大器采用浮置式(浮置电源、浮置放大器输入端)设计,输入、输出端相互隔离,不存在公共地线的干扰,因此具有极高的共模抑制能力,能对信号进行安全准确的放大,有效防止高压信号对低压测试系统造成的破坏。

3.2 测量电桥

当传感器把被测量转换为电阻、电容或电感的变化时,这些参数的相对变化量很小,很难直接测量,这时往往需要测量电路将其转换成电流或电压加以检测。其输出既可用于指示仪,也可以送入放大器进行放大。因此,电桥电路具有很强的实用价值。

测量电桥的作用是将阻抗的变化转变为电压或电流的变化。根据供桥电源性质,电桥可分为直流电桥和交流电桥,直流电桥用于测量电阻的变化,而交流电桥可以用于测量电阻、电感和电容的变化。按照输出测量方式,电桥又可分为平衡输出电桥(零位法测量)和不平衡输出电桥(偏位法测量)。在静态测试中用零位法测量,即使电桥一直处在平衡状态(输出电压始终为零),也可用电阻的变化来反映测试信号的变换情况;在动态测试中大多使用偏位法测量,即电桥平衡被破坏,用输出电压来反映被测信号的大小。

3.2.1 直流电桥

直流电桥的优点是所需的高稳定直流电源易获得,连接导线要求低,预调平衡电路简单,信号导线分布电容及电感的影响小,抗干扰能力强,因此在工程中使用极为广泛。

(1)直流电桥的平衡条件

直流电桥的结构如图 3.9 所示,它由连接成菱形的四个桥臂电阻 R_1、R_2、R_3 和 R_4 组成。其中,A、C 两端接入直流电源 E,而 B、D 两端为信号输出端。

当电桥输出端接入的仪表或放大器的输入阻抗足够大时,可认为其负载阻抗为无穷大,电桥的输出端可视为开路,其输出电压 U 为

$$U = \left(\frac{R_1}{R_1 + R_2} - \frac{R_4}{R_3 + R_4} \right)E = \frac{R_1 R_3 - R_2 R_4}{(R_1 + R_2)(R_3 + R_4)}E \qquad (3.12)$$

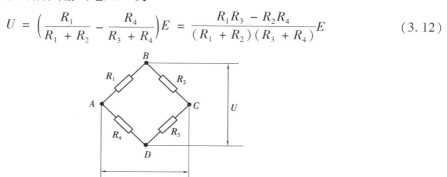

图 3.9　直流电桥电路

当电桥平衡时,输出电压 U 为 0,则有

$$R_1 R_3 = R_2 R_4 \qquad (3.13)$$

式(3.13)称为直流电桥的平衡条件,此时的电桥称为平衡电桥。此式说明,欲使电桥平衡,其相对两臂电阻乘积应相等。当电桥处于平衡状态时,若某桥臂电阻产生增量,而 E 保持不变,则电桥的输出电压 U 仅与该桥臂的电阻增量有关。如果该电阻增量是由传感器所测信号引起的,则该输出电压的变化量就表征了被测信号的变化量。测量时常用等臂电桥,即 $R_1 = R_2 = R_3 = R_4$,或电源端对称电桥,即 $R_1 = R_2$,$R_3 = R_4$。

(2)直流电桥的输出特性

在测试过程中,电桥根据工作中的电阻值变化的桥臂情况可以分为单臂电桥、双臂电桥和全桥三种连接方式,如图 3.10 所示。不同的电桥接法,其输出电压也不一样。

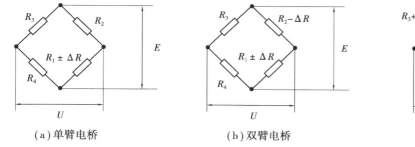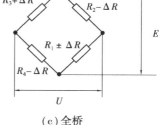

(a)单臂电桥　　　　　　　　(b)双臂电桥　　　　　　　　(c)全桥

图 3.10　直流电桥的连接方式

1)单臂电桥

单臂电桥电路如图 3.10(a)所示,4 个桥臂中 R_1 为可变电阻,其余为固定电阻。设 $R_1 = R_2 = R_3 = R_4 = R$,电桥激励电压为 E,电桥输出电压为 U,则

$$U = \left(\frac{1}{2} - \frac{R}{2R + \Delta R} \right) \cdot E = \frac{1}{4} \cdot \frac{\Delta R}{R} \left[1 - \frac{1}{2} \cdot \frac{\Delta R}{R} + \left(\frac{1}{2} \cdot \frac{\Delta R}{R} \right)^2 - \cdots \right] \cdot E \quad (3.14)$$

如果 R_1 为电阻应变片，设其灵敏系数为 K，电阻应变片产生的应变为 ε，则有 $\frac{\Delta R}{R} = K\varepsilon$，代入式(3.14)，可得

$$U = \frac{1}{4} K \cdot \varepsilon \left[1 - \frac{1}{2} K \cdot \varepsilon + \left(\frac{1}{2} K \cdot \varepsilon \right)^2 - \cdots \right] \cdot E \quad (3.15)$$

式(3.15)表明电桥输出 U 与应变 ε（或电阻的相对变化量）呈非线性关系，而且单臂电桥非线性误差随着所测应变值的增大而增加。当所测应变 ε 很小时，可近似作线性化处理，这时输出电压可以写成

$$U_o \approx \frac{1}{4} K \cdot \varepsilon \cdot E \quad (3.16)$$

一般电桥的桥压为 $2 \sim 3$ V，在测量微应变时，电桥的输出为微伏级，因此要求后接有高性能的直流放大器进行二次放大。

用相对误差来表示非线性误差 e，则有

$$e = \frac{|U - U_o|}{U_o} \times 100\% \approx \frac{1}{2} K \cdot \varepsilon \times 100\% \quad (3.17)$$

对于康铜等金属电阻应变片，设应变片的灵敏系数 $K \approx 2$，如果测量较大应变（如 $\varepsilon = 1\ 000$ $\mu\varepsilon$）时，其非线性误差为 0.1%。在数据处理系统中，如果要求系统的精度小于 0.1%，仅仅应变电桥这一项就占据了全部的误差，这显然是不允许的。即使所测的应变较小时，但对于采用半导体应变片，其灵敏系数 $K \geqslant 120$，此时所产生的非线性误差仍然较大，这显然是不容忽视的，因此必须采取适当的措施进行修正。

在实际的应用中，由于温度的变化也可引起电阻的变化，使测量结果产生温度误差。因此，单臂电桥除了存在非线性误差之外，还包含有温度误差。为了减少和克服非线性误差，以及由温度变化引起的电阻相对变化量，常采用差动电桥，即半桥和全桥。

2）半桥

半桥电路如图 3.10(b) 所示。4 个桥臂中，R_1、R_2 为可变电阻，其余为固定电阻。仍然设 $R_1 = R_2 = R_3 = R_4 = R$，电桥激励电压为 E，电桥输出电压为 U，则

$$U = \frac{1}{2} \times \frac{\Delta R}{R} \cdot E = \frac{1}{2} \cdot K \cdot \varepsilon \cdot E \quad (3.18)$$

式(3.18)假设 R_1、R_2 为电阻应变片，灵敏系数均为 K，所感受的应变为 $+\varepsilon$ 和 $-\varepsilon$。与单臂电桥相比，其输出电压提高了一倍，且利用桥路的加减特性，分式中没有略去项，故不存在非线性误差，同时还具有温度补偿特性。

3）全桥

全桥电路如图 3.10(c) 所示。4 个桥臂中，R_1、R_2、R_3、R_4 为可变电阻。若 $R_1 = R_2 = R_3 = R_4 = R$，电桥激励电压为 E，电桥输出电压为 U，则

$$U = \frac{\Delta R}{R} \cdot E = K \cdot \varepsilon \cdot E \quad (3.19)$$

式(3.19)假设 R_1、R_2、R_3、R_4 为电阻应变片，灵敏系数均为 K，所感受的应变为 $+\varepsilon$、$-\varepsilon$、$+\varepsilon$ 和 $-\varepsilon$。其输出电压是单臂电桥的 4 倍，既能克服非线性误差，又能进行温度补偿。

（3）电桥的和差特性

如图 3.11 所示电桥,设电桥的 4 个桥臂 R_1、R_2、R_3、R_4 所产生的电阻变化用 ΔR_1、ΔR_2、ΔR_3、ΔR_4 表示,则电桥的输出电压可以写成

$$U = \frac{(R_1 + \Delta R_1)(R_3 + \Delta R_3) - (R_2 + \Delta R_2)(R_4 + \Delta R_4)}{(R_1 + \Delta R_1 + R_2 + \Delta R_2)(R_3 + \Delta R_3 + R_4 + \Delta R_4)}E \qquad (3.20)$$

于是,有

$$U = \frac{1}{4}\left(\frac{\Delta R_1}{R_1} - \frac{\Delta R_2}{R_2} + \frac{\Delta R_3}{R_3} - \frac{\Delta R_4}{R_4}\right)E \quad (3.21)$$

若 R_1、R_2、R_3、R_4 均为电阻应变片,且初始值均为 R,应变片的灵敏系数均为 K,则式(3.21)可改写成

$$U = \frac{1}{4}K(\varepsilon_1 - \varepsilon_2 + \varepsilon_3 - \varepsilon_4)E \qquad (3.22)$$

其中,ε_1、ε_2、ε_3、ε_4 分别为 4 个电阻应变片所产生的应变。式(3.21)和式(3.22)称为电桥的和差特性或加

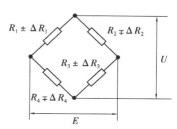

图 3.11　差动测量电桥

减特性。它表明:相邻边两桥臂电阻变化是各自引起的输出电压相减;相对边两桥臂电阻变化是各自引起的输出电压相加。在实际应用时,可充分利用电桥的和差特性来消除非线性误差,实现温度补偿以及提高电桥的灵敏度。

3.2.2　交流电桥

供桥电压采用交流电源的电桥称为交流电桥。交流电桥的主要问题是采用长导线测量时,导线的电容、电感影响很大,载波频率越高影响就越大,故交流电桥的载频不能太高,这就限制了测量信号的频率上限。

交流电桥 4 个桥臂可以由电阻、电容或电感组成,分别如图 3.12(a)、(b)和(c)所示。桥臂不再是直流电桥中的"纯电阻",而是呈复阻抗特性。分别用 $\overline{Z_1}$、$\overline{Z_2}$、$\overline{Z_3}$、$\overline{Z_4}$ 表示 4 个桥臂的阻抗,则交流电桥的平衡关系为

$$\overline{Z_1} \cdot \overline{Z_3} = \overline{Z_2} \cdot \overline{Z_4} \qquad (3.23)$$

用复数表示则可改写成

$$Z_1 \cdot Z_3 \cdot e^{j(\varphi_1 + \varphi_3)} = Z_2 \cdot Z_4 \cdot e^{j(\varphi_2 + \varphi_4)} \qquad (3.24)$$

式中 Z_1、Z_2、Z_3、Z_4 分别为各桥臂阻抗的模,φ_1、φ_2、φ_3、φ_4 分别是各阻抗角,要满足 $\overline{Z_1} \cdot \overline{Z_3} = \overline{Z_2} \cdot \overline{Z_4}$ 关系式,必须同时满足关系式:

$$\begin{cases} Z_1 \cdot Z_3 = Z_2 \cdot Z_4 \\ \varphi_1 + \varphi_3 = \varphi_2 + \varphi_4 \end{cases} \qquad (3.25)$$

式(3.25)称为交流电桥的平衡条件。此式表明,交流电桥的平衡必须同时满足两个条件,即相对两臂阻抗模的乘积应相等,且相对两臂阻抗角之和也应相等。

图 3.12(a)交流电桥的平衡条件为

$$\begin{cases} R_1 R_3 = R_2 R_4 \\ \dfrac{R_3}{C_1} = \dfrac{R_2}{C_4} \end{cases}$$

图 3.12(b)交流电桥的平衡条件为

$$\begin{cases} R_1 R_3 = R_2 R_4 \\ L_1 R_3 = L_4 R_2 \end{cases}$$

图 3.12(c)交流电桥的平衡条件为

$$\begin{cases} R_1 R_3 = R_2 R_4 \\ R_1 C_1 = R_2 C_2 \end{cases}$$

上述交流电桥的平衡条件是在供桥电源只有一个频率 ω 的情况下得到的。当供桥电源有多个频率成分时,则不能满足平衡条件,也即电桥是不平衡的。因此,交流电桥对供桥电源要求具有良好的电压波形和频率稳定性。

由此可见,满足交流电桥平衡的条件除了电阻平衡以外,都必须调节阻抗平衡,即分别调节电容或电感平衡。所以交流电桥平衡调节电路较复杂,且不易调平衡。采用交流电桥时,还要注意影响测量误差的一些参数,如电桥中元件之间的互感影响;无感电阻的残余电抗;邻近交流电路对电桥的感应作用;泄漏电阻以及元件之间、元件与地之间的分布电容等。

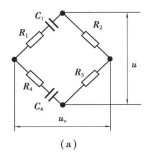 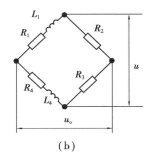 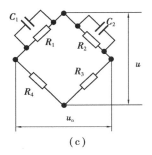

图 3.12　交流电桥电路

3.3　调制与解调

被测物理量经过传感器交换以后多为低频缓变的微弱信号,如果直接送入直流放大器放大会遇到困难。因为采用级间直接耦合式的直流放大器放大,将会受到零点漂移的影响,当漂移信号大小接近或超过被测信号时,经过逐级放大后,被测信号会被零点漂移淹没。

为了很好地解决缓变信号的放大问题,信息技术中采用了一种对信号进行调制的方法,即先将微弱的缓变信号加载到高频交流信号中去,然后利用交流放大器进行放大,最后再从放大器的输出信号中取出放大了的缓变信号。这个过程称为调制与解调。

3.3.1　调制的类型

调制就是利用缓变信号来控制、调节高频振荡信号的某个参数(幅值、频率或者相位等),使其按缓变信号的规律变化,即用一个信号去装载另一信号。调制的目的是解决微弱缓变信号的放大以及信号的传输问题。

对应于信号的三要素:幅值、频率和相位,根据载波的幅值、频率和相位随调制信号而变化的过程,调制可以分为幅度调制、频率调制和相位调制,简称为调幅(AM)、调频(FM)和调相（PM），其波形分别称为调幅波、调频波和调相波。

（1）幅度调制

调幅是将一个高频正弦信号（或称载波信号）与测试信号（或称调制信号）相乘，使载波信号幅值随测试信号的变化而变化。

设调制信号为 $x(t)$，载波信号为 $z(t) = A\cos(2\pi f_z t + \varphi)$，则调幅信号为

$$x_m(t) = [A * x(t)]\cos(2\pi f_z t + \varphi) \tag{3.26}$$

显然，调幅信号 $x_m(t)$ 的幅值随测试信号 $x(t)$ 的变化而变化，即调幅信号中包含了测试信号的全部信息，而且 $x_m(t)$ 经过交流放大器放大以后形成的高频信号在传输过程中具有较高的抗干扰能力。调幅过程如图 3.13 所示。

图 3.13　幅度调制及其调幅波

（2）频率调制

调频是利用信号 $x(t)$ 的幅值调制载波 $z(t)$ 的频率，或者说，调频波是一种随信号 $x(t)$ 的电压幅值而变化的疏密度不同的等幅波 $y(t)$，如图 3.14 所示。

$$y(t) = A\cos(2\pi[f_z + x(t)] * t + \varphi) \tag{3.27}$$

信号电压为正值时，调频波的频率升高，负值时则降低；信号电压为零时，调频波的频率就等于中心频率（载波频率 f_z）。

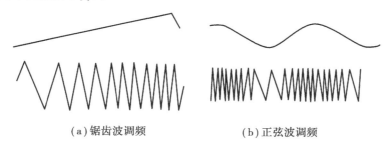

（a）锯齿波调频　　　　　（b）正弦波调频

图 3.14　频率调制及其调频波

频率调制较幅度调制的一个重要的优点是改善了信噪比。因为调频信号所携带的信息包含在频率变化之中，并非振幅之中，而干扰波的干扰作用则主要表现在振幅之中。另外，调频比较容易实现数字化，传输过程中不易受到干扰。但是调频波通常要求很宽的频带，甚至为调幅所要求带宽的 20 倍。调频系统也较调幅系统复杂，因为频率调制是一种非线性调制，不能运用叠加原理。因此，分析调频波要比分析调幅波困难。实际上，对调频波的分析是近似的。

（3）相位调制

载波 $z(t)$ 的相位对其参考相位的偏离值随调制信号 $x(t)$ 的瞬时值成比例变化的调制方式，称为相位调制，或称调相。调相波可用式（3.28）来表示。

$$y(t) = A\cos(2\pi f_z t + [\varphi + x(t)]) \tag{3.28}$$

实际使用时很少采用调相制,它主要是用来作为得到调频的一种方法。

3.3.2 调幅及其解调

调幅是将载波信号与调制信号相乘,是机械测试技术使用最广泛的调制技术之一,而解调的目的是恢复被调制的信号。调幅及其解调过程如图 3.15 所示。

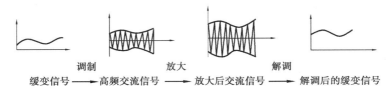

调制   放大   解调

缓变信号 —→ 高频交流信号 —→ 放大后交流信号 —→ 解调后的缓变信号

图 3.15 调幅及其解调过程

现以频率为 f_z 的余弦信号 $z(t)$ 作为载波进行讨论。由傅里叶变换的性质知,在时域中两个信号相乘,则对应在频域中这两个信号进行卷积,即

$$x(t) \cdot z(t) \Leftrightarrow X(f) * Z(f) \tag{3.29}$$

余弦函数的频谱图形是一对脉冲谱线,即

$$\cos 2\pi f_z t \Leftrightarrow \frac{1}{2}\delta(f - f_z) + \frac{1}{2}\delta(f + f_z) \tag{3.30}$$

一个函数与单位脉冲函数卷积的结果,就是将其图形由坐标原点平移至该脉冲函数处。所以,若以高频余弦信号作载波,把信号 $x(t)$ 和载波信号 $z(t)$ 相乘,其结果就相当于把原信号频谱图形由原点平移至载波频率 f_z 处,其幅值减半,如图 3.16 所示,即

$$x(t)\cos 2\pi f_z t \Leftrightarrow \frac{1}{2}X(f) * \delta(f + f_z) + \frac{1}{2}X(f) * \delta(f - f_z) \tag{3.31}$$

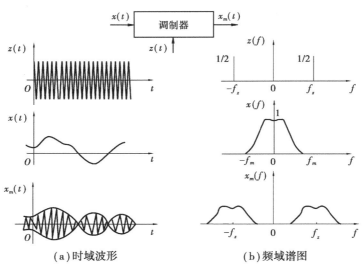

(a)时域波形   (b)频域谱图

图 3.16 幅度调制

显然,幅值调制过程就相当于频率"搬移"过程。图中调制器起乘法器的作用。为避免调幅波 $x_m(t)$ 的重叠失真,要求载波频率 f_z 必须大于测试信号 $x(t)$ 中的最高频率,即 $f_z > f_m$。实际应用中,往往选择载波频率至少数倍甚至数十倍于信号中的最高频率。

若把调幅波 $x_m(t)$ 再次与载波 $z(t)$ 信号相乘,则频域图形将再一次进行"搬移",即 $x_m(t)$ 与 $z(t)$ 相乘积的傅里叶变换为

$$F\left[x_m(t)z(t)\right] = \frac{1}{2}X(f) + \frac{1}{4}X(f + 2f_z) + \frac{1}{4}X(f - 2f_z) \tag{3.32}$$

若用一个低通滤波器滤除中心频率为 $2f_z$ 的高频成分,那么将可以复现原信号的频谱(只是其幅值减少了一半,这可用放大处理来补偿),这一过程为同步解调(或称相敏检波),如图 3.17 所示。"同步"指解调时所乘的信号与调制时的载波信号具有相同的频率和相位。

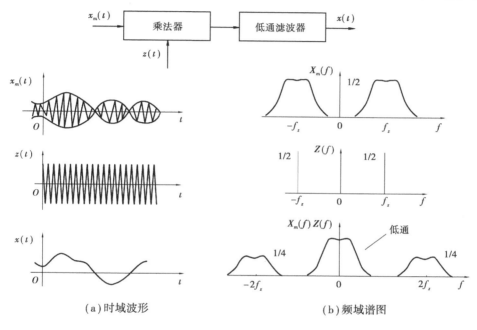

(a) 时域波形　　　　　　　　　　(b) 频域谱图

图 3.17　调幅波的同步解调

上述调制方法是将调制信号 $x(t)$ 直接与载波信号 $z(t)$ 相乘。这种调幅波具有极性变化,即在信号 $x(t)$ 过零线时,其幅值会发生由正到负(或由负到正)的突然变化,此时调幅波 $x_m(t)$ 的相位(相对于载波)也相应地发生 180° 的相位变化。此种调制方法称为抑制调幅,如图 3.18(a) 所示。抑制调幅波须采用同步解调或相敏检波解调的方法,方能反映出原信号的幅值和极性。

若把调制信号 $x(t)$ 进行偏置,叠加一个直流分量 A,使偏置后的信号 $x'(t)$ 都具有正电压,即

$$x'(t) = A + x(t) \tag{3.33}$$

此时调幅波如图 3.18(b) 所示,其表达式为

$$x_m(t) = x'(t)\cos 2\pi ft = \left[A + x(t)\right]\cos 2\pi ft \tag{3.34}$$

这种调制方法称为非抑制调幅,其调幅波的包络线具有原信号形状。对于非抑制调幅波,一般采用整流、滤波(或称包络法检波)后,就可以恢复原信号。

图 3.19 为动态电阻应变仪的方框图。电桥是一个调制器,由高频振荡器提供幅值稳定载波作为桥压。在电桥内,被应变信号调制后变成调幅波,将应变片的电阻变化按比例转换成电压信号,然后送至交流放大器放大,最后经相敏检波与低通滤波取出所测信号。

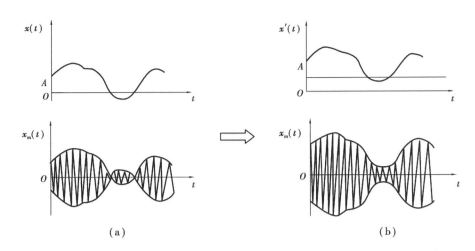

图 3.18　抑制调幅与非抑制调幅

调幅技术不仅仅是能将信息嵌入到能有效传输的信道中去,而且还能够把频谱重叠的多个信号通过一种复用技术在同一信道上同时传输。在电话电缆、有线电视电缆中,由于不同的信号被调制到不同的频段,因此,在一根导线中可以传输多路信号。

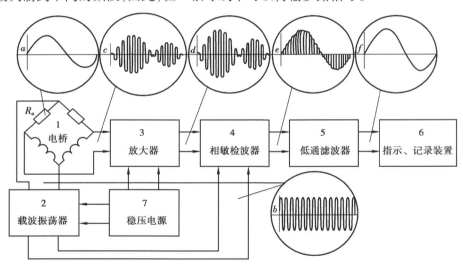

图 3.19　动态电阻应变仪方框图

3.4　滤波器

从工业现场测得的信号是经传输线送入检测仪表的测量电路或微机的接口电路,在获取信号或信号传输过程中,很可能会引入干扰。为使信号在进入测量电路或接口电路之前消除或者减弱这种干扰,通常要接入滤波器装置。另外,为了获得某一段频率信号,也需加入滤波器。

滤波器是一种选频装置,可以使信号中特定的频率成分通过,而极大地衰减其他频率成分。测试装置中利用滤波器的这种选频作用,可以滤除干扰噪声或进行频谱分析。

3.4.1　滤波器的分类

滤波器从功能上可以分为 4 类,即低通、高通、带通和带阻滤波器,图 3.20 表示了这四种滤波器的幅频特性。

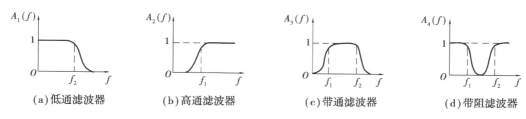

（a）低通滤波器　　（b）高通滤波器　　（c）带通滤波器　　（d）带阻滤波器

图 3.20　滤波器的幅频特性

图 3.20(a)是低通滤波器,它可以使信号中低于 f_2 的频率成分几乎不受衰减地通过,而高于 f_2 的频率成分受到极大地衰减;图(b)为高通滤波器,与低通滤波器相反,它使信号中高于 f_1 的频率成分几乎不受衰减地通过,而低于 f_1 的频率成分将受到极大地衰减;图(c)表示带通滤波器,它使在 $f_1 \sim f_2$ 之间的频率成分几乎不受衰减地通过,而其他成分受到衰减;图(d)表示带阻滤波器,与带通滤波器相反,它使信号中高于 f_1 和低于 f_2 的频率成分受到衰减,其余频率成分几乎不受衰减地通过。

上述四种滤波器中,在通带与阻带之间存在一个过渡带。在此带内,信号受到不同程度的衰减。这个过渡带是滤波器所不希望的,但也是不可避免的。

3.4.2　理想滤波器

理想滤波器是一个理想化的模型,是一种物理不可实现的系统。对它的研究,有助于理解滤波器的传输特性,并且由此导出的一些结论可作为实际滤波器传输特性分析的基础。

理想滤波器是指能使通带内信号的幅值和相位都不失真,阻带内的频率成分都衰减为零的滤波器。因此,理想滤波器具有矩形幅值特性和线性相频特性,如图 3.21 所示。理想滤波器的频率响应函数为

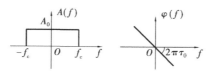

图 3.21　理想低通滤波器的幅和相频特性

$$H(f) = A_0 e^{-j2\pi f \tau_0} \tag{3.35}$$

其幅值特性为

$$A(f) = A_0 = 常数 \quad (-f_c < f < f_c) \tag{3.36}$$

相频特性为

$$\varphi(f) = -2\pi f \tau_0 \tag{3.37}$$

显然,理想滤波器在通频带内满足不失真传递的条件,通带与阻带之间没有过渡带。这

种理想滤波器可以使信号中特定的频率成分完全通过而无任何损失;其他频率成分被完全衰减。因此,理想滤波器的选频效果最佳。

3.4.3 实际滤波器

如图 3.22 所示的实际滤波器,由于它的特性曲线没有明显的转折点,通频带中幅频特性也并非为常数。因此需要用更多的参数来描述实际滤波器的性能,主要参数有纹波幅度、截止频率、带宽、品质因数、倍频程选择性以及滤波器因数等。

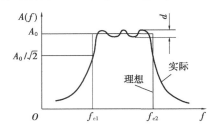

图 3.22　理想与实际带通滤波器

(1)纹波幅度 d

在一定频率范围内,实际滤波器的幅频特性可能呈波纹变化。其波动幅度 d 与幅频特性的平均值 A_0 相比,越小越好,一般应远小于 -3 dB,即 $d << A_0/\sqrt{2}$。

(2)截止频率 f_c

幅频特性值等于 $A_0/\sqrt{2}$ 所对应的频率称为滤波器的截止频率。以 A_0 为参考值,$A_0/\sqrt{2}$ 对应于 -3 dB 点,即相对于 A_0 衰减 3 dB。若以信号的幅值平方表示信号功率,则所对应的点正好是半功率点。

(3)带宽 B

上下两截止频率之间的频率范围称为滤波器带宽,或 -3 dB 带宽,单位为 Hz。带宽决定着滤波器分离信号中相邻频率成分的能力——频率分辨力。

(4)品质因数 Q

对于带通滤波器,通常把中心频率 $f_0(f_0 = \sqrt{f_{c1} \cdot f_{c2}})$ 和带宽 B 之比称为滤波器的品质因数 Q。例如一个中心频率为 500 Hz 的滤波器,若其中 -3 dB 带宽为 10 Hz,则称其 Q 值为 50。Q 值越大,表明滤波器分辨力越高。

(5)倍频程选择性 W

在两截止频率外侧,实际滤波器有一个过渡带。这个过渡带的幅频曲线倾斜程度表明了幅频特性衰减的快慢,它决定着滤波器对带宽外频率成分衰阻的能力,通常用倍频程选择性来表征。所谓倍频程选择性,是指在上截止频率 f_{c2} 与 $2f_{c2}$ 之间,或者在下截止频率 f_{c1} 与 $f_{c1}/2$ 之间幅频特性的衰减值,即频率变化一个倍频程时的衰减量。

$$W = -20 \lg \frac{A(2f_{c2})}{A(f_{c2})} \tag{3.38}$$

或

$$W = -20 \lg \frac{A(f_{c1}/2)}{A(f_{c1})} \tag{3.39}$$

倍频程衰减量以 dB/oct 表示。显然,衰减越快(即 W 值越大),滤波器选择性越好。

(6)滤波器因数 λ

滤波器选择性的另一种表示方法就是用滤波器幅频特性的 -60 dB 带宽与 -3 dB 带宽的比值来表示,即

$$\lambda = \frac{B_{-60\,dB}}{B_{-3\,dB}} \tag{3.40}$$

理想滤波器 $\lambda = 1$,通常使用的滤波器 $\lambda = 1 \sim 5$。有些滤波器因器件影响(例如电容漏阻等),阻带衰减倍数达不到 -60 dB,则以标明的衰减倍数(如 -40 dB 或 -30 dB)带宽与 -3 dB 带宽之比来表示其选择性。

3.4.4　无源滤波器

凡是只由电阻、电容、电感等无源元件组成的滤波器称为无源滤波器,在测试系统中常用 RC 滤波器。RC 滤波器电路简单,抗干扰强,有较好的低频性能,并且选用标准阻容元件。若检测系统中对滤波要求不太高,可以采用无源滤波器。但这种滤波器电路带负载能力差。

(1)一阶 RC 低通滤波器

RC 低通滤波器的典型电路及其幅频特性、相频特性如图 3.23 所示。设滤波器的输入电压信号为 $x(t)$,输出为 $y(t)$,电路的微分方程式为

$$RC\frac{\mathrm{d}y(t)}{\mathrm{d}t} + y(t) = x(t) \tag{3.41}$$

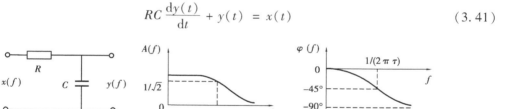

图 3.23　RC 低通滤波器及其幅频特性、相频特性

令时间常数 $\tau = RC$,则该滤波器的幅频特性为

$$A(f) = \frac{1}{\sqrt{1 + (2\pi f\tau)^2}} \tag{3.42}$$

相频特性为

$$\varphi(f) = -\arctan 2\pi f\tau \tag{3.43}$$

当 $f \ll 1/2\pi\tau$ 时,$A(f) = 1$,此时信号几乎不受衰减地通过,并且相频特性也近似于线性关系。因此可认为:在此情况下,RC 低通滤波器近似为一个不失真传输系统。当 $f = 1/2\pi\tau$ 时,$A(f) = 1/\sqrt{2}$,即为滤波器的 -3 dB 点,此时对应的频率即为上截止频率。所以,RC 值决定着上截止频率,适当改变 RC 参数,就可以改变滤波器截止频率。

(2)一阶 RC 高通滤波器

图 3.24 表示 RC 高通滤波器及其幅频特性、相频特性。设输入信号电压为 $x(t)$,输出为 $y(t)$,则电路微分方程式为

$$y(t) + \frac{1}{RC}\int y(t)\mathrm{d}t = x(t) \tag{3.44}$$

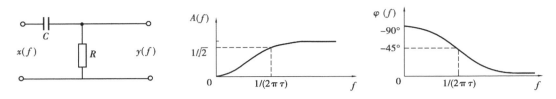

图 3.24　RC 高通滤波器及其幅频特性、相频特性

同理,令 $RC = \tau$,则 RC 高通滤波器的幅频特性和相频特性为:

$$A(f) = \frac{2\pi f\tau}{\sqrt{1 + (2\pi f\tau)^2}} \tag{3.45}$$

$$\varphi(f) = \arctan\frac{1}{2\pi f\tau} \tag{3.46}$$

当 $f = 1/2\pi\tau$ 时,$A(f) = 1/\sqrt{2}$,滤波器的 -3 dB 截止频率为 $f = 1/2\pi\tau$;当 $f \gg 1/2\pi\tau$ 时,$A(f) \approx 1$,$\varphi(f) \approx 0$,即当 f 相当大时,幅频特性接近于 1,相移趋于零,此时 RC 高通滤波器可视为不失真传输系统。

(3)RC 带通滤波器

RC 带通滤波器可以看作一阶 RC 低通滤波器和一阶 RC 高通滤波的串联组合,如图 3.25 所示。

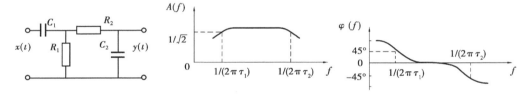

图 3.25　RC 带通滤波器及其幅频特性、相频特性

令 $R_1C_1 = \tau_1$,$R_2C_2 = \tau_2$,则串联后的幅频特性、相频特性为

$$A(f) = \frac{2\pi f\tau_1}{\sqrt{1 + (2\pi f\tau_1)^2}} \cdot \frac{1}{\sqrt{1 + (2\pi f\tau_2)^2}} \tag{3.47}$$

$$\varphi(f) = \varphi_1(f) + \varphi_2(f) = \arctan\frac{1}{2\pi f\tau_1} - \arctan 2\pi f\tau_2 \tag{3.48}$$

当 $f = 1/2\pi\tau_1$ 时,$A(f) = 1/\sqrt{2}$,此时对应的频率 $f_{c1} = 1/2\pi\tau_1$,即原高通滤波器的截止频率,此时为带通滤波器的下截止频率;当 $f = 1/2\pi\tau_2$ 时,$A(f) = 1/\sqrt{2}$,对应于原低通滤波器的截止频率,此时为带通滤波器的上截止频率。分别调节高、低通滤波器的时间常数 τ_1、τ_2,就可以得到不同的上、下截止频率和带宽的带通滤波器。

3.4.5　有源滤波器

凡是由放大器等有源元件和无源元件组成的滤波器称为有源滤波器。由运算放大器和电阻、电容(不含电感)组成的滤波器称为 RC 有源滤波器。

有源滤波器具有如下优点:①不用电感线圈,所以在体积、质量、价格、线性度等方面有明显的优越性,便于集成化;②由于运算放大器输入阻抗高,输出阻抗低,可以提供良好的隔离性能,并可提供所需的增益;③可以使低频截止频率达到很低的范围。

(1) 一阶低通滤波器

图 3.26 是一阶有源低通滤波器电路及其幅频特性,其输幅频特性和相频特性为

$$A(\omega) = \frac{R}{R_1} \frac{1}{\sqrt{1 + (\omega RC)^2}} \tag{3.49}$$

$$\varphi(\omega) = -\pi - \arctan \omega RC \tag{3.50}$$

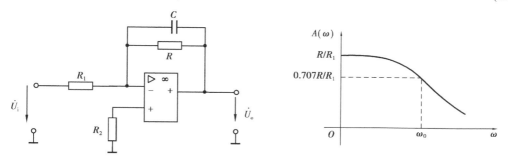

图 3.26 一阶有源低通滤波器及其幅频特性

在截止频率 $\omega = \omega_0 = 1/RC$ 处, $A(\omega) = 0.707R/R_1$, $\varphi(\omega) = -5\pi/4$。由幅频特性可知,这种电路具有使低频信号容易通过并抑制高频信号的作用。同时,这种电路与 RC 无源低通滤波器相比,具有很强的带负载能力。但这种电路的缺点是对截止频率以外的信号衰减较慢,因此选择性差。

(2) 一阶高通滤波器

图 3.27 是一阶有源高通滤波器电路及其幅频特性,其输幅频特性和相频特性为

$$A(\omega) = \frac{R}{R_1} \frac{1}{\sqrt{1 + (\omega RC)^2}} \tag{3.51}$$

$$\varphi(\omega) = -\frac{\pi}{2} - \arctan \omega RC \tag{3.52}$$

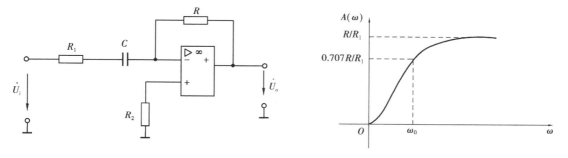

图 3.27 一阶有源高通滤波器及其幅频特性

图中 ω_0 为截止频率,其值为 $\omega_0 = 1/(R_1 C)$。

3.4.6 滤波器的应用

轴心轨迹图显示了转子轴心相对于轴承座涡动时的运动轨迹,反映了转子瞬时涡动状况。对轴心轨迹形状的观察,有利于了解和掌握转子的运动状况。

为了获得轴心轨迹图,必须在一个平面安装两个互相垂直的涡流传感器。电涡流传感器安装如图 3.28 所示,可在安装支架上分别安装水平和垂直方向的两个传感器。图 3.29(a)为测得两路信号 CH1 和 CH2,很明显存在大量的干扰信号,导致轴心轨迹混乱,无法判断旋转机械的运行情况。若经图 3.29(b)所示的低通滤波器滤波以后,得到图 3.29(c)的清晰信号,经合成得到规律明显的轴心轨迹图,从而为故障诊断提供了正确的信息。

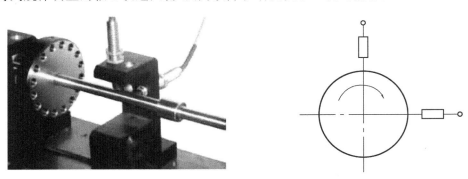

图 3.28　电涡流传感器安装

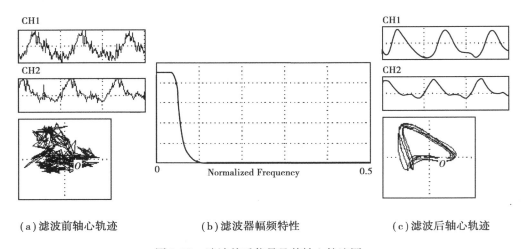

（a）滤波前轴心轨迹　　　　　（b）滤波器幅频特性　　　　　（c）滤波后轴心轨迹

图 3.29　滤波前后信号及其轴心轨迹图

习题与思考题

3.1　低通、高通、带通、带阻滤波器各有什么特点？画出它们的幅频特性图。

3.2　调制的目的是什么？解调的目的是什么？画出幅度调制解调过程方框图。

3.3　什么是电桥的和差特性？如何利用电桥和差特性来进行温度补偿？

3.4　已知 RC 低通滤波器电路如下图所示,其中 $R = 1\ \text{k}\Omega$, $C = 1\ \mu\text{F}$,试求：

（1）确定该滤波器的 $H(s)$、$H(f)$、$A(f)$、$\varphi(f)$。

（2）如果输入信号 $u_x = 10\sin 1\ 000\ t$,求输出信号 u_y。

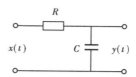

3.5　用阻值 $R = 120\ \Omega$，灵敏度 $S = 2$ 的电阻丝应变片与阻值为 $120\ \Omega$ 的固定电阻组成电桥。设供桥电压为 3 V，假定负载为无穷大，当应变片的应变为 $2\ \mu\varepsilon$ 和 $2\ 000\ \mu\varepsilon$ 时，分别求出单臂、双臂电桥的输出电压，并比较这两种情况下的灵敏度。

3.6　用电阻应变片接成全桥，测量某一构件的应变，已知其变化规律为：

$$\varepsilon(t) = A \cos 10t + B \cos 100t$$

如果电桥激励电压是 $u_0 = E \sin 10\ 000\ t$，求此电桥输出信号的表达式。

3.7　下图为利用乘法器组成的调幅解调系统的方框图。设载波信号是频率为 f_0 的正弦波。

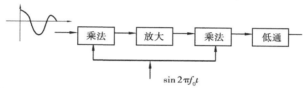

（1）画出各环节输出信号的时域波形；
（2）说明各环节的作用。

第 **4** 章
测试信号分析与处理

　　自然界和工程实践中充满了大量的信息。获取其中的某些信息并对其进行分析、处理，揭示事物的内在规律和固有特性以及事物之间的相互关系，继而作出判断、决策是测试工程所要解决的主要任务。信号是信息的载体。一个信号中包含着丰富的信息，是测试工程师的原材料。根据一定的理论、方法并采用适当的手段和设备，对信号进行变换与处理的过程称为信号分析。本章主要介绍信号分析的基本理论、原理、方法以及数字信号的分析与处理和现代信号分析方法，使读者初步掌握信号分析的基础知识。

4.1　信号的概念和分类

4.1.1　信号的概念

　　信号是一个实际的物理量（最常见的是电量），也可以是一个数学上的"函数"或"序列"。比如 $x(t) = A \sin(\omega t)$，它既是正弦信号，也是正弦函数；而数字化的语音信号序列 $x(n)$ 则蕴含了人类语音信息的语音信号，同时在数学上也可看成是一个序列。在信号理论中，信号和函数是通用的。

　　现实世界中的信号有两种：一种是自然和物理信号，如语音、图像、振动信号、地震信号、物理信号等；另一种是人工产生信号经自然的作用和影响而形成的信号，如雷达信号、通讯信号、医用超声信号和机械探伤信号等。

　　不管是哪种形式的信号，它总是蕴含一定的信息。比如，图像信号含有丰富的图像信息，包括物体、颜色、明暗等。又比如，人们通过研究地震波信号可以推断出震源、震级等信息。因此，信号与信息有着密切的联系，概括起来有：①信号是物理量或函数；②信号是信息的表现形式（载体），信息则是信号的具体内容；③信号不是信息，必须对信号进行分析后，才能从信号中提取信息，这是学习和应用信号分析的根本目的。

　　获取信号的主要工具是传感器和传感设备。传感器的种类繁多，形式不一，主要有物理型、化学型及生物型传感器，其中物理型（热、光、磁、电、声、力）传感器是人们获取信号的最主要的手段。

在机械工程领域的生产实践和科学实验中,需要研究大量的现象及其参量的变化。这些变化可以通过特定的测试装置转换成可供测量、记录和分析的电信号。这些信号包含着反映被测系统的状态或特性的某些有用信息,它是人们认识客观事物规律、研究事物之间相互联系及预测未来发展的依据。

数学上,信号可以描述为一个或若干个自变量的函数或序列的形式。比如信号 $x(t)$,其中 t 是抽象化的自变量,它可以是时间,也可以是空间。为叙述方便,称单自变量的一维信号为"时间"信号,而两个自变量的二维信号为"空间"信号。需要指出的是,这里的时间和空间是抽象化的概念。例如,一个语音信号可以表示为声压随时间变化的函数;一张黑白照片可用亮度随二维空间变量变化的函数表示。

信号的另外一种描述方式是"波形"描述。按照函数随自变量的变化关系,可以把信号的波形画出来。和信号的函数或序列表达式描述方式相比,波形描述方式更具一般性。有些信号虽然无法用某个数学函数或序列描述,但却可以画出它的波形图。图 4.1 显示了两个测试信号的波形。

随着本章内容的深入,我们还可以发现,"频谱"也是信号的描述方法之一。它是频率的函数,可以与表示信号的函数或序列一一对应。如果信号的频谱不是恒定的,而是随时间变化的,那么可以用"时频表示"更加准确地描述信号的频谱分布和变化,它是时间和频率的二元函数。人们常称这种描述方法为分析方法或处理方法。

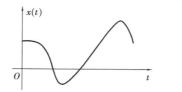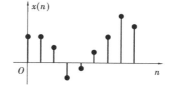

图 4.1　两种常见信号的波形

4.1.2　信号的分类

为了深入了解信号的物理实质,将其分类研究是非常必要的。信号的分类方法很多,可以从不同的角度对信号进行分类,例如按照信号的实际用途划分,信号可分为广播信号、电视信号、雷达信号、控制信号、通信信号、遥感信号等。在信号分析中,以信号所具有的时间函数特性加以分类,这样信号可以分为确定性信号与非确定性信号,能量信号与功率信号,时限信号与频限信号,连续时间信号与离散时间信号等。应该注意的是信号分类的根本目的是便于对信号的描述、分析及应用。下面分别说明上述各种信号的定义和特性。

（1）确定性信号与非确定性信号

1）确定性信号

若信号可以表示为一个确定的时间函数,因而可确定其在任何时刻的量值,这种信号称为（时间）确定性信号。进一步推广,只要信号可以用明确的数学关系式来描述,则称其为确定性信号。确定性信号又可以进一步分为周期信号、非周期信号与准周期信号。

①周期信号:按一定的时间间隔周而复始重复出现,无始无终的信号,可表达为

$$x(t) = x(t + nT_0) \qquad (n = \pm 1, \pm 2, \pm 3, \cdots) \tag{4.1}$$

式中 T_0——周期，$T_0 = 2\pi/\omega_0$；

　　　ω_0——基频。

例如，图 4.2 所示的集中参量的单自由度振动系统作无阻尼自由振动时，其位移 $x(t)$ 就是确定性的，它可以用式（4.2）来确定质点的瞬时位置。

$$x(t) = x_0 \sin\left(\sqrt{\frac{k}{m}}t + \varphi_0\right) \qquad (4.2)$$

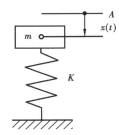

式中 x_0、φ_0——初始条件的常数；

　　　m——质量；

　　　k——弹簧刚度；

　　　T_0——周期，$T_0 = \dfrac{2\pi}{\sqrt{\dfrac{k}{m}}}$；

图 4.2　单自由度振动系统
A——质点 m 的静态平衡位置

　　　ω_0——圆频率，$\omega_0 = \dfrac{2\pi}{T_0} = \sqrt{\dfrac{k}{m}}$。

余弦信号、三角波、方波和调幅信号都是典型的周期信号，如图 4.3 所示。

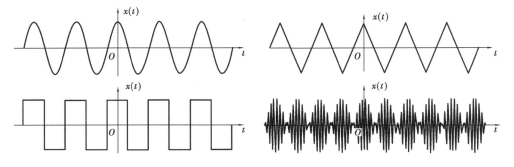

图 4.3　典型的周期信号（余弦信号、三角波、方波和调幅信号）

②非周期信号：也常称为瞬变信号，不具有周期重复特性。其往往具有瞬变性，或在一定时间区间内存在，或随时间的增长而衰减至零。图 4.2 所示的振动系统，若加阻尼装置后，其质点位移 $x(t)$ 可用式（4.3）表示

$$x(t) = x_0 e^{-at} \sin(\omega_0 t + \varphi_0) \qquad (4.3)$$

其图形如图 4.4 所示，它是一种非周期信号，随时间的无限增加而衰减至零。常见的非周期信号如图 4.5 所示。

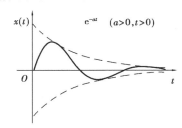

图 4.4　衰减振动信号

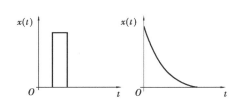

图 4.5　瞬变信号示例（矩形脉冲、指数衰减函数）

　　③准周期信号：是周期与非周期的边缘情况，是由有限周期信号合成的，但各周期信号的频率相互之间不是公倍关系，无公有周期，其合成信号不满足周期信号的条件，因此无法按某一时间间隔周而复始重复出现。这种信号往往出现于通信、振动等系统之中，例如：

$$x(t) = \sin \omega_0 t + \sin \sqrt{2} \omega_0 t \tag{4.4}$$

就是准周期信号。工程实际中，由不同独立振动激励的系统响应往往属于这一类信号。

　　2）非确定性信号

　　非确定性信号也称随机信号，是一种不能准确预测其未来瞬时值，也无法用数学关系式来描述的信号，其描述的物理现象是一种随机过程。随机信号任一次观测值只代表在其变化范围中可能产生的结果之一，但其值的变化服从统计规律，具有某些统计特征，可以用概率统计方法由其过去来估计其未来。

　　对随机信号按时间历程所作的各次长时间观测记录称为样本函数，记作 $x_i(t)$，如图 4.6 所示。在同一试验条件下，全部样本函数的集合（总体）就是随机过程，计作 $\{x(t)\}$，即

$$\{x(t)\} = \{x_1(t), x_2(t), \cdots, x_i(t), \cdots\} \tag{4.5}$$

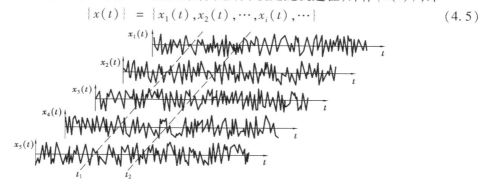

图 4.6　随机过程与样本函数

　　随机信号又有平稳随机信号和非平稳随机信号之分。所谓平稳随机信号，是指其统计特征参数不随时间而变化的随机信号，其概率密度函数为正态分布，否则视为非平稳随机信号。在平稳随机信号中，若任一单个样本函数的时间平均统计特征等于该过程的集合平均统计特征，这样的平稳随机信号称为各态历经（遍历性）随机信号。工程上所遇到的很多随机信号具有各态历经性，有的虽然不是严格的各态历经随机信号，但也可简化为各态历经随机信号来处理。

　　（2）能量信号和功率信号

　　1）能量信号

　　在非电量测量中，常把被测信号转换为电压和电流信号来处理。显然，电压信号 $x(t)$ 加到电阻 R 上，其瞬时功率 $P(t) = x^2(t)/R$。当 $R = 1$ 时，$P(t) = x^2(t)$。瞬时功率对时间的积分就是信号在该积分时间内的能量。因此，不考虑信号实际的量纲，而把信号 $x(t)$ 的平方 $x^2(t)$ 及其对时间的积分分别称为信号的功率和能量。当 $x(t)$ 满足

$$\int_{-\infty}^{\infty} x^2(t)\,\mathrm{d}t < \infty \tag{4.6}$$

时，则认为信号的能量是有限的，并称之为能量有限信号，简称为能量信号，如矩形脉冲信号、指数衰减信号等。

　　2）功率信号

　　若信号在区间 $(-\infty, \infty)$ 的能量是无限的，即

$$\int_{-\infty}^{\infty} x^2(t)\,\mathrm{d}t \to \infty \tag{4.7}$$

但它在有限区间(t_1,t_2)的平均功率是有限的,即

$$\frac{1}{t_2-t_1}\int_{t_1}^{t_2} x^2(t)\,\mathrm{d}t < \infty \tag{4.8}$$

这种信号称为功率有限信号,或功率信号。

图 4.2 所示的单自由度振动系统,其位移信号就是能量无限的正弦信号,但在一定时间区间内其功率是有限的,因此该位移信号为功率信号。如果该系统加上阻尼装置,其振动能量随时间而衰减,如图 4.4 所示,这时的位移信号就变成能量有限信号了。但是必须注意,信号的功率和能量未必具有真实功率和真实能量的量纲。一个能量信号具有零平均功率,而一个功率信号具有无限大能量。

(3)连续时间信号与离散时间信号

按信号函数表达式中的独立变量取值是连续的还是离散的,可将信号分为连续信号和离散信号。通常,独立变量为时间,则相应地有连续时间信号和离散时间信号。

1)连续时间信号

在所讨论的时间间隔内,对任意时间值,除若干个第一类间断点外,都可给出确定的函数值,此类信号称为连续时间信号或模拟信号。

所谓第一类间断点,应满足条件:函数在间断点处左极限与右极限存在;左极限与右极限不等,间断点收敛于左极限与右极限函数值的中点,即

$$\lim_{t \to t_0^+} x(t) \neq \lim_{t \to t_0^-} x(t) \tag{4.9}$$

$$x(t_0) = \frac{\lim\limits_{t \to t_0^-} x(t) + \lim\limits_{t \to t_0^+} x(t)}{2} \tag{4.10}$$

式中,t_0 为第一类间断点。常见的正弦、直流、阶跃、锯齿波、矩形脉冲、截断信号等都属连续时间信号。

2)离散时间信号

离散时间信号又称时域离散信号或时间序列。它是在所讨论的时间区间内,在所规定的不连续的瞬时给出函数值。

离散时间信号又可分为两种情况:时间离散而幅值连续时,称为采样信号,如图 4.7(a)所示;时间离散而幅值量化时,则称为数字信号,如图 4.7(b)所示。

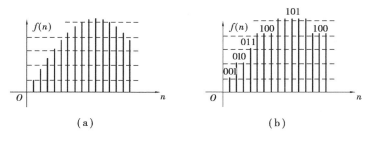

(a)　　　　　　　　　　(b)

图 4.7　离散信号(采样信号和数字信号)

离散时间信号可直接从试验中获得,也可由连续时间信号经采样得到。典型的离散时间信号有单位采样序列、阶跃序列、指数序列等。

4.2　信号的时域分析

对信号进行时域统计分析,可以求得信号的均值、均方值、方差等参数。在时域描述方法中,信号的变量为时间,信号的历程随时间而展开。信号的时域描述主要反映信号的幅值随时间变化的特征。与之相对应,对一个测试系统的时域描述方法也是直接分析时间变量函数或序列,研究系统的时间相应特征。

4.2.1　均值

均值 $E[x(t)]$ 表示集合平均值或数学期望值,用 μ_x 表示。基于随机过程的各态历经性,可用时间间隔 T 内的幅值平均值表示,即

$$\mu_x = E[x(t)] = \lim_{T \to \infty} \frac{1}{T} \int_0^T x(t)\,\mathrm{d}t \tag{4.11}$$

均值表达了信号变化的中心趋势,或称之为直流分量。

4.2.2　均方值

信号 $x(t)$ 的均方值 $E[x^2(t)]$,或称为平均功率 ψ_x^2,其表达式为

$$\psi_x^2 = E[x^2(t)] = \lim_{T \to \infty} \frac{1}{T} \int_0^T x^2(t)\,\mathrm{d}t \tag{4.12}$$

ψ_x 称为均方根值,在电信号中均方根值又称有效值。

4.2.3　方差

信号 $x(t)$ 的方差定义为

$$\sigma_x^2 = E[(x(t) - E[x(t)])^2] = \lim_{T \to \infty} \frac{1}{T} \int_0^T [x(t) - \mu_x]^2\,\mathrm{d}t \tag{4.13}$$

σ_x 称为均方差或标准差。

可以证明,$\sigma_x^2, \psi_x^2, \mu_x^2$ 有如下关系

$$\psi_x^2 = \sigma_x^2 + \mu_x^2 \tag{4.14}$$

σ_x^2 描述了信号的波动量,对应电信号中交流成分;μ_x^2 描述了信号的静态量,对应电信号中直流成分,参见图 4.8 信号的分解,$x_1(t)$ 对应 $x(t)$ 的波动量,$x_2(t)$ 对应 $x(t)$ 的静态量。

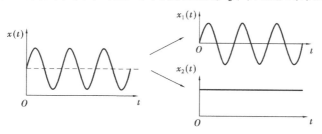

图 4.8　信号的分解

4.2.4　波形图

直接从时域波形图(图4.9)也可对信号进行分析,如信号的周期 T、峰值 P、峰峰值 $P_{p\text{-}p}$ 等。因此,可直接从信号时域波形图进行监测与分析。如对索道缆绳的应力进行检测,通过应力时域波形图进行超门限报警,即应力峰值达到某个临界值时报警。

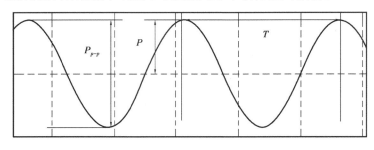

图4.9　时域波形图

4.3　信号的幅值域分析

在信号幅值上进行的各种处理称为幅值域分析,用来研究信号中不同强度幅值的分布情况,由于信号幅值的随机性,通常用概率密度函数、概率分布函数和直方图等来描述。幅值域分析在机械设备状态监测、机械零部件疲劳强度等方面起着重要的作用。

4.3.1　概率密度函数

信号的概率密度函数是表示信号幅值落在指定区间内的概率,其定义为

$$p(x) = \lim_{\Delta x \to 0} \frac{P[x < x(t) \le x + \Delta x]}{\Delta x} \tag{4.15}$$

对如图4.10所示的信号, $x(t)$ 值落在 $(x, x + \Delta x)$ 区间内的时间为

$$T_x = \Delta t_1 + \Delta t_2 + \cdots + \Delta t_n = \sum_{i=1}^{n} \Delta t_i$$

当样本函数的记录时间 T 趋于无穷大时, T_x/T 的比值就是落在 $(x, x + \Delta x)$ 区间内的概率,即

$$P[x < x(t) \le x + \Delta x] = \lim_{T \to \infty} \frac{T_x}{T} \tag{4.16}$$

所以,相应的幅值概率密度为

$$p(x) = \lim_{\Delta x \to 0} \frac{1}{\Delta x} \left[\lim_{T \to \infty} \frac{T_x}{T} \right] \tag{4.17}$$

信号的概率密度函数与信号均值、均方值及方差有如下关系

$$\mu_x = \int_{-\infty}^{\infty} x p(x) \, \mathrm{d}x \tag{4.18}$$

$$\psi_x^2 = \int_{-\infty}^{\infty} x^2 p(x) \, \mathrm{d}x \tag{4.19}$$

$$\delta_x^2 = \int_{-\infty}^{\infty} (x - \mu_x)^2 p(x) \, \mathrm{d}x \tag{4.20}$$

可以看出,均值是 $x(t)$ 在所有 x 值上的线性加权和;均方值是 $x^2(t)$ 在所有 x 值上的线性加权和;方差则是在 $(x(t) - \mu_x)^2$ 在所有 x 值上的线性加权和。

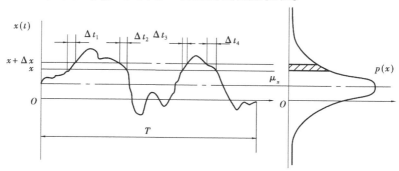

图 4.10　概率密度函数的计算

概率密度函数提供了信号幅值分布的信息,是信号的主要特征参数之一。不同的信号有不同的概率密度图形,可以借此来识别信号的性质。图 4.11 是常见四种信号(假设这些信号的均值为零)的概率密度函数图形。

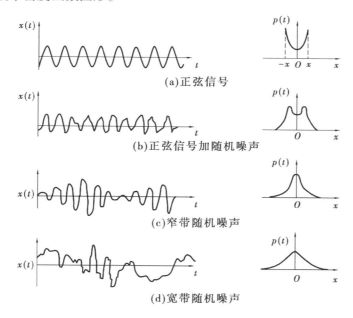

图 4.11　四种常见信号及其概率密度函数

4.3.2　概率分布函数

概率分布函数表示瞬时值 $x(t)$ 小于或等于某值 x 的概率,其定义为

$$F(x) = \int_{-\infty}^{x} p(x) \, \mathrm{d}x \tag{4.21}$$

概率分布函数又称累积概率,表示了函数值落在某一区间的概率,也可写成

$$F(x) = P(-\infty < x(t) \leqslant x) \tag{4.22}$$

可以看出,均值是 $x(t)$ 在所有 x 值上的线性加权和;均方值是 $x^2(t)$ 在所有 x 值上的线性加权和;方差则是在 $(x(t) - \mu_x)^2$ 在所有 x 值上的线性加权和。

概率密度函数和概率分布函数提供了信号幅值分布的信息,是信号的主要特征参数之一。不同的信号有不同的概率密度图形,可以借此来识别信号的性质。图 4.12 是常见的四种信号(假设这些信号的均值为零)的概率密度函数图形。

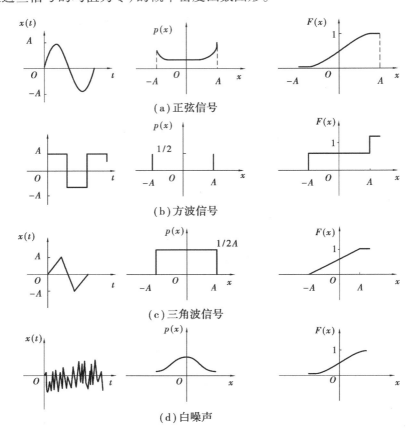

(a) 正弦信号

(b) 方波信号

(c) 三角波信号

(d) 白噪声

图 4.12　四种常见信号及其概率密度函数

4.3.3　直方图分析

直方图分析也是统计分析的一种方法,包括幅值计数分析和时间计数分析。幅值计数分析以幅值大小为横坐标、每个幅值间隔内出现的频次为纵坐标来表示,常称为幅值直方图分析;时间计数分析以某时间间隔内出现的频次为纵坐标、时间为横坐标来表示,也称为时间直方图分析。对直方图幅值进行归一化处理,即得到概率密度函数。直方图分析是一种很有效统计分析方法,广泛应用于生产生活各个方面,如社会统计分析、经济活动统计分析、疾病统计分析等。图 4.13 即为一个典型的直方图。

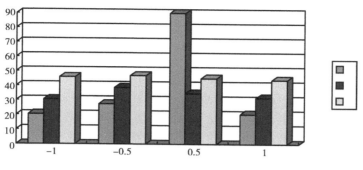

图 4.13　直方图分析

4.4　信号的频域分析

对于在时域难以分析的信号,通常可以先把它从时域变换到某种变换域,然后在变换域进行分析,这是信号分析的重要方法之一。将信号从时域变换到频域的数学工具是傅里叶分析方法,它包括用于对周期信号进行频域分析的傅里叶级数展开和用于非周期信号进行频域分析的傅里叶变换。

直接观测或记录的信号,一般是以时间为独立变量的,这称为信号的时域描述。把信号的时域描述通过适当的方法可变为以频率为独立变量来表示的信号,称为信号的频域描述,如以频率为横坐标,分别以幅值或相位为纵坐标,即分别得到信号的幅值谱或相位谱。图4.14 给出了周期方波信号的不同描述之间的关系。

信号的时域描述直观地反映出信号瞬时值随时间的变化情况;频域描述则反映了信号的频率组成及其幅值、相角的大小。

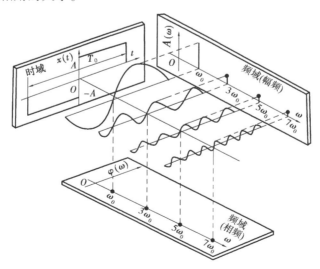

图 4.14　周期方波信号的描述

4.4.1 周期信号的频谱

(1)傅里叶级数与周期信号的分解

任何周期信号,若满足狄里赫利条件,即在一个周期内,函数具有:①有限个间断点,而且这些点的函数值是有限值;②有限个极值点;③函数绝对可积。则可将该函数分解为正交函数线性组合的无穷级数。若正交函数集是三角函数集或指数函数集,则分解的级数即为"傅里叶级数",分别称为三角函数形式和指数函数形式的傅里叶级数。

1)傅里叶级数的三角展开式

周期信号 $x(t)$ 的三角函数形式傅里叶级数展开式为

$$x(t) = \frac{a_0}{2} + \sum_{n=1}^{\infty}(a_n\cos n\omega_0 t + b_n\sin n\omega_0 t),(n = 1,2,3,\cdots) \tag{4.23}$$

式中 a_0——常值分量,代表了信号 $x(t)$ 在积分区间内的均值。

$$a_0 = \frac{2}{T}\int_{-\frac{T}{2}}^{\frac{T}{2}}x(t)\,\mathrm{d}t \tag{4.24}$$

余弦分量的幅值:

$$a_n = \frac{2}{T}\int_{-\frac{T}{2}}^{\frac{T}{2}}x(t)\cos n\omega_0 t\mathrm{d}t \tag{4.25}$$

正弦分量的幅值:

$$b_n = \frac{2}{T}\int_{-\frac{T}{2}}^{\frac{T}{2}}x(t)\sin n\omega_0 t\mathrm{d}t \tag{4.26}$$

式中 T——基本周期;

ω_0——圆频率, $\omega_0 = \frac{2\pi}{T}$。

将式(4.23)中同频分量合并,可以改写成

$$x(t) = \frac{a_0}{2} + \sum_{n=1}^{\infty}A_n\sin(n\omega_0 t + \varphi_n),n = 1,2,3,\cdots \tag{4.27}$$

或

$$x(t) = \frac{a_0}{2} + \sum_{n=1}^{\infty}A_n\cos(n\omega_0 t + \theta_n),n = 1,2,3,\cdots \tag{4.28}$$

其中

$$A_n = \sqrt{a_n^2 + b_n^2} \tag{4.29}$$

$$\varphi_n = \arctan\frac{a_n}{b_n} \tag{4.30}$$

$$\theta_n = \arctan\left(-\frac{b_n}{a_n}\right) \tag{4.31}$$

从式(4.27)可看出,周期信号是由一个或几个乃至无穷多个不同频率的谐波叠加而成的。以圆频率为横坐标,幅值 A_n 或相角 φ_n 为纵坐标作图,分别称为幅值谱图和相位谱图。由于 n 是整数序列,各频率成分都是 ω_0 的整倍数,相邻频率的间隔 $\Delta\omega = \omega_0 = 2\pi/T$,因此谱线是离散的。通常把 ω_0 称为基频,并把成分 $A_n\sin(n\omega_0 t + \varphi_n)$ 称为 n 次谐波。

2）傅里叶级数的复指数展开式

傅里叶级数也可写成复指数形式。根据欧拉公式,有

$$\mathrm{e}^{\pm \mathrm{j}\omega t} = \cos \omega t \pm \mathrm{j} \sin \omega t \qquad (j = \sqrt{-1}) \tag{4.32}$$

$$\cos \omega t = \frac{1}{2}(\mathrm{e}^{-\mathrm{j}\omega t} + \mathrm{e}^{\mathrm{j}\omega t}) \tag{4.33}$$

$$\sin \omega t = \mathrm{j}\frac{1}{2}(\mathrm{e}^{-\mathrm{j}\omega t} - \mathrm{e}^{\mathrm{j}\omega t}) \tag{4.34}$$

因此,式(4.23)可改写为

$$x(t) = \frac{a_0}{2} + \sum_{n=1}^{\infty}\left[\frac{1}{2}(a_n + \mathrm{j}b_n)\mathrm{e}^{-\mathrm{j}n\omega_0 t} + \frac{1}{2}(a_n - \mathrm{j}b_n)\mathrm{e}^{\mathrm{j}n\omega_0 t}\right] \tag{4.35}$$

令

$$c_n = \frac{1}{2}(a_n - \mathrm{j}b_n) \tag{4.36}$$

$$c_{-n} = \frac{1}{2}(a_n + \mathrm{j}b_n) \tag{4.37}$$

则

$$x(t) = c_0 + \sum_{n=1}^{\infty} c_{-n}\mathrm{e}^{-\mathrm{j}n\omega_0 t} + \sum_{n=1}^{\infty} c_n\mathrm{e}^{\mathrm{j}n\omega_0 t} \tag{4.38}$$

或

$$x(t) = \sum_{n=-\infty}^{\infty} c_n\mathrm{e}^{\mathrm{j}n\omega_0 t} \qquad (n = 0, \pm 1, \pm 2, \cdots) \tag{4.39}$$

这就是傅里叶级数的复指数函数形式,将式(4.25)和式(4.26)代入式(4.36),并令 $n = 0, \pm 1, \pm 2, \cdots$ 即得

$$c_n = \frac{1}{T}\int_{-\frac{T}{2}}^{\frac{T}{2}} x(t)\mathrm{e}^{-\mathrm{j}n\omega_0 t}\mathrm{d}t \tag{4.40}$$

系数 c_n 是一个以谐波次数 n 为自变量的复值函数,它包含了第 n 次谐波的振幅和相位信息,即

$$c_n = c_{nR} + \mathrm{j}c_{nI} = |c_n|\mathrm{e}^{\mathrm{j}\varphi_n} \tag{4.41}$$

式中

$$|c_n| = \sqrt{c_{nR}^2 + c_{nI}^2} \tag{4.42}$$

$$\varphi_n = \angle c_n = \arctan\frac{c_{nI}}{c_{nR}} \tag{4.43}$$

c_n 与 c_{-n} 共轭,即 $c_n = \overline{c_{-n}}, \varphi_n = -\varphi_{-n}$

把周期函数 $x(t)$ 展开为傅里叶级数的复指数函数形式后,可以分别以 $|c_n|$ —ω 和 φ_n —ω 作幅值谱图和相位谱图;也可以分别以 c_n 的实部和虚部与频率的关系作幅值谱图,分别称为实频谱图和虚频谱图。比较傅里叶级数的两种展开形式可知:复指数函数形式的频谱为双边幅值谱(ω 为 $-\infty \sim +\infty$),三角函数形式的频谱为单边幅值谱(ω 为 $0 \sim +\infty$)。这两种频谱各次谐波在量值上有确定的关系,即 $|c_n| = \frac{1}{2}A_n$。双边幅值谱为偶函数,双边相位谱为奇函数。注意负频率是与复指数相关联的,是数学运算的结果,并无确切的物理含义。

（2）周期信号的频谱

如上所述，一个周期信号只要满足狄里赫利条件，就可展开成一系列的正弦信号或复指数信号之和。周期信号的波形不同，其展开式中包含的谐波结构也不同。在实际工作中，为表征不同信号的波形，时常需要画出各次谐波分量的频谱。从周期信号的傅里叶级数展开式可看出 A_n、φ_n 和 ω_0 是描述周期信号谐波组成的三个基本要素。将 A_n、φ_n 系列分别称为信号 $x(t)$ 的幅值谱和相位谱，由于 n 值取正整数，故采用实三角函数形式的傅里叶级数时，周期信号的频谱是位于频率轴右侧的离散谱，谱线间隔为整数个 ω_0。对于指数形式的傅里叶级数，c_n 为幅值谱，$\angle c_n$ 为相位谱，由于 n 值取正负整数，故其频谱为双边频谱。幅值谱的量纲与信号的量纲是一致的。

例 4.1　求如图 4.15 所示周期性三角波的傅里叶级数表示。

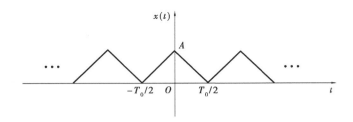

图 4.15　周期性三角波

解　$x(t)$ 的一个周期可表示为

$$x(t) = \begin{cases} A + \dfrac{2A}{T_0}t & -\dfrac{T_0}{2} \leqslant t \leqslant 0 \\[3mm] A - \dfrac{2A}{T_0}t & 0 \leqslant t \leqslant \dfrac{T_0}{2} \end{cases}$$

常值分量：$\quad \dfrac{a_0}{2} = \dfrac{1}{T_0}\int_{-\frac{T_0}{2}}^{\frac{T_0}{2}} x(t)\,\mathrm{d}t = \dfrac{2}{T_0}\int_0^{\frac{T_0}{2}}\left(A - \dfrac{2A}{T_0}t\right)\mathrm{d}t = \dfrac{A}{2}$

余弦分量的幅值：$a_n = \dfrac{2}{T_0}\int_{-\frac{T_0}{2}}^{\frac{T_0}{2}} x(t)\cos n\omega_0 t\,\mathrm{d}t = \dfrac{4}{T_0}\int_0^{\frac{T_0}{2}}\left(A - \dfrac{2A}{T_0}t\right)\cos n\omega_0 t\,\mathrm{d}t$

$$= \dfrac{4A}{n^2\pi^2}\sin^2\dfrac{n\pi}{2} = \begin{cases} \dfrac{4A}{n^2\pi^2} & n = 1,3,5,\cdots \\[3mm] 0 & n = 2,4,6,\cdots \end{cases}$$

正弦分量的幅值：$\quad b_n = \dfrac{2}{T_0}\int_{-\frac{T_0}{2}}^{\frac{T_0}{2}} x(t)\sin n\omega_0 t\,\mathrm{d}t = 0$

这样，该周期性三角波的傅里叶级数展开式为

$$x(t) = \dfrac{A}{2} + \dfrac{4A}{\pi^2}\left(\cos\omega_0 t + \dfrac{1}{3^2}\cos 3\omega_0 t + \dfrac{1}{5^2}\cos 5\omega_0 t + \cdots\right) = \dfrac{A}{2} + \dfrac{4A}{\pi^2}\sum_{n=1}^{\infty}\dfrac{1}{n^2}\cos n\omega_0 t,\ n = 1,3,5,\cdots$$

周期性三角波的频谱图如图 4.16 所示，其幅频谱只包含常值分量、基波和奇次谐波的频率分量，谐波的幅值以 $1/n^2$ 的规律收敛。在其相频谱中，基波和各次谐波的初相位 φ_n 均为零。

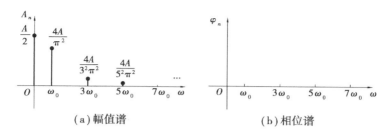

图 4.16　周期性三角波的频谱

例 4.2　求图 4.17 所示周期性方波的复指数函数形式的幅值谱和相位谱。

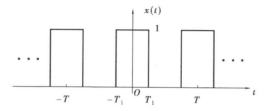

图 4.17　周期性方波

解　$x(t)$ 的一个周期可表示为

$$x(t) = \begin{cases} 1 & |t| \leq T_1 \\ 0 & T_1 < |t| < \dfrac{T}{2} \end{cases}$$

该信号基本周期为 T，基频 $\omega_0 = 2\pi/T$。对信号进行傅里叶复指数展开。由于 $x(t)$ 关于 $t=0$ 对称，可以方便地选取 $-T/2 \leq t \leq T/2$ 作为计算区间，计算各傅里叶序列系数 c_n。

当 $n=0$ 时，常值分量 c_0 为

$$c_0 = a_0 = \frac{1}{T}\int_{-T_1}^{T_1}\mathrm{d}t = \frac{2T_1}{T}$$

当 $n \neq 0$ 时，

$$c_n = \frac{1}{T}\int_{-T_1}^{T_1}\mathrm{e}^{-\mathrm{j}n\omega_0 t}\mathrm{d}t = -\frac{1}{\mathrm{j}n\omega_0 T}\mathrm{e}^{-\mathrm{j}n\omega_0 t}\Big|_{-T_1}^{T_1}$$

最后可得

$$c_n = \frac{2}{n\omega_0 T}\left[\frac{\mathrm{e}^{\mathrm{j}n\omega_0 t} - \mathrm{e}^{-\mathrm{j}n\omega_0 t}}{2\mathrm{j}}\right]$$

注意上式括号中的项，即 $\sin(n\omega_0 T_1)$ 的欧拉公式展开，因此，傅里叶序列系数 c_n 可表示为

$$c_n = \frac{2\sin(n\omega_0 T_1)}{n\omega_0 T} = \frac{2\pi}{T}\sin c(n\omega_0 T_1), n \neq 0$$

其幅值谱为：$|c_n| = \left|\dfrac{2T_1}{T}\sin c(n\omega_0 T_1)\right| n = 0,1,2,\cdots$，相位谱为：$\varphi_n = 0, \pi, -\pi, \cdots$。频谱图如图 4.18 所示。

从例 4.2 可看出周期信号的频谱具有 3 个特点。

①离散性：周期信号的频谱是离散的。

②谐波性：每条谱线只出现在基波频率的整倍数上，基波频率是各高次谐波分量频率的

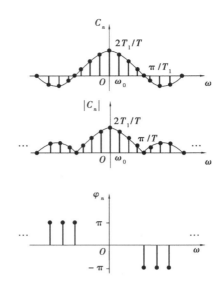

图 4.18　周期性方波的频谱

公约数。

③收敛性:各频率分量的谱线高度表示该次谐波的幅值和相位角,周期信号谐波分量的幅值总的趋势是随谐波次数的增高而减小。因此,在频谱分析中没有必要取那些次数过高的谐波分量。

4.4.2　非周期信号的频谱

(1)傅里叶变换

对于周期信号,可以用傅里叶级数展开的方法对其进行频谱分析,但对于非周期信号,由于其不是周期信号,因此在有限区间的傅里叶级数展开是错误的。应该如何对其进行频谱分析呢? 这里将前面学过的周期信号的傅里叶级数展开法推广到非周期信号的频谱分析中去,导出非周期信号的傅里叶变换。

所谓周期信号,是指信号经过一段时间间隔——周期 T 不断重复出现的信号。在特殊情况下,可将非周期信号看成是周期趋于无穷的周期信号,即 $T \rightarrow \infty$ 。从周期信号的傅里叶级数展开可以了解到:随着周期增大,信号的基频分量频率值将降低,各谐波分量的频率间隔减小;当周期为无穷大时,信号的基频分量频率值将趋于零值,各谐波分量间的频率间隔也趋于零,即原周期信号的离散频谱变为了非周期信号的连续频谱,同时原傅里叶级数的求和变为了积分。这就是非周期信号频谱分析的数学工具——傅里叶变换。

设 $x(t)$ 是时间 t 的非周期信号,$x(t)$ 的傅里叶变换存在的充要条件是:

①$x(t)$ 在 $(-\infty, \infty)$ 范围内满足狄里赫利条件;

②$x(t)$ 绝对可积,即

$$\int_{-\infty}^{\infty} |x(t)| \mathrm{d}t < \infty \tag{4.44}$$

③$x(t)$ 为能量有限信号,即

$$\int_{-\infty}^{\infty} |x(t)|^2 \mathrm{d}t < \infty \tag{4.45}$$

满足上述三个条件的 $x(t)$ 的傅里叶变换为 $X(f)$,则

$$x(t) = \frac{1}{2\pi}\int_{-\infty}^{+\infty} X(\omega)\,\mathrm{e}^{\mathrm{j}\omega t}\,\mathrm{d}\omega \tag{4.46}$$

和

$$X(\omega) = \int_{-\infty}^{+\infty} x(t)\,\mathrm{e}^{-\mathrm{j}\omega t}\,\mathrm{d}t \tag{4.47}$$

式(4.46)和式(4.47)即是傅里叶变换对,式(4.47)称为傅里叶正变换,式(4.46)称为傅里叶逆变换。在工程实际应用中,频率采用国际单位制量纲 Hz,用 f 表示 $(f = \omega/2\pi)$,并将 $X(\omega)$ 中的 ω 简单用 f 代替,傅里叶变换对变为

$$x(t) = \int_{-\infty}^{+\infty} X(f)\,\mathrm{e}^{\mathrm{j}2\pi ft}\,\mathrm{d}f \qquad 简记为 F^{-1}[X(f)] \tag{4.48}$$

和

$$X(f) = \int_{-\infty}^{+\infty} x(t)\,\mathrm{e}^{-\mathrm{j}2\pi ft}\,\mathrm{d}t \qquad 简记为 F[x(t)] \tag{4.49}$$

可看出, $X(f)$ 是复谱密度函数,包含了幅值和相位信息。f 的变化范围是 $-\infty \sim +\infty$,因此称 $X(f)$ 为 $x(t)$ 的连续频谱,实质上为频谱密度,量纲为幅值/Hz。

(2)傅里叶变换的主要性质

了解并熟练掌握傅里叶变换的性质可使我们加深理解傅里叶变换对的物理概念,并为简化分析提供了极大的帮助。这里用 *FT* 表示傅里叶变换。

1)线性特性

　　若　　　　　　　　$x_1(t) \xleftrightarrow{FT} X_1(f), \quad x_2(t) \xleftrightarrow{FT} X_2(f)$

则　　　　　　$[a_1 x_1(t) + a_2 x_2(t)] \xleftrightarrow{FT} [a_1 X_1(f) + a_2 X_2(f)] \tag{4.50}$

式中 a_1, a_2 为常数。该式说明一信号的幅值扩大若干倍,其对应的频谱函数幅值也扩大若干倍。线性特性还表明了任意数量信号的线性叠加性质:若干信号的时域叠加对应它们频域内频谱的矢量叠加。该性质可将一些复杂信号的傅里叶变换简化为计算参与叠加的简单信号的傅里叶变换,使求解简化。

2)时移特性

　　若　　　　　　　　　　$x(t) \xleftrightarrow{FT} X(f)$

则信号 $x(t)$ 在时间上超前或延时 t_0 形成的信号 $x(t \pm t_0)$ 频谱和原 $x(t)$ 的频谱有如下关系:

$$x(t \pm t_0) \xleftrightarrow{FT} \mathrm{e}^{\pm\mathrm{j}2\pi ft_0} X(f) \tag{4.51}$$

式(4.51)说明,信号的时移对其幅值谱密度无影响,而相位谱密度则叠加了一个与频率呈线性关系的附加量,即时域中的时移对应频域中的相移。

3)频移特性

时域中的时移和频域中的相移相对应,那么频域中的频移会在时域中引起什么变化呢?经推导,有以下关系:

　　若　　　　　　　　　　$x(t) \xleftrightarrow{FT} X(f)$

则　　　　　　　　$x(t)\,\mathrm{e}^{\pm\mathrm{j}2\pi f_0 t} \xleftrightarrow{FT} X(f \mp f_0) \tag{4.52}$

该式说明,信号 $x(t)$ 乘以复指数 $\mathrm{e}^{\pm\mathrm{j}2\pi f_0 t}$ (复调制)后,其时域描述已大大改变,但其频谱的

形状却无变化,只在频域作了一个位移。

4)时间比例性

若
$$x(t) \xleftrightarrow{FT} X(f)$$

则
$$x(at) \xleftrightarrow{FT} \frac{1}{|a|}X\left(\frac{f}{a}\right) \qquad (4.53)$$

式中 a——非零实数。

傅里叶变换的其他性质详见表4.1。

表4.1 傅里叶变换的性质

性 质	非周期信号	傅里叶变换
	$x(t)$	$X(f)$
	$x_1(t)$	$X_1(f)$
	$x_2(t)$	$X_2(f)$
线性性	$a_1 x_1(t) + a_2 x_2(t)$	$a_1 X_1(f) + a_2 X_2(f)$
时移性	$x(t \pm t_0)$	$e^{\pm j2\pi f_0} X(f)$
频移性	$x(t) e^{\pm j2\pi f_0 t}$	$X(f \mp f_0)$
时间比例性	$x(at)$	$\frac{1}{|a|}X\left(\frac{f}{a}\right)$
共轭性	$\overline{x(t)}$	$\overline{X(-f)}$
互易性	$X(t)$	$x(-f)$
微分性	$\dfrac{d^n x(t)}{dt^n}$	$(j2\pi f)^n X(f)$
积分性	$\displaystyle\int_{-\infty}^{t} x(\tau)\,d\tau$	$\dfrac{1}{j2\pi f}X(f) + \pi X(0)\delta(f)$
卷积性	$x(t) * y(t)$	$X(f) Y(f)$
	$x(t) y(t)$	$X(f) * Y(f)$

(3)非周期信号的频谱

通常情况下,$x(t)$ 的傅里叶变换为 $X(f)$ 是复数,可表示为
$$X(f) = A(f) e^{j\varphi(f)} \qquad (4.54)$$

式中,$A(f) = |X(f)|$ 称为 $x(t)$ 的幅值谱密度;$\varphi(f) = \angle X(f)$ 称为 $x(t)$ 的相位谱密度;而将 $|X(f)|^2$ 称为能量谱密度。也可将 $X(f)$ 分解为实部、虚部两部分:
$$X(f) = \mathrm{Re}\{X(f)\} + j\mathrm{Im}\{X(f)\} \qquad (4.55)$$

实部 $\mathrm{Re}\{X(f)\}$ 称为实谱密度,虚部 $\mathrm{Im}\{X(f)\}$ 称为虚谱密度。下面通过几个例子来说明非周期信号的频谱分析。

例4.3 已知单位阶跃函数 $u(t) = \begin{cases} 1 & t \geq 0 \\ 0 & t < 0 \end{cases}$,信号 $x(t) = e^{-at} u(t), a > 0$,求 $x(t)$ 的频谱密度。

解
$$X(f) = \int_{-\infty}^{\infty} e^{-at} e^{-j2\pi ft} dt = -\frac{1}{a + j2\pi f} e^{-(a+j2\pi f)t} \Big|_0^{\infty} = \frac{1}{a + j2\pi f}$$

幅值谱密度和相位谱密度分别为

$$A(f) = |X(f)| = \frac{1}{\sqrt{a^2 + (2\pi f)^2}} \qquad \varphi(f) = \angle X(f) = -\arctan\frac{2\pi f}{a}$$

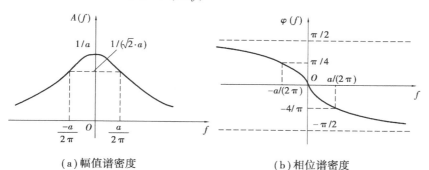

（a）幅值谱密度 （b）相位谱密度

图 4.19　$x(t)$ 的频谱密度

例 4.4　求如图 4.20（a）所示矩形脉冲信号 $x(t)$ 的频谱密度，已知 $x(t) = \begin{cases} 1 & |t| < T_1 \\ 0 & |t| > T_1 \end{cases}$。

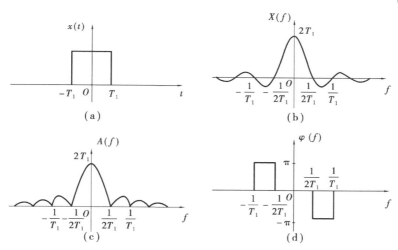

图 4.20　矩形脉冲信号的频谱密度

解　信号 $x(t)$ 的傅里叶变换为

$$X(f) = \int_{-\infty}^{+\infty} x(t) e^{-j2\pi ft} dt = \int_{-T_1}^{T_1} e^{-j2\pi ft} dt$$

$$= -\frac{1}{j2\pi f} e^{-j2\pi ft} \Big|_{-T_1}^{T_1} = 2\frac{\sin(2\pi f T_1)}{2\pi f} = 2T_1 \frac{\sin(2\pi f T_1)}{2\pi f T_1}$$

$$X(f) = 2T_1 \sin c(2\pi f T_1), A(f) = |X(f)| = 2T_1 |\sin c(2\pi f T_1)|$$

$$\varphi(f) = \begin{cases} 0 & \left(\dfrac{n}{T_1} < |f| < \dfrac{n + \dfrac{1}{2}}{T_1}\right) \\ \pi & \left(\dfrac{n + \dfrac{1}{2}}{T_1} < |f| < \dfrac{n+1}{T_1}\right) \end{cases} \quad n = 0,1,2,\cdots$$

该矩形脉冲信号的频谱密度如图 4.20(b) 所示,它是一个 $\sin c(t)$ 型函数,并且是连续谱,包含了无穷多个频率成分,在 $f = \pm\dfrac{1}{2T_1}, \pm\dfrac{1}{T_1}, \cdots$ 处,幅值谱密度为零,与此相应,相位出现转折。这表明了幅值谱密度与相位谱密度之间的内在关系,在正频率处为负相位($-\pi$),在负频率处为正相位(π)。

4.4.3　随机信号的频谱

随机信号是按时间随机变化而不可预测的信号。它与确定性信号有着很大的不同,其瞬时值是一个随机变量,具有各种可能的取值,不能用确定的时间函数描述。由于工程实际中直接通过传感器得到的信号大多数可视为随机信号,因此对随机信号进行研究具有更普遍的意义。上一节在讨论傅里叶变换的应用时,其对象是确定性信号,现在,很自然地会提出下面问题:傅里叶变换能否用于研究随机信号?以及随机信号的频谱特征又是什么?简单的回答是:在研究随机信号时,仍然可以应用傅里叶变换,但必须根据随机信号的特点对它作某些限制。

(1)随机信号的自功率谱密度函数

对于随机信号 $x(t)$ 来说,由于它的持续期为无限长,傅里叶变换不存在。但是,随机信号的平均功率却是有限的,因此,研究随机信号的功率谱是有意义的。

为了将傅里叶变换方法应用于随机信号,必须对随机信号作某些限制,最简单的一种方法是先对随机信号进行截断,再进行傅里叶变换,这种方法称为随机信号的有限傅里叶变换。

设 $x(t)$ 为任一随机信号,如图 4.20 所示。现任意截取其中长度为 T(T 为有限值)的一段信号,记为 $x_T(t)$,称作 $x(t)$ 的截取信号,即

$$x_T(t) = \begin{cases} x(t) & |t| < \dfrac{T}{2} \\ 0 & 其余 \end{cases} \tag{4.56}$$

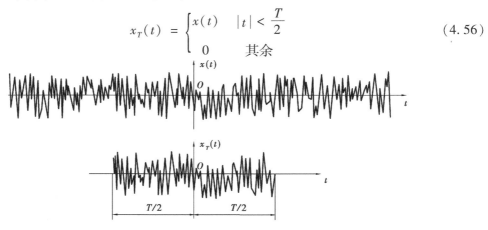

图 4.21　随机信号及其截断

显然,随机信号 $x(t)$ 的截取信号 $x_T(t)$ 满足绝对可积条件, $x_T(t)$ 的傅里叶变换存在,有

$$X_T(f) = \int_{-\infty}^{\infty} x_T(t) e^{-j2\pi ft} dt = \int_{-\frac{T}{2}}^{\frac{T}{2}} x_T(t) e^{-j2\pi ft} dt \qquad (4.57)$$

和

$$x_T(t) = \int_{-\infty}^{\infty} X_T(f) e^{j2\pi ft} df \qquad (4.58)$$

随机信号 $x(t)$ 在时间区间 $(-T/2, T/2)$ 内的平均功率为

$$\frac{1}{T} \int_{-\frac{T}{2}}^{\frac{T}{2}} x^2(t) dt = \frac{1}{T} \int_{-\frac{T}{2}}^{\frac{T}{2}} x_T^2(t) dt = \frac{1}{T} \int_{-\frac{T}{2}}^{\frac{T}{2}} x_T(t) \left[\int_{-\infty}^{\infty} X_T(f) e^{j2\pi ft} df \right] dt$$

$$= \frac{1}{T} \int_{-\infty}^{\infty} X_T(f) \left[\int_{-\frac{T}{2}}^{\frac{T}{2}} x_T(t) e^{j2\pi ft} dt \right] df$$

$$= \frac{1}{T} \int_{-\infty}^{\infty} X_T(f) \cdot X_T(-f) df \qquad (4.59)$$

因为 $x(t)$ 为实函数,则 $X_T(-f) = \overline{X_T(f)}$,所以

$$\frac{1}{T} \int_{-\frac{T}{2}}^{\frac{T}{2}} x^2(t) dt = \frac{1}{T} \int_{-\infty}^{\infty} X_T(f) \cdot \overline{X_T(f)} df = \frac{1}{T} \int_{-\infty}^{\infty} |X_T(f)|^2 df \qquad (4.60)$$

令 $T \to \infty$,对式(4.60)两边取极限,便可得到随机信号的平均功率

$$P_x = \lim_{T \to \infty} \frac{1}{T} \int_{-\infty}^{\infty} x^2(t) dt = \lim_{T \to \infty} \frac{1}{T} \int_{-\infty}^{\infty} |X_T(f)|^2 df \qquad (4.61)$$

令

$$S_x(f) = \lim_{T \to \infty} \frac{1}{T} |X_T(f)|^2 \qquad (4.62)$$

则

$$P_x = \int_{-\infty}^{+\infty} S_x(f) df \qquad (4.63)$$

由式(4.63)可看出 $S_x(f)$ 描述了随机信号的平均功率在各个不同频率上的分布,称为随机信号 $x(t)$ 的自功率谱密度函数,简称自谱密度。其量纲为 EU^2/Hz,EU 为随机信号的工程单位。随机信号的功率估计式是

$$\hat{S}_x(f) = \frac{1}{T} |X_T(f)|^2 \qquad (4.64)$$

式(4.62)中自谱密度 $S_x(f)$ 是定义在所有频率域上,一般称作双边谱。在实际中,使用定义在非负频率上的谱更为方便,这种谱称为单边自功率谱密度函数 $G_x(f)$,如图 4.22 所示,其定义为

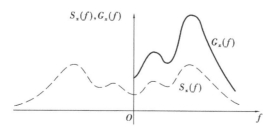

图 4.22　单边与双边自功率谱密度

$$G_x(f) = \begin{cases} 2S_x(f) & f \geqslant 0 \\ 0 & f < 0 \end{cases} \tag{4.65}$$

（2）两随机信号的互谱密度函数

和定义自功率谱密度函数一样，也可用两个随机信号 $x(t)$ 和 $y(t)$ 的有限傅里叶变换来定义 $x(t)$ 和 $y(t)$ 的互谱密度函数 $S_{xy}(f)$

$$S_{xy}(f) = \lim_{T \to \infty} \frac{1}{T} \overline{X_T(f) \cdot Y_T(f)} \tag{4.66}$$

实际分析中是采用估计式

$$\hat{S}_{xy}(f) = \frac{1}{T} \overline{X_T(f) \cdot Y_T(f)} \tag{4.67}$$

进行近似计算。

$S_{xy}(f)$ 为双边谱，其对应的单边谱 $G_{xy}(f)$ 定义如下

$$G_{xy}(f) = \begin{cases} 2S_{xy}(f) & f \geqslant 0 \\ 0 & f < 0 \end{cases} \tag{4.68}$$

互谱密度函数是一个复数，常用实部和虚部来表示。

$$G_{xy}(f) = C_{xy}(f) - jQ_{xy}(f) \tag{4.69}$$

在实际中常用互谱密度函数的幅值和相位来表示，即

$$G_{xy}(f) = |G_{xy}(f)| e^{-j\theta_{xy}(f)} \tag{4.70}$$

$$|G_{xy}(f)| = \sqrt{C_{xy}^2(f) + Q_{xy}^2(f)} \tag{4.71}$$

$$\theta_{xy}(f) = \arctan \frac{Q_{xy}(f)}{C_{xy}(f)} \tag{4.72}$$

显然，互谱密度函数表示出了两信号之间的幅值和相位关系。需要指出，互谱密度函数不像自谱密度函数那样具有功率的物理含义，引入互谱这个概念是为了能在频率域描述两个平稳随机过程的相关性。在工程实际中常利用测定线性系统的输出与输入的互谱密度函数来识别系统的动态特性。

（3）相干函数与频率响应函数

利用互谱密度函数可以定义相干函数 $\gamma_{xy}^2(f)$ 及系统的频率响应函数 $H(f)$，即

$$\gamma_{xy}^2(f) = \frac{|G_{xy}(f)|^2}{G_x(f)G_y(f)} \tag{4.73}$$

$$H(f) = \frac{G_{xy}(f)}{G_x(f)} \tag{4.74}$$

相干函数又称凝聚函数，是谱相关分析的重要参数。特别是在系统辨识中，相干函数可以判明输出 $y(t)$ 与输入 $x(t)$ 的关系，即输出信号的功率谱中有多少是由输入信号引起的响应。当 $\gamma_{xy}^2(f) = 0$ 时，表明 $y(t)$ 与 $x(t)$ 不相干，即输出 $y(t)$ 不是由输入 $x(t)$ 引起；当 $\gamma_{xy}^2(f) = 1$ 时，说明 $y(t)$ 与 $x(t)$ 完全相关；当 $0 < \gamma_{xy}^2(f) < 1$ 时，有如下三种可能：①测试中有外界噪声干扰；②输出 $y(t)$ 是输入 $x(t)$ 和其他输入的综合输出；③联系 $x(t)$ 和 $y(t)$ 的系统是非线性的。

频率响应函数 $H(f)$ 是由互谱与自谱的比值求得的。它是一个复矢量，保留了幅值大小与相位信息，描述了系统的频域特性。对 $H(f)$ 作逆傅里叶变换，即可求得系统时域特性的单位脉冲响应函数 $h(t)$。

4.5　信号的相关分析

在信号分析中,相关是一个非常重要的概念,它表述了两个信号(或一个信号不同时刻)之间的线性关系或相似程度。相关分析广泛地应用于随机信号的分析中,也应用在确定性信号的分析中。

4.5.1　相关函数

由概率论知,相关是表示两个随机变量 x 和 y 之间线性关联程度的量,可以用相关系数描述。在相关分析中,通常研究的是信号 $x(t)$ 与 $y(t)$ 的时延信号 $y(t-\tau)$ 的线性相关和波形相似程度。很显然,这种相关程度是时延 τ 的函数。τ 的量纲和 t 相同,均为秒。设 $x(t)$ 和 $y(t)$ 为能量信号,则它们的互相关函数定义为:

$$R_{xy}(\tau) = \int_{-\infty}^{\infty} x(t)y(t-\tau)\mathrm{d}t = \int_{-\infty}^{\infty} x(t+\tau)y(t)\mathrm{d}t \tag{4.75}$$

$$R_{yx}(\tau) = \int_{-\infty}^{\infty} x(t-\tau)y(t)\mathrm{d}t = \int_{-\infty}^{\infty} x(t)y(t+\tau)\mathrm{d}t \tag{4.76}$$

当 $x(t) = y(t)$ 时,上式称为自相关函数,简记为 $R_x(\tau)$

$$R_x(\tau) = \int_{-\infty}^{\infty} x(t)x(t-\tau)\mathrm{d}t = \int_{-\infty}^{\infty} x(t)x(t+\tau)\mathrm{d}t \tag{4.77}$$

如果信号不是能量信号,那么式(4.75)和式(4.76)中的积分将趋于无穷,因此这两个式子的定义将失去意义。但如果信号是实功率信号,则它们的互相关函数定义为:

$$R_{xy}(\tau) = \lim_{T\to\infty} \frac{1}{T}\int_{-\frac{T}{2}}^{\frac{T}{2}} x(t)y(t-\tau)\mathrm{d}t = \lim_{T\to\infty} \frac{1}{T}\int_{-\frac{T}{2}}^{\frac{T}{2}} x(t+\tau)y(t)\mathrm{d}t \tag{4.78}$$

$$R_{yx}(\tau) = \lim_{T\to\infty} \frac{1}{T}\int_{-\frac{T}{2}}^{\frac{T}{2}} y(t)x(t-\tau)\mathrm{d}t = \lim_{T\to\infty} \frac{1}{T}\int_{-\frac{T}{2}}^{\frac{T}{2}} y(t+\tau)x(t)\mathrm{d}t \tag{4.79}$$

此时的自相关函数有

$$R_x(\tau) = \lim_{T\to\infty} \frac{1}{T}\int_{-\frac{T}{2}}^{\frac{T}{2}} x(t)x(t-\tau)\mathrm{d}t = \lim_{T\to\infty} \frac{1}{T}\int_{-\frac{T}{2}}^{\frac{T}{2}} x(t)x(t+\tau)\mathrm{d}t \tag{4.80}$$

随机信号可看成是周期 $T\to\infty$ 的功率信号。能量信号相关函数的量纲是能量,而周期性信号、随机信号的相关函数的量纲是功率。

4.5.2　相关函数的性质及物理含义

根据定义,相关函数有如下性质:
①自相关函数是 τ 的偶函数,即

$$R_x(\tau) = R_x(-\tau) \tag{4.81}$$

②互相关函数为非奇非偶函数,但满足

$$R_{xy}(-\tau) = R_{yx}(\tau) \tag{4.82}$$

③自相关函数在 $\tau = 0$ 时为最大值,并等于信号的均方值 ψ_x^2 和均值平方 μ_x^2 的和,即

$$R_x(0) = \psi_x^2 + \mu_x^2 \tag{4.83}$$

④周期信号的自相关函数仍然是同频率的周期信号,但不具有原信号的相位信息。

⑤两周期信号的互相关函数仍然是同频率的周期信号,但保留了原信号的相位差信息。

⑥两个非同频的周期信号互不相关。

⑦随机信号 $x(t)$ 的自相关函数将随 $|\tau|$ 值增大而很快衰减至均值的平方,即

$$\lim_{\tau \to \infty} R_x(\tau) = \mu_x^2 \tag{4.84}$$

⑧如果随机信号 $x(t)$ 是由噪声 $n(t)$ 和独立的信号 $h(t)$ 组成,则 $x(t)$ 的自相关函数是这两部分信号各自自相关函数的和,即

$$R_x(\tau) = R_n(\tau) + R_h(\tau) \tag{4.85}$$

图 4.23 是四种典型信号的自相关函数,对比可以看出自相关函数是区别信号类型的一个非常有效的手段。只要信号中含有周期成分,其自相关函数在 τ 很大时都不衰减,并具有明显的周期性。不包含周期成分的随机信号,当 τ 稍大时,其自相关函数就将趋于零。宽带随机噪声的自相关函数很快衰减到零,窄带随机噪声的自相关函数则有较慢的衰减特性。

相关函数的这些性质,使它在工程应用中有重要的价值。在噪声背景下提取有用信息的一个非常有效的方法叫做相关滤波,它是利用互相关函数同频相关、不同频不相关的性质来达到滤波效果的。互相关技术还广泛地应用于各种测试中,如工程中应用互相关技术通过两个间隔一定距离的传感器来不接触地测量运动物体的速度、检测管道泄漏位置、测量微血管红细胞的流速、检测电力传输线路故障点等。测转速中,自相关函数可用于提取周期成分、滤除干扰噪声等。

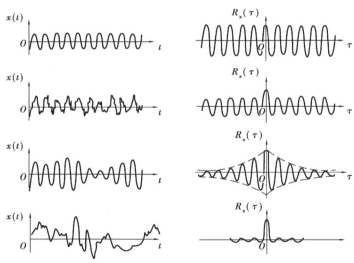

图 4.23　四种典型信号的自相关函数

4.5.3　随机信号的相关函数与其频谱的关系

对于平稳随机信号,自相关函数 $R_x(\tau)$ 是时域描述的重要统计特征,而功率谱密度函数 $S_x(f)$ 则是频域描述的重要统计特征。可以证明自相关函数 $R_x(\tau)$ 与自功率谱密度函数 $S_x(f)$ 构成了一对傅里叶变换对,即

正变换：
$$S_x(f) = \int_{-\infty}^{+\infty} R_x(\tau) \mathrm{e}^{-\mathrm{j}2\pi f\tau} \mathrm{d}\tau \qquad (4.86)$$

逆变换：
$$R_x(\tau) = \int_{-\infty}^{+\infty} S_x(f) \mathrm{e}^{\mathrm{j}2\pi f\tau} \mathrm{d}f \qquad (4.87)$$

式(4.86)和式(4.87)组成的傅里叶变换对被称为维纳－辛钦(Wiener－Хинчин)定理。维纳-辛钦定理揭示了平稳随机信号时域统计特征与其频域统计特征之间的内在联系,是分析随机信号的重要公式。由于 $S_x(f)$ 和 $R_x(\tau)$ 之间是傅里叶变换对的关系,二者唯一对应, $S_x(f)$ 中包含着 $R_x(\tau)$ 的全部信息。因为 $R_x(\tau)$ 为实偶函数, $S_x(f)$ 亦为实偶函数。

容易证明互谱密度函数 $S_{xy}(f)$ 和互相关函数 $R_{yx}(\tau)$ 也构成一对傅里叶变换对,即

$$S_{xy}(f) = \int_{-\infty}^{+\infty} R_{yx}(\tau) \mathrm{e}^{-\mathrm{j}2\pi f\tau} \mathrm{d}\tau \qquad (4.88)$$

$$R_{yx}(\tau) = \int_{-\infty}^{+\infty} S_{xy}(f) \mathrm{e}^{\mathrm{j}2\pi f\tau} \mathrm{d}f \qquad (4.89)$$

例 4.5　测定热轧带钢运动速度。

工程中常用两个间隔一定距离的传感器来非接触式地测量运动物体的速度。图 4.24 是非接触测定热轧钢带运动速度的示意图,其测试系统由性能相同的两组光电池、透镜、可调延时器和相关器组成。当运动的热轧钢带表面的反射光经透镜聚焦在相距为 d 的两个光电池上时,反射光通过光电池转换为电信号,经可调延时器延时再进行相关处理。当可调延时 τ 等于钢带上某点在两个测点之间经过所需的时间 τ 时,互相关函数为最大值。所测钢带的运动速度为 $v = d/\tau$。

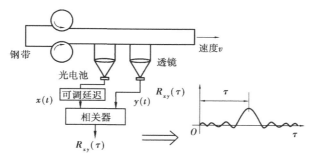

图 4.24　测定热轧钢带运动速度示意图

4.6　数字信号分析与处理

数字信号分析与处理就是用数字方法处理信号。与信号模拟分析方法相比,信号数字分析不但具有精度高、工作稳定、速度快和动态范围宽等一系列优越性,而且还能完成很多模拟分析方法无法实现的运算分析。数字信号分析与处理可以在专用信号处理仪上进行,也可以在通用计算机上通过编程来实现。

4.6.1　数据采集

数据采集就是将被测对象(外部世界、现场)的各种参量(可以是物理量,也可以是化学

量、生物量等)通过各种传感元件适当转换后,再经信号调理、采样、量化、编码、传输等步骤,最后送到计算机进行数据处理或存储记录的过程。用于数据采集的成套设备称为数据采集系统,它是计算机与外部世界联系的桥梁,是获取信息的重要途径。

(1)数据采集系统的基本组成

数据采集系统框图如图4.25所示,它的输入信号分为模拟信号和数字信号两类。模拟信号由模拟类的传感器输出的信号经调理后得到,数字信号则由数字类传感器输出的数字信号或开关信号得到。

传感器的作用是把非电量转变成电量(如电压、电流或频率),例如使用热电偶、热电阻可以获得随温度变化的电压,转速传感器常把转速转换为电脉冲等。通常把传感器输出到A/D转换器输出的这一段信号通道称为模拟通道。

放大器用来放大和缓冲输入信号。由于传感器输出的信号较小,例如常用的热电偶输出变化往往为几毫伏到几十毫伏,电阻应变片输出电压变化只在几个毫伏之间,人体生物电信号仅是微伏量级。因此,需要对其加以放大,以满足大多数A/D转换器的满量程输入的要求。此外,某些传感器内阻比较大,输出功率较小,可起到阻抗变换器的作用,以缓冲输入信号。由于各类传感器输出信号的情况各不相同,所以放大器的种类也很繁杂。例如为了减少输入信号的共模分量,就产生了各种差分放大器、仪器放大器和隔离放大器;为了使不同数量级的输入电压都具有最佳变换,就有量程可以变换的程控放大器;为了减少放大器输出的漂移,则有斩波稳零和激光修正的精密放大器。

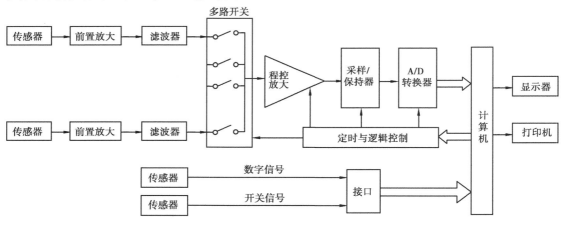

图 4.25 数据采集系统框图

传感器和电路中的器件常会产生噪声,人为的发射源也可以通过各种耦合渠道使信号通道感染上噪声,例如工频信号可以成为一种人为的干扰源。这些噪声可以用滤波器来衰减,以提高模拟输入信号的信噪比。

数据采集系统往往要对多个物理量进行采集,即所谓多路巡回检测,这可通过多路模拟开关来实现。多路模拟开关可以分时选通来自多个输入通道的某一信号,如采样/保持电路、A/D及处理器电路等。这样可节省成本和体积,但这仅仅在物理量变化比较缓慢、变化周期在数十至数百毫秒的情况下较合适。因为这时可以使用普通的数十微秒A/D转换器从容地分时处理这些信号。但当分时通道较多时,必须注意泄漏及逻辑安排等问题。当信号频率较高时,使用多路模拟开关后,对 A/D 的转换速率要求也随之上升。采样速率超过 40 kHz 时,一般不再使用分时的多路模拟开关技术。多路模拟开关有时也可以安排在放大器之前,但当输入的信号电平较低时,需注意选择多路模拟开关的类型。若选用集成电路的模拟多路开关,由于它比干簧或继电器组成的多路开关导通电阻大,泄漏电流大,因而有较大的误差产生。所以要根据具体情况来选择多路模拟开关的类型。

多路模拟开关之后是模拟通道的转换部分,它包括采样/保持和 A/D 转换电路。采样/保持电路的作用是快速拾取多路模拟开关输出的子样脉冲,并保持幅值恒定,以提高 A/D 转换器的转换精度。如果把采样/保持电路放在多路模拟开关之前(每道一个),还可以实现对瞬时信号进行同步采样。

模数转换器是模拟输入通道的关键电路。由于输入信号变化速度不同,系统对分辨率、精度、转换速率及成本的要求也不同,所以 A/D 转换器的种类也较多。早期的采样/保持器和模数转换器需要数据采集系统设计人员自行设计,目前普遍采用单片集成电路,有的单片 A/D 转换器内部还包含有采样/保持电路、基准电源和接口电路,这为系统设计提供了较大方便。

(2)数据采集系统的主要性能指标

数据采集系统的性能指标和具体应用目的与应用环境密切相关,以下给出的是比较主要和常用的几个指标的含义。

1)系统分辨率

系统分辨率指数据采集系统可以分辨的输入信号最小变化量。通常用最低有效位(LSB)占系统满度信号的百分比表示,或用系统可分辨的实际电压数值来表示,有时也用满度信号可以分的级数来表示。表 4.2 表示出了满度值为 10 V 时数据采集系统的分辨率。

表 4.2　系统的分辨率(满度值为 10 V)

位数	级　数	1 LSB(满度值的百分数)	1 LSB(10 V 满度)
8	256	0.391%	39.1 mV
12	4 096	0.024 4%	2.44 mV
16	65 536	0.001 5%	0.15 mv
20	1 048 576	0.000 095%	9.55 μV
24	16 777 216	0.000 006 0	0.60 μV

2)系统精度

系统精度是指当系统工作在额定采集速率下每个离散子样的转换精度。模数转换器的精度是系统精度的极限值。实际情况中,系统精度往往达不到模数转换器的精度,这是因为系统精度取决于系统的各个环节(部件)的精度,如前置放大器、滤波器、多路模拟开关等。只有这些部件的精度都明显优于 A/D 转换器精度时,系统精度才能达到 A/D 的精度。这里还应注意系统精度与系统分辨率的区别。系统精度是系统的实际输出值与理论输出值之差,它是系统各种误差的总和,通常表示为满度值的百分数。

3) 采集频率

采集频率又称为系统通过速率、吞吐率等,是指在满足系统精度指标的前提下,系统对输入模拟信号在单位时间内所完成的采集次数,或者说是系统每个通道、每秒钟可采集的子样数目。这里所说的"采集",包括对被测物理量进行采样、量化、编码、传输、存储等的全部过程。在时间域上,与采集频率对应的指标是采样周期。它是采样频率的倒数,表示了系统每采集一个有效数据所需的时间。

4) 动态范围

动态范围是指某个物理量的变化范围。信号的动态范围是指信号的最大幅值和最小幅值之比的分贝数。数据采集系统的动态范围通常定义为所允许输入的最大幅值 $V_{i\max}$ 与最小幅值 $V_{i\min}$ 之比的分贝数,即

$$I_i = 20 \lg \frac{V_{i\max}}{V_{i\min}} \tag{4.90}$$

式中最大允许幅值 $V_{i\max}$ 是指使数据采集系统的放大器发生饱和或者是使模数转换器发生溢出的最小输入幅值。最小允许输入值 $V_{i\min}$ 一般用等效输入噪声电平 V_{IN} 来代替。

对大动态范围信号的高精度采集时,还要用到"瞬时动态范围"这样一个概念。它是指某一时刻系统所能采集到的信号的不同频率分量幅值之比的最大值,即幅度最大频率分量的幅值 $A_{f\max}$ 与幅度最小频率分量的幅值 $A_{f\min}$ 之比的分贝数。若用 I 表示瞬时动态范围,则有

$$I = 20 \lg \frac{A_{f\max}}{A_{f\min}} \tag{4.91}$$

4.6.2 信号数字化与采样定理

计算机是一台数字化设备,它只能处理数字信息,故使用计算机处理信号时必须将模拟信号转换为数字信号。完成模拟信号到数字信号的转换,称为模-数(A/D)转换或称数据采集。将连续的模拟信号转换成计算机可接受的离散数字信号需要两个环节:首先是采样,由连续模拟信号得到离散信号;然后再通过 A/D 转换,将其变为数字信号。模拟信号的数字化过程如图 4.26 所示。

(1)数字化步骤

1) 采样

采样过程如图 4.27 所示。采样开关周期性地闭合,闭合周期为 T_s,闭合时间很短。采样开关的输入为连续函数 $x(t)$,输出函数 $x^*(t)$ 可认为是 $x(t)$ 在开关闭合时的瞬时值,即脉冲序列 $x(T_s), x(2T_s), \cdots, x(nT_s)$。

设采样开关闭合时间为 τ,则采样后得到的宽度为 τ,幅值随 $x(t)$ 变化的脉冲序列如图 4.28(a) 所示。采样信号 $x_s(t)$ 可以看作是原信号 $x(t)$ 与一个幅值为 1 的开关函数 $s(t)$ 的乘积,即

$$x_s(t) = x(t)s(t) \tag{4.92}$$

式中,$s(t)$ 周期为 T_s,脉冲宽度为 τ、幅值为 1 的脉冲序列(见图 4.28(b))。因此,采样过程实质上是一种调制过程,可以用一乘法器来模拟,如图 4.28(c) 所示。

由于脉冲宽度 τ 远小于采样周期 T_s,因此可近似认为 τ 趋近于零。用单位脉冲序列

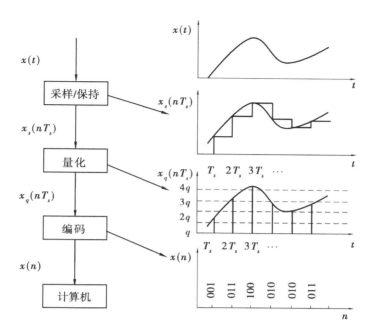

图 4.26　模拟信号的数字化过程

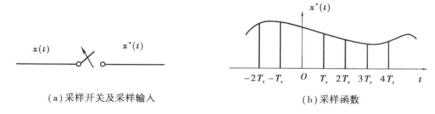

（a）采样开关及采样输入　　　　　（b）采样函数

图 4.27　采样过程示意图

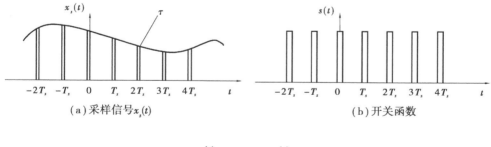

（a）采样信号 $x_s(t)$　　　　　　　（b）开关函数

（c）采样过程的模拟

图 4.28　采样过程原理图

$\delta_T(t)$ 来代替 $s(t)$，如图 4.29 所示，$\delta_{T_s}(t)$ 可表示为：

$$\delta_{T_s}(t) = \sum_{n=-\infty}^{+\infty} \delta(t - nT_s) \tag{4.93}$$

因此，采样信号可以表示为：

$$x_s(nT_s) = x(t) \sum_{n=-\infty}^{+\infty} \delta(t - nT_s) = \sum_{n=-\infty}^{+\infty} x(nT_s)\delta(t - nT_s) \tag{4.94}$$

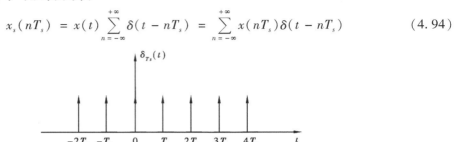

图 4.29　单位脉冲序列

采样信号 $x_s(nT_s)$ 也称离散信号，$x_s(nT_s)$ 是从连续信号 $x(t)$ 上取出的一段数值，因此 $x_s(nT_s)$ 与 $x(t)$ 的关系是局部与整体的关系。

2）量化

量化就是将模拟量转化为数字量的过程。它是模数转换器所要完成的主要功能。量化电平定义为满量程电压（或称满度信号值）V_{FSR} 与 2 的 N 次幂的比值，其中 N 为数字信号 X_d 的二进制位数（通常又是 A/D 转换器位数）。量化电平（也称量化单位）一般用 q 来表示，因此有

$$q = \frac{V_{FSR}}{2^N} \tag{4.95}$$

量化误差可表示为 $-q/2 \leqslant e < q/2$，误差交替取正、负值。量化误差是一种原理性误差，它只能减小而不可能彻底消除。

显然，A/D 转换器的位数 N 值越大，q 就越小，分辨率就越高，量化误差也越小。但随着转换位数的增加，转换速度会降低，转换器的成本也明显增加。信号数字分析中常用的模数转换器的输入电平是 ±5 V，位数有 12、14、16 位。对于一个常用的 14 位转换器，输出代码可能表示的最大数值等于 $2^{14} = 16\ 384$，分辨率 $q = 5/8\ 192 = 0.61$ mv。这个数字表明，量化误差和原始模拟信号的拾取精度相比是可以忽略不计的。

必须指出的是，输入模数转换器的电压信号的幅值应进行调整，使其最大峰值接近转换器的最大输入电平（略小于，而不能超过），以便充分利用 A/D 转换的量化位数，尽可能地减小量化误差，提高转换的信噪比。

3）编码

模数转换过程的最后阶段是编码。编码是指把量化信号的电平用数字代码表示。编码有多种形式，最常用的是二进制编码。数据采集中，由于被采集的模拟信号是有极性的，因此编码也分为单极性编码与双极性编码两大类。应用时可根据被采集信号的极性来选择编码形式。

（2）采样定理

由于 $x_s(nT_s)$ 与 $x(t)$ 的关系是局部与整体的关系。那么，这个局部能否反映整体呢？能

否由 $x_s(nT_s)$ 唯一确定或恢复出连续信号 $x(t)$ 呢? 一般是不行的,因为连接两个点 $x_s(nT_s)$ 与 $x_s[(n+1)T_s]$ 的曲线是非常多的,但是在一定的条件下,按照一定的方式可以由离散信号 $x_s(nT_s)$ 恢复(重构)原来的连续信号 $x(t)$,这就是本小节要讨论的采样定理。

设连续信号 $x(t)$ 的频谱为 $X(f)$,以采样间隔 T_s 采样得到的离散信号为 $x_s(nT_s)$。对一个有限频谱 $(-f_{max} < f < f_{max})$ 的连续信号,当采样频率 $f_s \geq 2f_{max}$ 时,采样信号才能不失真地恢复到原来的连续信号,这就是采样定理。

采样定理为使用数据采集系统时选择采样频率奠定了理论基础,采样定理所规定的最低的采样频率是数据采集系统必须遵守的规则。在实际使用时,由于信号 $x(t)$ 的最高频率难以确定,特别是当 $x(t)$ 中有噪声时,则更为困难。采样理论要求在取得全部采样值后才能求得被采样函数,而实际上在某一采样时刻,计算机只取得本次采样值和以前各次采样值,而必须在以后的采样值尚未取得的情况下进行计算分析。因此,实际的采样频率取值高于理论值,一般为信号最高频率的 5~10 倍。

4.6.3 离散傅里叶变换

(1)离散傅里叶变换(DFT)

用 x_n 表示 $x(nT_s)$ 经截断加窗后的 N 点有限长度数据,其频谱可以写为:

$$X(f) = T_s \sum_{n=0}^{N-1} x_n e^{-jn2\pi f T_s} \tag{4.96}$$

式(4.96)所表示的频谱仍然是 f 的连续函数,不适合计算机处理。要用数值计算方法作傅里叶分析,不仅要对时间信号作离散采样,而且还要对信号的频谱作频域离散采样。

1)频域采样定理

对于时域有限信号 $x(t)$($0 \leq t \leq T$),它的连续频谱是:

$$X(f) = \int_{-\infty}^{\infty} x(t) e^{-j2\pi ft} dt = \int_0^T x(t) e^{-j2\pi ft} dt \tag{4.97}$$

将 $x(t)$ 以周期 T 延拓为周期信号 $\tilde{x}(t)$,如图 4.30 所示。

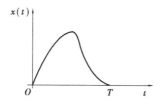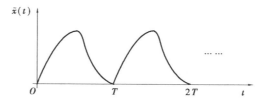

图 4.30 $x(t)$ 及其周期延拓 $\tilde{x}(t)$

其离散频谱为

$$c_n = \frac{1}{T} \int_{-\frac{T}{2}}^{\frac{T}{2}} \tilde{x}(t) e^{-jn2\pi f_0 t} dt = \frac{1}{T} \int_0^T x(t) e^{-jn2\pi f_0 t} dt \tag{4.98}$$

对比式(4.97)和式(4.98),并注意到 $f_0 = \frac{1}{T}$,得

$$c_n = \frac{1}{T} X(f) \mid_{f=n\frac{1}{T}} = \frac{1}{T} X\left(n\frac{1}{T}\right) \tag{4.99}$$

这里,周期信号 $\tilde{x}(t)$ 的傅里叶级数展开式为:

$$\tilde{x}(t) = \sum_{-\infty}^{\infty} c_n e^{jn2\pi f_0 t} = \sum_{-\infty}^{\infty} \frac{1}{T} X(nf_0) e^{jn2\pi f_0 t} \tag{4.100}$$

在 $0 \leq t \leq T$ 的范围, $x(t)$ 和 $\tilde{x}(t)$ 是完全相等的,所以时域有限信号 $x(t)$ 也可用傅里叶级数表示为如下形式:

$$x(t) = \sum_{-\infty}^{\infty} \frac{1}{T} X(nf_0) e^{jn2\pi f_0 t} \quad 0 \leq t \leq T \tag{4.101}$$

将式(4.101)与 $x(t)$ 的傅里叶逆变换式:

$$x(t) = \int_{-\infty}^{\infty} X(f) e^{j2\pi ft} df \tag{4.102}$$

比较可见,时域有限信号 $x(t)$ 不只是可以由它的连续频谱 $X(f)$ 通过积分变换恢复,而且还可以由其连续频谱的离散采样序列 $X(nf_0)(f_0 = 1/T)$ 以级数形式叠加而得。就前一种情况而言,连续频谱 $X(f)$ 的值缺一不可;而在后一种情况下,连续频谱 $X(f)$ 中,只有以 $f_0 = 1/T$ 为频率间隔采样所得的离散值是必需的,其他数据是冗余的。

如果把式(4.101)代入式(4.97),可以得出:

$$X(f) = \int_0^T \sum_{-\infty}^{\infty} \frac{1}{T} X(nf_0) e^{jn2\pi f_0 t} \cdot e^{-j2\pi ft} dt = \frac{1}{T} \sum_{n=-\infty}^{\infty} X\left(n\frac{1}{T}\right) \frac{e^{j2\pi\left(n\frac{1}{T}-f\right)T} - 1}{j2\pi\left(n\frac{1}{T}-f\right)} \tag{4.103}$$

把上面的分析结果总结起来,就得到如下频域采样定理:

设时域有限信号 $x(t)(0 \leq t \leq T)$ 的连续频谱为 $X(f)$,则以 $f_0 = 1/T$ 为频率间隔对 $X(f)$ 采样得 $X(nf_0)(n = \pm 1, \pm 2 \cdots)$,由这些频谱离散值 $X(nf_0)$ 不仅可以恢复出 $(0, T)$ 上的信号 $x(t)$,而且还可以恢复出连续频谱 $X(f)$。

频域采样定理反映了连续谱和离散谱的关系。这个定理之所以成立,关键在于时间信号是有限长度的。时域有限信号可以表示为傅里叶级数,因此可以用离散频谱来表示,连续谱也就可以由其离散采样序列来恢复。

2)离散信号的周期频谱

由 $x(t)$ 采样信号 $x(nT_s)$ 算出的频谱的频率范围为 $-\frac{1}{2T_s} \leq f \leq \frac{1}{2T_s}$,在满足采样定理条件的条件下,它等于 $x(t)$ 的频谱 $X(f)$。如果让频率无限延伸,由 $x(nT_s)$ 计算出的频谱将有别于 $x(t)$ 的频谱 $X(f)$。用 $X_\Delta(f)$ 表示由离散信号 $x(nT_s)$ 算出的频谱,以区别原连续信号的频谱 $X(f)$,即

$$X_\Delta(f) = T_s \sum_{n=-\infty}^{\infty} x(nT_s) e^{-jn2\pi fT_s} \tag{4.104}$$

那么,$X_\Delta(f)$ 将是周期为 $f_s = 1/T_s$ 的频域周期函数,是将 $X(f)$ 以 f_s 为周期在频域内延拓的结果,

$$X_\Delta(f_0 + mf_s) = X_\Delta(f_0) \qquad m = \pm 1, 2, 3 \cdots$$

而 $x(t)$ 的频谱 $X(f)$ 是频域有限的,如图 4.31 所示。

频域周期谱 $X_\Delta(f)$ 有意义的范围是它的主周期,即 $-\frac{f_s}{2} \leq f \leq \frac{f_s}{2}$,对应的单边频谱范围是 $0 \sim f_s/2$。所以,对于离散信号的频谱,采样频率的 $\frac{1}{2}$ 是一个重要的参数,称为奈奎斯特

（Nyquist）频率,记为 f_N,即

$$f_N = \frac{1}{2T_s} = \frac{f_s}{2} \qquad (4.105)$$

离散信号的频谱所能表达的最高频率就是奈魁斯特频率。如果时间信号有频率上限 f_c,且 $f_N \geqslant f_c$,那么在 $\pm f_N$ 的频率范围内,离散信号的频谱与连续信号的频谱是完全相等的,可以用对离散信号的分析来代替对连续信号的分析。

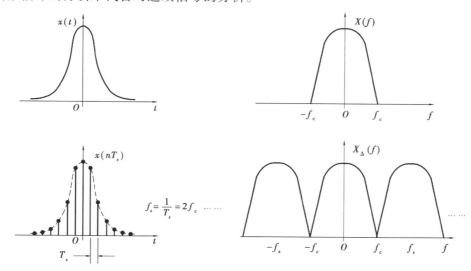

图 4.31　连续信号和离散信号及其频谱

3）离散傅里叶变换

离散信号 x_n 是一个长度 $T = NT_s$ 的时域有限信号。由频域采样定理可知,在它的连续频谱中,只有按 $\Delta f = 1/T$ 频率间隔采样的一系列离散值 $X_\Delta(k \cdot \Delta f)$,$k = 0,1,2,3,\cdots$,由这些离散值可以恢复 $X(f)$ 和 $x(t)$。因为 $X_\Delta(f)$ 是以 $f_s = 1/T_s$ 为周期的频域函数,它在 $(-f_s/2,0)$ 的频率范围内与在 $(f_s/2,f_s)$ 频率范围内是相等的,所以也可以在 $(0,f_s)$ 的频率范围内去研究 $X_\Delta(f)$。在 $(0,f_s)$ 的频率范围内,以频率间隔 $\Delta f = 1/T$ 对 $X_\Delta(f)$ 进行离散采样,设第 k 个采样点的频率为 f_k,并注意到 $T = NT_s$,则

$$f_k = k \cdot \Delta f = k \frac{1}{NT_s} \qquad (4.106)$$

并用 X_k 表示频谱在离散频率点 f_k 处的值 $X_\Delta(k \cdot \Delta f)$,那么

$$X_k = T_s \sum_{n=0}^{N-1} x_n e^{-j2\pi \frac{kn}{N}} \qquad k = 0,1,2,\cdots,N-1 \qquad (4.107)$$

X_k 称为 x_n 的有限离散傅里叶变换,简称离散傅里叶变换,记为 DFT。在 $(0,f_s)$ 的频率范围内,离散谱线数为

$$\frac{\frac{1}{T_s}}{\frac{1}{NT_s}} = N$$

所以,离散谱的下标 k 的取值范围如式（4.107）所示是 $0 \sim N - 1$ 间的正整数。

由 X_k 逆变换为 x_n 的计算式为

$$x_n = \frac{1}{NT_s} \sum_{n=0}^{N-1} X_k e^{j2\pi\frac{kn}{N}} \qquad n = 0,1,2,\cdots,N-1 \tag{4.108}$$

式(4.107)和(4.108)组成了离散傅里叶变换对,式(4.107)称为正变换,简记为 DFT;式(4.108)称为逆变换,简记为 IDFT。离散傅里叶变换对表示有限离散时间信号 x_n 和有限离散频谱 X_k 一一对应的关系。

为论述方便,采用如下形式的 DFT 对:

$$X_k = \sum_{n=0}^{N-1} x_n e^{-j2\pi\frac{kn}{N}} \qquad k = 0,1,2,\cdots,N-1 \tag{4.109}$$

$$x_n = \frac{1}{N} \sum_{n=0}^{N-1} X_k e^{jkn\frac{2\pi}{N}} \qquad n = 0,1,2,\cdots,N-1 \tag{4.110}$$

两个 DFT 对的差别仅在于求和式前的系数不同。之所以选择式(4.109)和式(4.110)这样的形式,是因为它们的表达形式简明,特别是正变换式。

(2)快速傅里叶变换(FFT)

式(4.109)和式(4.110)所示的离散傅里叶变换对,提供了用数值计算的方法对信号进行傅里叶变换的依据。但是,仔细观察后就会发现,若用常规方法进行计算,工作量是十分惊人的。以正变换为例,计算一个 X_k 值,要作 N 次复数乘法和 $(N-1)$ 次复数加法。而计算全部 N 个 X_k 值,则需作 N^2 次乘法和 $N(N-1)$ 次加法。若点数 $N = 1\,024$,乘法次数高达 $1\,024^2 = 1\,048\,678$ 次,如此浩大的计算工作量,就是对计算机而言也是过于冗长和耗时了。

尽管 DFT 理论提出多年,在一段时期内,其应用只限于某些数据的事后处理,在速度和成本上都赶不上模拟系统,其应用价值相当有限。多年来,人们一直在寻找一种快速简便的算法,使 DFT 不仅在原理上成立,而且能付诸实施。1965 年,CooleyJ. W. 和 TukeyJ. W. 提出了一种快速通用的 DFT 计算方法,编出了使用这个方法的第一个程序。此算法称为快速傅里叶变换,即 FFT。它的出现极大地提高了 DFT 的计算速度,被广泛地应用于各个技术领域。

FFT 的基本原理是充分利用已有的计算结果,避免常规 DFT 运算中的大量重复计算,提高计算效率,缩短运算时间。FFT 提高运算速度的效果随点数 N 的增加而增加,当 $N = 1\,024$(1K FFT)时,FFT 的运算量仅为常规运算量的不到百分之一,可见 FFT 的效率是相当惊人的。

快速傅里叶变换 FFT 是计算有限离散傅里叶变换 DFT 的一种快速算法,在变换理论上仍然属于 DFT 的范畴。它不仅可以计算离散傅里叶正变换,而且可以计算离散傅里叶逆变换。由于实际上的 DFT 和 IDFT 无一不是采用 FFT 算法,所以人们习惯上把它们通称为 FFT。FFT 自问世以来,已经出现了多种具体算法,速度也越来越快。标准的 FFT 程序可以在各种算法手册和信号分析程序库中查到。

4.6.4 DFT 及其变换过程出现的问题

(1)频率分析上限,即频率分析范围 f_{max}

离散傅里叶变换的频率分析上限理论上等于奈奎斯特频率 f_N,由采样频率 f_s 决定

$$f_{max} = f_N = \frac{1}{2}f_s \tag{4.111}$$

实际上,由于频混误差不可能完全避免,在 k 值接近 $N/2-1(f$ 接近 $f_N)$ 时,频混误差可能较大。故在解释频谱中接近分析上限的高端分量时必须谨慎,特别是这些高端分量值较大时。一种通常采用的措施是在显示分析结果时删去 k 值接近 $N/2-1$ 处若干高端谱线。例如当 $N=1\ 024$ 时,理论上 k 的取值范围为 $0\sim511(0\sim f_N)$,而实际只显示 $k=01,2,\cdots,400$ 共 401 条谱线(约为 $0\sim0.8f_N$),余下的高端 100 余条谱线被隐去。

(2)频率分辨率 Δf

频率分辨力是指离散谱线之间的频率间隔 Δf,也就是频域采样的采样间隔。它由数据块的长度 $T=NT_s$ 决定,即

$$\Delta f = \frac{1}{NT_s} \tag{4.112}$$

频谱经离散化后,只能获得在 $f_k=k\cdot\Delta f$ 处的各频率成分,其余部分被舍去,这个现象称为栅栏效应。这犹如通过栅栏观察外界景物时只能看到部分景物而不能看到其他部分一样。栅栏效应和频混、泄漏一样,也是信号数字分析中的特殊问题。显然,感兴趣的频率成分和频谱细节有可能出现在非 f_k 点即谱线之间的被舍去处,而使信号数字谱分析出现偏差和较大的分散性。要减少栅栏效应,就需要提高频率分辨率。但提高频率分辨率和扩宽频率分析范围是矛盾的,这个问题随后再讨论。

(3)频率分析下限 $f_{\min}$

频率分析下限 $f_{\min}$ 理论上为 $k=1$ 时对应的频率值,即等于频率分辨率。故有

$$f_{\min} = \Delta f = \frac{1}{NT_s} \tag{4.113}$$

影响 $f_{\min}$ 的原因除了同影响频率分辨率的原因相同外,还由于传感器和前置放大器的低频特性通常不理想,或直流放大器的零漂等原因,原始模拟信号中的低频成分往往有较大的误差。故在解释 k 接近 1 的若干低端谱线时,亦应当谨慎。特别是在频域内将各谐波分量的幅值除以其角频率来进行信号的积分时要特别注意,因为这时低端谱分量的误差将会被极大地放大。

(4)频率分析范围 $f_{\max}$ 和分辨率 Δf 之间的关系

由式(4.111)和(4.112)可知,离散傅里叶变换的频率分析范围 $f_{\max}$ 和频率分辨率 Δf 之间的关系为

$$f_{\max} = \frac{N}{2}\Delta f \tag{4.114}$$

由于计算机容量及计算工作量的限制,FFT 分析程序的运算点数 N 是一有限定值,其典型取值为 $1\ 024(1\mathrm{K})$ 或 $2\ 048(2\mathrm{K})$。式(4.114)清楚地表明,当 N 值一定时,分析范围宽,谱线之间的频率间隔加大,频率分辨率必然下降;要有高的频率分辨率,频率分析范围必然较窄。

以 $N=2\ 048$ 为例,若选取采样频率 8 000 Hz(采样间隔 $T_s=0.125$ ms),样本长度 $T=0.256$ s,由它们决定的分析带宽和谱线间隔分别为:

$$f_N = \frac{8\ 000}{2} = 4\ 000\ \mathrm{Hz} \quad \Delta f = \frac{1}{0.256} \approx 4\ \mathrm{Hz}$$

4 000 Hz 的频率分析范围并不宽(为减少频混误差,实际范围还要小于理论值),但频率

分辨力 4 Hz 已显粗糙。如果要细化频谱,势必增加数据点数或降低频率分析范围,这实际上是行不通的。

这里讨论的离散傅里叶变换,是对信号进行从 0 Hz 到奈奎斯特频率 $f_N(k = 0 \sim \frac{N}{2} - 1)$ 的全频带分析,称为基带分析。在工程信号分析中,往往对信号频谱的局部细节感兴趣,比如对工程结构和机械系统作动态参数识别时,对共振峰及其邻域的频谱结构就希望了解得比较详细,而其余部分则只要求知道概况。这就需要有一种既能对频率分析范围进行选择,又能局部提高频率分辨力的分析技术,即所谓频率细化或选带谱分析技术,通常叫做 ZOOM 技术。有关这方面的知识,读者可查阅参考文献

(5) 频率混叠现象

由于 $X_\Delta(f)$ 的周期性且采样频率不同,由同一个连续信号 $x(t)$ 而得到的 $x(nT_s)$ 具有不同的频谱,如图 4.32 所示。

从图中可以清楚地看出,当信号存在截频 f_c,且 $f_N \geqslant f_c$ 时,$X_\Delta(f)$ 在 $(-f_N, f_N)$ 的频率范围内和 $X(f)$ 是完全相等的。此时由 $x(n\Delta)$ 求出的 $X_\Delta(f)$ 可以表示 $X(f)$,也可以精确地恢复 $x(t)$,这就是时域采样定理描述的情况。若 $x(t)$ 要么不存在截频,这种信号叫做非限带信号;要么虽存在截频 f_c,但 $f_s < 2f_c$。在这两种情况下,由 $x(t)$ 采样得到 $x(nT_s)$ 计算出的频谱将会出现所谓的频率混叠现象。频谱主周期的右侧边沿与下一个周期的左侧边沿部分会混叠在一起,这种现象称为频率混叠,简称频混,是数字分析中的一个特殊的问题。

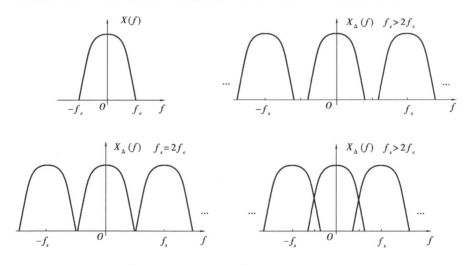

图 4.32　$X(f)$ 与不同采样频率时的 $X_\Delta(f)$

根据 $X_\Delta(f)$ 的周期性,频谱下一个周期的左侧等于主周期的左侧;而主周期的左、右侧均表示信号频谱的高频部分。所以频率混叠实质上是把 $X(f)$ 的高于 f_N 的成分以 f_N 为分界折叠到低于 f_N 的低频部分,故频率混叠也称为频率折叠,如图 4.33 所示。

由于频率的折叠,在离散信号的频谱 $X_\Delta(f)$ 的主值区 $(-f_N, f_N)$ 中,混入了连续信号频谱 $X(f)$ 中 $f > f_N$ 的频率成分,在 $\pm f_N$ 的频率范围内,$X_\Delta(f)$ 将不同于 $X(f)$,不能用 $x(nT_s)$ 求出 $X(f)$,也无法恢复 $x(t)$。频混导致在计算离散信号的频谱时会把原连续信号信号的高频分量误认为是低频分量,造成信号谱分析和识别的错误。

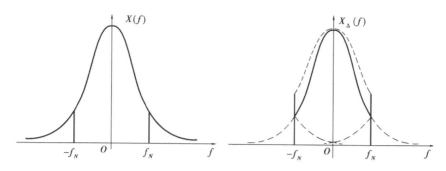

图 4.33　频谱的折叠

下面用具体的数字来说明频混现象。设有一频率为 1 000 Hz 的正弦波,用 2 400 Hz 的采样频率对其进行离散采样。这时奈奎斯特频率即分析频率范围 1 200 Hz,大于信号的频率,满足采样定理,计算分析结果表示为在 1 000 Hz 处的谱线,是正确的。若用 1 800 Hz 的频率采样,奈奎斯特频率是 900 Hz,不满足采样定理,信号频率超出奈奎斯特频率 100 Hz,,被折叠到 800 Hz 处,计算分析结果显示为 800 Hz 的谱线,把信号的频率 1 000 Hz 误认为是 800 Hz,造成频率识别的错误,这就是频混。

离散采样的目的,在于把连续信号数字化,以便用数值计算的方法对信号作分析处理。如果频混误差过大,信号数字化处理的结果将失去意义。抑制频混有以下两条途径:

①选用尽可能高的采样频率。理论上,信号的频率范围可能会无限延伸,但实际的工程信号是事实上的有限带宽。随着 f 的增加,$|X(f)|$ 是衰减的。当采样频率 f_s 足够大时,奈奎斯特频率以外的频谱幅值 $|X(f)|_{f>f_N}$ 小到可以忽略不计。这时,折叠到 $(-f_N, f_N)$ 范围内的高频分量可以忽略不计,从而减小了频混误差。

实际分析时,开始可以选用分析系统所具有的最高采样频率采样,对信号作宽频带低分辨率的粗略分析。在确定信号的频率范围后,再选用合适的采样频率进行分析,以改善频率分辨率。

②在离散采样前对被分析的模拟信号进行有限带宽处理。在工程信号分析实践中,往往只对信号一定频率范围内的频谱感兴趣。这时可用低通滤波器对模拟信号进行预处理,滤除高频成分和干扰,人为地使信号带宽限制在一定的范围内。这种预处理称为抗频混滤波。信号经抗频混滤波后,带宽为已知,可根据采样定理合理地选择采样频率。由于实际使用的抗频混低通滤波器不具有理想的截止特性,阻带内的频率分量只是受到极大的衰减并没有被完全滤除,特别是在过渡带。所以,一般选择采样频率为抗频混低通滤波器名义上截止频率的 2.5 ~ 4 倍,应视滤波器的截止特性而定。

抗频混滤波器的通带幅频特性有一定的不平直度,相频特性也非理想线性,可能造成波形失真。特别是在双通道分析时,存在两个通道的抗频混滤波器的幅频、相频特性是否一致的问题,因此,在选用抗频混滤波器时应当充分考虑这些因素。信号数字处理系统中使用的抗频混滤波器往往是专门设计的精密高阶有源低通滤波器。

(6)信号的截断与泄漏

1)信号的截断与频域泄漏

和模拟分析的连续处理过程不同,数字分析和处理是针对数据块进行的。模数转换输出

的数字串 x_n 先要被分为一系列点数相等的数据块,而后再一块一块地参与运算。设每个数据块的数据点数为 N,在采样频率一经确定后,每个数据块所表示的实际信号长度 $T = NT_s$ 是一个有限的确定值。这个截取有限长度段信号的过程称为对信号的时域截断,它相当于通过一个长度有限的时间窗口去观察信号,因而又叫做加(时)窗。图 4.34 以余弦函数 $x(t) = \cos 2\pi f_1 t$ 和矩形时窗 $w_r(t)$ 为例表明了加窗即截断的含义。从数学运算上看,加窗是把信号与一个有限宽度的时窗函数相乘。

信号经加窗后,窗外数据全部置零,波形发生畸变,其频谱自然也有所变化,产生了截断误差。为了减少这种误差,必须研究时域加窗对信号频谱的影响。

在信号加窗前,有

$$x(t) \Leftrightarrow X(f), w(t) \Leftrightarrow W(f)$$

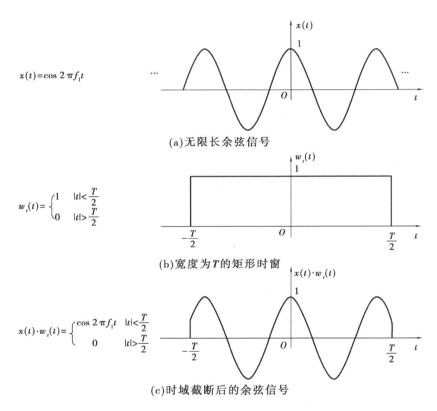

$x(t) = \cos 2\pi f_1 t$

(a)无限长余弦信号

$$w_r(t) = \begin{cases} 1 & |t| < \dfrac{T}{2} \\ 0 & |t| > \dfrac{T}{2} \end{cases}$$

(b)宽度为 T 的矩形时窗

$$x(t) \cdot w_r(t) = \begin{cases} \cos 2\pi f_1 t & |t| < \dfrac{T}{2} \\ 0 & |t| > \dfrac{T}{2} \end{cases}$$

(c)时域截断后的余弦信号

图 4.34　余弦信号被矩形窗截断

加窗后,信号和时窗函数相乘。根据傅里叶变换的卷积特性,截断加窗信号的频谱等于原信号的频谱与时窗频谱(称为谱窗)的卷积,亦即

$$x(t) \cdot w(t) \Leftrightarrow X(f) * W(f) \tag{4.115}$$

显然,$X(f) * W(f)$ 一般是不等于 $X(f)$ 的。

仍以存在于无穷时间域的余弦信号为例,它的频谱为

$$\cos 2\pi f_1 t \Leftrightarrow \frac{1}{2}\delta(f - f_1) + \frac{1}{2}\delta(f + f_1) \tag{4.116}$$

这是一对位于 $\pm f_1$ 处的强度为 $\frac{1}{2}$ 频域脉冲函数,如图 4.35(a)所示。

矩形窗函数 $w_r(t)$ 的频谱 $W_r(f)$ 为

$$w_r(t) \Leftrightarrow W_r(f) = T\frac{\sin \pi Tf}{\pi Tf} \tag{4.117}$$

它的分子是频域内周期为 $\frac{2}{T}$ 的正弦函数,分母是反比例双曲线;在 $f=0$ 时,谱窗的值等于 T,如图 4.35(b)所示。$W_r(f)$ 在 $\left(-\frac{1}{T}, \frac{1}{T}\right)$ 之间的部分叫做谱窗的主瓣,两侧波动无限延伸的部分称为旁瓣。将主瓣视为带通滤波器,它的带宽为 $\frac{1}{T}$。

加窗后的余弦信号的频谱等于其原始频谱与矩形谱窗函数的卷积。结果是将矩形谱窗乘以 $\frac{1}{2}$ 后,分别移至 $\pm f_1$,如图 4.35(c)所示。

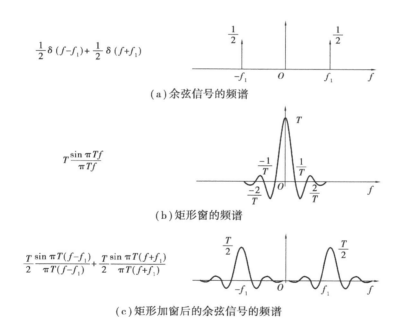

（a）余弦信号的频谱

（b）矩形窗的频谱

（c）矩形加窗后的余弦信号的频谱

图 4.35　余弦及其截断信号的频谱

原余弦信号的功率仅存在于 $\pm f_1$ 的孤立点上,而经截断后,在 $\pm f_1$ 的两侧出现了频率分量。截断信号的能量扩散到理论上无穷宽的频带中去,这种现象被形象地称为泄漏。

如果增大截断长度 T,则谱窗主瓣的宽度将变窄,虽在理论上其频谱范围仍为无穷,但实际泄漏误差将减小。当窗宽 T 趋于无穷大时,$W_r(f)$ 将变为频域脉冲函数 $\delta(f)$,它与余弦函数的频谱的卷积仍为余弦函数的频谱。这就说明:如果不截断就没有泄漏。

实际被分析信号是由无穷多谐波分量组成的,一经截断,所有谐波都将产生泄漏,情况要比单一余弦信号复杂得多。

泄漏导致谱分析时出现两个主要问题:

①降低了谱分析的频率分辨率。由于谱窗的主瓣有一定的宽度,当被分析信号中的两个

频率分量靠得很近,频率差小于主瓣带宽时,从截断信号的频谱中就难以将它们区别开来。

②由于谱窗具有无限延伸的旁瓣,就等于在频谱中引入了虚假的频率分量。在数字信号分析流程中,先进行模拟数字转换,而后按相同的点数 N 对数据分段,亦即截断加窗是在 A/D 变换之后进行的。即使 $x(t)$ 是有限带宽信号,采样频率的选择也遵从采样定理,一经截断,信号带宽必然无限延伸,频混势必发生,所以泄漏又会加大频混误差。

不难看出,时窗函数的频谱,即谱窗直接影响泄漏的大小。选择适当的时窗函数,可以减少截断对信号谱分析的不利影响。

数字序列 x_n 被按 N 点分块后直接进行运算分析,表示数据块内的数据乘以 1,均保持原来的值,这意味着加矩形窗,有时也习惯叫不加窗。如果在运算分析前乘以一个不等于常数的特定函数,对数据块内的数据作了不等加权,则表示对时间信号加了特定的时窗。

一个理想的时窗函数,其谱窗应具有如下特点:

①主瓣宽度要小,即带宽要窄;

②旁瓣高度与主瓣高度相比要小,且衰减要快。

不过,对于实际的窗函数,这两个要求是互相矛盾的。主瓣窄的窗函数,旁瓣也较高;旁瓣矮、衰减快的窗函数,主瓣也较宽。实际分析时要根据不同类型信号和具体要求来选择适当的窗函数。

4.6.5 DFT 常用窗函数及其特性

(1)矩形窗

如前所述,矩形加窗即不加窗、信号截断后直接进行分析运算,是一种广泛使用的时窗。对它的时域和对应的谱窗特性,前面已进行过讨论。矩形窗的优点是主瓣宽度窄;缺点是旁瓣较高,泄漏较为严重,第一旁瓣相对主瓣衰减 -13 dB,旁瓣衰减率 -6 dB/倍频程。

矩形窗可用于脉冲信号的加窗。调节其窗宽,使之等于或稍大于脉冲的宽度(也称为脉冲窗),不仅不会产生泄漏,而且可以排除脉冲宽度外的噪声干扰,提高分析信噪比。在特定条件下,矩形窗也可用于周期信号的加窗,如果矩形窗的宽度能正好等于周期信号的整数个周期时,泄漏可以完全避免。

(2)汉宁窗

汉宁窗是一个高度为 $\frac{1}{2}$ 的矩形窗与一个幅值为 $\frac{1}{2}$ 的余弦窗叠加而成,它的时、频域表达式为

$$w_n(t) = \begin{cases} \dfrac{1}{2} + \dfrac{1}{2}\cos\dfrac{2\pi}{T}t & |t| < \dfrac{T}{2} \\ 0 & |t| > \dfrac{T}{2} \end{cases} \tag{4.118}$$

$$W_n(f) = \frac{1}{2}W_r(f) + \frac{1}{4}W_r(f - f_0) + \frac{1}{4}W_r(f + f_0), f_0 = \frac{1}{T} \tag{4.119}$$

式(4.118)中的 $W_r(f)$ 是式(4.117)所示的矩形谱窗。该式表明,汉宁窗的谱窗是由 3 个矩形谱窗叠加组成。由于 $\pm f_0$ 的频移,这三个谱窗的正负旁瓣相互抵消,合成的汉宁谱窗的旁瓣很小,衰减也较快。它的第一旁瓣比主瓣衰减 -32 dB,旁瓣衰减率为 -18 dB/倍频程;但

它的主瓣宽度是矩形窗的 1.5 倍。图 4.36 为汉宁窗的时域函数图形和经汉宁加窗后的正弦信号。

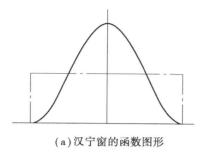 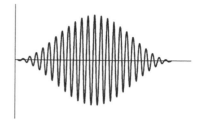

（a）汉宁窗的函数图形　　　　　　　　（b）汉宁加窗后的正弦信号

图 4.36　汉宁窗与经汉宁加窗后的正弦信号

从图 4.36 中可以清楚地看出,正弦信号经汉宁加窗后,在窗宽(也就是数据段的长度)内,其幅值被不等加权。

汉宁窗具有较好的综合特性,它的旁瓣小而且衰减快,适用于功率信号(如随机信号和周期信号)的截断与加窗。这种两端为零的平滑窗函数可以消除截断时信号始末点的不连续性,大大减少截断对谱分析的干扰。但这是以降低频率分辨率为代价而得到的。

(3)指数窗

理论分析和实验表明,很多系统受到瞬态脉冲激励时,会产生一种确定性的并最终衰减为零的振荡,衰减的快慢取决于系统的阻尼。

如果用矩形窗截取衰减振荡信号,由于时窗宽 T 受各种因素影响不能太长,信号末端的代表小阻尼模态的信号段会被丢失。汉宁窗起始处为零和很小,会破坏信号重要的始端数据。这种情况比较合适的是采用指数衰减窗 $f(t) = e^{-\sigma t}$,将其与衰减振荡相乘,人为地加快信号的衰减。设衰减振动为

$$x(t) = A \cdot e^{-\alpha t} \sin \widetilde{\omega} t$$

加指数窗后变为

$$x_\sigma(t) = f(t) \cdot x(t) = A \cdot e^{-(\alpha+\sigma)t} \sin \widetilde{\omega} t$$

选择适当的衰减因子 σ,使信号在截断末端的幅值相对于其最大值衰减约为 -80 dB(大约对应 14 bit 的量化位数),可以满足各类工程测试的要求。加指数窗相当于使结构振动的衰减因子增加了一个 σ 值,在处理分析结果时要考虑这一因素。

信号数字分析中采用的时窗函数还有三角窗、哈明窗、高斯窗和贝塞尔窗等,它们各有其特点,对泄漏都有抑制作用。

习 题 与 思 考 题

4.1　什么是信号? 信号处理的目的是什么?

4.2　信号分类的方法有哪些?

4.3　求正弦信号 $x(t) = A \sin \omega t$ 的均方值 ψ_x^2。

4.4　求正弦信号 $x(t) = A \sin(\omega t + \varphi)$ 的概率密度函数 $p(x)$。

4.5 下面的信号是周期的吗？若是,请指明其周期。

(1) $x(t) = a \sin \dfrac{\pi}{5}t + b \cos \dfrac{\pi}{3}t$　　　　(2) $x(t) = a \sin \dfrac{1}{6}t + b \cos \dfrac{\pi}{3}t$

(3) $x(t) = a \sin\left(\dfrac{3}{4}t + \dfrac{\pi}{3}\right)$　　　　(4) $x(t) = a \cos\left(\dfrac{\pi}{4}t + \dfrac{\pi}{5}\right)$

4.6 求如图所示周期性方波的复指数形式的幅值谱和相位谱。

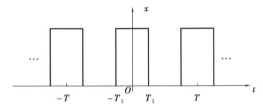

4.7 设 c_n 为周期信号 $x(t)$ 的傅里叶级数序列系数,证明傅里叶级数的时移特性。即

　　若　　　　　　　　$x(t) \xleftrightarrow{\;FT\;} X(f)$

则　　　　　　　　$x(t \pm t_0) \xleftrightarrow{\;FT\;} \mathrm{e}^{\pm \mathrm{j}\omega t_0} X(f)$

4.8 设 $X(f)$ 为周期信号 $x(t)$ 的频谱,证明傅里叶变换的频移特性。即

　　若　　　　　　　　$x(t) \xleftrightarrow{\;FT\;} X(f)$

则　　　　　　　　$x(t)\mathrm{e}^{\pm \mathrm{j}2\pi f_0 t} \xleftrightarrow{\;FT\;} X(f \mp f_0)$

4.9 求指数衰减振荡信号 $x(t) = \mathrm{e}^{-at}\sin \omega_0 t$ 的傅里叶变换。

4.10 求信号 $x(t)$ 的傅里叶变换。

$$x(t) = \mathrm{e}^{-a|t|}　　　　a > 0$$

4.11 已知信号 $x(t)$,试求信号 $x(0.5t)$,$x(2t)$ 的傅里叶变换。

$$x(t) = \begin{cases} 1, & |t| < T_1 \\ 0, & |t| > T_1 \end{cases}$$

4.12 简述利用相关原理从信号中提取周期成分的原理。

4.13 已知信号的自相关函数为 $A \cos \omega\tau$,求该信号的均方值。

4.14 已知某信号的自相关函数为 $R_x(\tau) = 100 \cos \omega_0 \tau$,计算该信号的平均功率和标准差。

4.15 为了分析汽车司机座椅振动的主要来源(发动机或车桥),如何测试？测量原理是什么？应该做哪些分析？如何作出评判？

4.16 模数转换器的输入电压为 $0 \sim 10$ V。为了能识别 2 mV 的微小信号,量化器的位数应当是多少？若要能识别 1 mV 的信号,量化器的位数又应当是多少？

4.17 模数转换时,采样间隔 Δ 分别取 1 ms,0.5 ms,0.25 ms 和 0.125 ms。按照采样定理,要求抗频混滤波器的上截止频率分别设定为多少 Hz(设滤波器为理想低通)？

4.18 已知某信号的截频 $f_c = 125$ Hz,现要对其作数字频谱分析,频率分辨间隔 $\Delta f =$

1 Hz。问:(1)采样间隔和采样频率应满足什么条件? (2)数据块点数 N 应满足什么条件?
(3)求原模拟信号的记录长度 T。

4.19 某信号 $x(t)$ 的幅值频谱如下图所示。试画出当采样频率 f_s 分别为 2 500 Hz、
2 200 Hz、1 500 Hz 时离散信号 $x(n\Delta)$ 在 $0 \sim \dfrac{f_s}{2}$ 之间的幅值频谱。

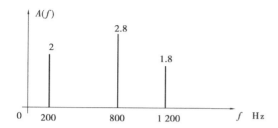

第 **5** 章
虚拟仪器测试系统

5.1 虚拟仪器概述

5.1.1 虚拟仪器的概念

虚拟仪器(Virtual Instrument,简称 VI)是日益发展的计算机硬、软件和总线技术在向其他相关技术领域密集渗透的过程中,与测试技术、仪器仪表技术密切结合而共同孕育出的一项全新的成果。20 世纪中期,美国国家仪器公司(National Instruments Corporation,简称 NIC)首先提出了虚拟仪器的概念,认为虚拟仪器是由计算机硬件资源、模块化仪器硬件和用于数据分析、过程通讯及图形用户界面的软件组成的测控系统,是一种由计算机操纵的模块化仪器系统。如果再作进一步说明,那么虚拟仪器是一种以计算机作为仪器统一硬件平台,充分利用计算机独具的运算、存储、回放、调用、显示以及文件管理等基本智能化功能,同时把传统仪器的专业化功能和面板控件软件化,使之与计算机结合起来并融为一体而构成一台从外观到功能都完全与传统硬件仪器一致,同时又充分享用计算机智能资源的全新的仪器系统。由于仪器的专业化功能和面板控件都是由软件形成,因此国际上把这类新型的仪器称为"虚拟仪器"。有的资料上甚至直接将虚拟仪器这种形式称为"软件即仪器"。

作为一种新的仪器模式与传统的硬件化仪器比较。虚拟仪器主要有以下特点:

①功能软件化;②功能软件模块化;③模块控件化;④仪器控件模块化;⑤硬件接口标准化;⑥系统集成化;⑦程序设计图形化;⑧计算可视化;⑨硬件接口软件驱动化。

图 5.1 是传统仪器与虚拟仪器的基本构成。

从功能上看,虚拟仪器与传统仪器有 3 个共同点。

①数据输入:进行信号调理并将输入的被测模拟信号转换成数字信号以便于处理。

②数据处理:按测试要求对输入信号进行各种分析和处理。

③数据输出:将量化的数据转换成模拟信号并进行必要的信号调理。

虚拟仪器用计算机化的软仪器取代传统的电子仪器。它是以特定的软件支持取代相应功能的电子线路,用计算机完成传统仪器硬件的一部分乃至全部功能,它是以具备控制、处理

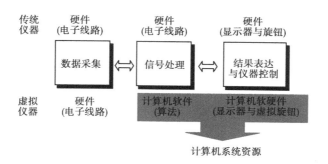

图 5.1 传统仪器与虚拟仪器的基本构成

分析能力的软件为核心的软仪器。使用者在操作这台计算机时,就像在操作一台他自己设计的仪器一样。

5.1.2 虚拟仪器系统的组成

虚拟仪器实际上是一个按照仪器需求组织的数据采集系统。虚拟仪器研究涉及的基础理论主要有计算机数据采集和数字信号处理。虚拟仪器包括硬件系统和软件系统两大部分。图 5.2 为虚拟仪器的基本组成。

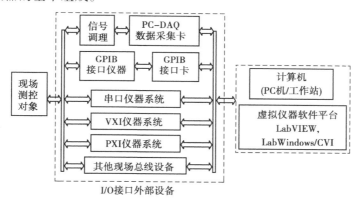

图 5.2 虚拟仪器的系统组成

(1)虚拟仪器的硬件系统

虚拟仪器的硬件系统一般分为计算机硬件平台和测控功能硬件。计算机硬件平台可以是各种类型的计算机,如 PC 机、便携式计算机、工作站、嵌入式计算机等。计算机管理着虚拟仪器的硬软件资源,是虚拟仪器的硬件支撑。计算机技术在显示、存储能力、处理性能、网络、总线标准等方面的发展,推动着虚拟仪器系统的发展。

按照测控功能硬件的不同,虚拟仪器可分为 GPIB、VXI、PXI 和 DAQ 四种标准体系结构。

1) GPIB(General Purpose Interface Bus) 通用接口总线

这种接口总线是计算机和仪器间的标准通讯协议。GPIB 的硬件规格和软件协议已纳入国际工业标准 IEEE 488.1 和 IEEE 488.2。它是最早的仪器总线,目前多数仪器都配置了遵循 IEEE 488 的 GPIB 接口。典型的 GPIB 测试系统包括一台计算机、一块 GPIB 接口卡和若干台 GPIB 仪器,如图 5.3 所示。

每台 GPIB 仪器有单独的地址,由计算机控制操作。系统中的仪器可以增加、减少或更换,只需对计算机的控制软件作相应改动即可。这种概念已被应用于仪器的内部设计。在价格上,GPIB 仪器从比较便宜的到异常昂贵的都有。但是 GPIB 的数据传输速度较低,一般低于 500 KB/s,不适合对系统速度要求较高的应用,因此在应用上已经受到了一定程度的限制。

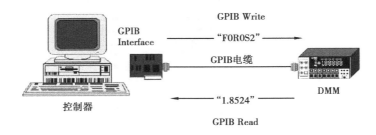

图 5.3 基于 GPIB 通用接口总线的虚拟仪器系统

2) VXI(VMEbus eXtension for Instrumentation)总线系统

VXI 总线系统是 VME 总线在仪器领域的扩展,它是在 1987 年 VME 总线、Eurocard 标准(机械结构标准)和 IEEE 488 标准等的基础上,由主要仪器制造商共同制订的开放性仪器总线标准。VXI 系统可包含 256 个装置,由主机箱、零槽控制器、具有多种功能的模块仪器、驱动软件和系统应用软件等组成。系统中各功能模块可随意更换,即插即用(Plug&Play)组成新系统。目前国际上有两个 VXI 总线组织,其一为 VXI 联盟,负责制订 VXI 的硬件(仪器级)标准规范,包括机箱背板总线、电源分布、冷却系统、零槽模块、仪器模块的电气特性、机械特性、电磁兼容性以及系统资源管理和通讯规程等内容;其二为 VXI 总线即插即用(VXI Plug&Play,简称 VPP)系统联盟,宗旨是通过制订一系列 VXI 的软件(系统级)标准来提供一个开放性的系统结构,真正实现 VXI 总线产品的“即插即用”。这两套标准组成了 VXI 标准体系,实现了 VXI 的模块化、系列化、通用化以及 VXI 仪器的互换性和互操作性。

3) PXI(PCI eXtension for Instrumentation)总线系统

PXI 总线系统是 PCI 在仪器领域的扩展。它是 NI 公司于 1997 年发布的一种新的开放性、模块化仪器总线规范。PXI 是在 PCI 内核技术上增加了成熟的技术规范和要求形成的。PXI 增加了用于多板同步的触发总线和参考时钟、用于精确定时的星形触发总线以及用于相邻模块间高速通信的局部总线等,以满足试验和测量的要求。PXI 兼容 CompactPCI 机械规范,并增加了主动冷却、环境测试(温度、湿度、振动和冲击试验)等要求。这样便可保证多厂商产品的互操作性和系统的易集成性。

4) DAQ(Data AcQuisition)数据采集系统

DAQ 数据采集系统是指基于 PC 计算机标准总线(如 ISA、PCI、USB 等)的数据采集功能模块。它充分利用计算机的资源,大大增加了测试系统的灵活性和扩展性。利用 DAQ 可方便快速地组建基于计算机的仪器,实现“一机多型”和“一机多用”。在性能上,随着 A/D 转换技术、信号调理技术的迅速发展,DAQ 的采样速率已达到 1 Gb/s,精度可高达 24 位,通道数高达 64 个,并能任意结合数字 I/O、计数器/定时器等通道。各种性能和功能的 DAQ 功能模块可供选择使用,如示波器、数字万用表、串行数据分析仪、动态信号分析仪、任意波形发生器等。在 PC 计算机上挂接 DAQ 功能模块,配合相应的软件,就可以构成一台具有若干功能的 PC 仪器,如图 5.4 所示。这种基于计算机的仪器,既可享用 PC 机固有的智能资源,具有高档仪器的测量品质,又能满足测量需求的多样性。对大多数用户来说,这种方案实用性强,应用广泛,且具有很高的性能价格比,是一种特别适合于我国国情的虚拟仪器方案。

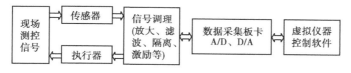

图 5.4　PC-DAQ 数据采集虚拟仪器系统

(2)虚拟仪器的软件系统

虚拟仪器的核心思想是利用计算机的硬件和软件资源,使本来由硬件实现的功能软件化(虚拟化),以便最大限度地降低系统成本,增强系统的功能与灵活性。"软件即仪器"这一口号正是基于软件在虚拟仪器系统中的重要作用而提出的。VPP(VXI Play&Play)系统联盟提出了系统框架、驱动程序、VISA、软面板、部件知识库等一系列 VPP 软件标准,推动了软件标准化的进程。虚拟仪器的软件框架从低层到顶层,包括 VISA 库、仪器驱动程序、仪器开发软件(应用软件)三部分。图 5.5 表示虚拟仪器软件的结构框架。以下对软件结构的主要组成部分进行说明。

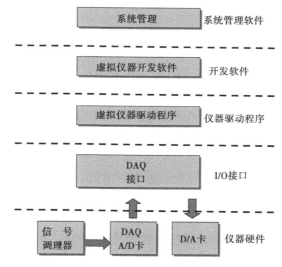

图 5.5　虚拟仪器的软件结构

1)VISA(Virtual Instrumentation Software Architecture)虚拟仪器软件体系结构

VISA 体系结构是标准的 I/O 函数库及其相关规范的总称。一般称这个 I/O 函数库为 VISA 库。它驻留于计算机系统之中执行仪器总线的特殊功能,是计算机与仪器之间的软件层连接,以实现对仪器的程控。它对于仪器驱动程序开发者来说是一个个可调用的操作函数集。

2)驱动程序

每个仪器模块都有自己的仪器驱动程序,仪器厂商以源码的形式提供给用户。

3)应用软件

应用软件建立在仪器驱动程序之上,直接面对操作用户,通过提供直观友好的测控操作界面、丰富的数据分析与处理功能来完成自动测试任务。

5.1.3 虚拟仪器的开发平台

应用软件开发环境是设计虚拟仪器所必需的软件工具。目前,较流行的虚拟仪器软件开发环境大致有两类:一类是图形化的编程语言,代表性的有 HPVEE,LabVIEW 等;另一类是文本式的编程语言,如 C,Visual C ++ ,LabWindows/CVI 等。图形化的编程语言具有编程简单、直观、开发效率高的特点。文本式编程语言具有编程灵活、运行速度快等特点。

(1)LabVIEW

LabVIEW 是美国 National Instrument Corporation 公司研制的图形编程虚拟仪器系统,主要包括数据采集、控制、数据分析、数据表示等功能。它提供一种新颖的编程方法,即以图形方式组装软件模块,生成专用仪器。LabVIEW 由面板、流程方框图、图标/连接器组成,其中面板是用户界面,流程方框图是虚拟仪器源代码,图标/连接器是调用接口(Calling Interface)。流程方框图包括输入/输出(I/O)部件、计算部件和子 VI 部件,它们用图标和数据流的连线表示;I/O 部件直接与数据采集板、GPIB 板或其他外部物理仪器通信;计算部件完成数学或其他运算与操作;子 VI 部件调用其他虚拟仪器。

(2)LabWindows/CVI

LabWindows/CVI 的功能与 LabVIEW 相似,且由同一家公司研制,不同之处是它可用 C 语言对虚拟仪器进行编程。它有着交互的程序开发环境和可用于创建数据采集和仪器控制应用程序的函数库。LabWindows/CVI 还包含了数据采集、分析、实现的一系列软件工具,通过交互式的开发环境可以编辑、编译、连接、调试 ANSI_C 程序。在这种环境中,通过 LabWindows/CVI 函数库中的函数来写程序。另外,每个库中的函数有一个称为函数面板的交互式界面,可用来交互运行函数,也可直接生成调用函数的代码。函数面板的在线帮助有函数本身及其各控件的帮助信息。LabWindows/CVI 的威力在于它强大的库函数,这些库几乎包含了所有的数据采集各阶段的函数和仪器控制系统的函数。

(3)Visual C ++

Visual C ++ 是微软公司开发的可视化软件开发平台,由于和操作系统同出一家,因此有着天然的优势。使用 Visual C ++ 作为虚拟仪器的开发平台,一般有四个步骤。第一,开发 A/D 插卡的驱动程序,完成数据采集功能。第二,开发虚拟仪器的面板,以供用户交互式操作。第三,开发虚拟仪器的功能模块,完成虚拟仪器的各项功能。第四,有机地集成前三步功能,构建出一个界面逼真、功能强大的虚拟仪器。

5.2 信号调理器和数据采集卡

5.2.1 概述

图 5.6 是典型的信号调理器与数据采集器原理框图。图中振荡器提供时钟信号;量程变换电路的作用是避免放大器饱和选择不同的测量范围;滤波器是将滤除干扰信号和不满足采样条件的信号,提取代表被测物理量的有效信号;放大器将待采集的信号放大(或衰减)至采样环节的量程范围内,通常,放大器的增益是可调的或具有多种不同增益倍数,用户可根据输

入信号幅值的不同来选择最佳的增益倍数;采样/保持器在时钟信号的作用下,锁存某一瞬时的电压值并保持信号幅值不变直到下一个时钟信号。采样/保持器主要用于多通道采集时各通道保持同步或相位差比较小;多路开关将各路被测信号轮流切换到信号调量和数据采据模块,实现多路信号的采集;A/D 转换器将输入的模拟量转化为数字量输出,并完成信号幅值的量化。目前,市场上有很多 A/D 转换芯片中集成了多路采样/保持器。

　　除此之外,还有阻抗匹配定时/计数器、总线接口电路以及其他一些辅助电路,它们按一定的时序协同工作完成对信号的调理、采集和传送等。

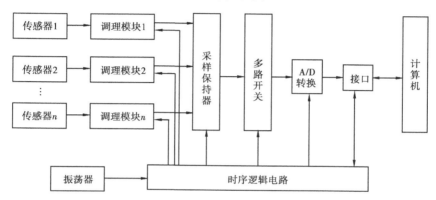

图 5.6　模拟信号调理器与数据采集器原理框图

5.2.2　数据采集卡

(1)数据采集卡的功能

　　一个典型的数据采集卡的功能有模拟输入、模拟输出、数字 I/O、计数器/计时器等,这些功能分别由相应的电路来实现。

　　模拟输入是采集最基本的功能。它一般由多路开关(MUX)、放大器、采样保持电路以及A/D 来实现,通过这些部分,一个模拟信号就可以转化为数字信号。A/D 的性能和参数直接影响着模拟输入的质量,要根据实际需要的精度来选择合适的 A/D。

　　模拟输出通常是为采集系统提供激励。输出信号受数模转换器(D/A)的建立时间、转换率、分辨率等因素影响。建立时间和转换率决定了输出信号幅值改变的快慢。建立时间短、转换率高的 D/A 可以提供一个较高频率的信号。如果用 D/A 的输出信号去驱动一个加热器,就不需要使用速度很快的 D/A,因为加热器本身就不能很快地跟踪电压变化。因此,应该根据实际需要选择 D/A 的参数指标。

　　数字 I/O 通常用来控制过程、产生测试信号、与外设通信等。它的重要参数包括:数字口路数(line)、接收(发送)率、驱动能力等。如果输出去驱动电机、灯、开关型加热器等用电器,就不必要求较高的数据转换率。路数要能同控制对象配合,而且需要的电流要小于采集卡所能提供的驱动电流。但加上合适的数字信号调理设备,仍可以用采集卡输出的低电流的 TTL电平信号去监控高电压、大电流的工业设备。数字 I/O 常见的应用是在计算机和外设如打印机、数据记录仪等之间传送数据。另外一些数字口为了同步通信的需要还有"握手"线。路数、数据转换速率、"握手"能力都是重要参数,应依据具体的应用场合而选择有合适参数的数字 I/O。

许多场合都要用到计数器,如定时、产生方波等。计数器包括三个重要信号:门限信号、计数信号、输出。门限信号实际上是触发信号——使计数器工作或不工作;计数信号也即信号源,它提供了计数器操作的时间基准;输出是在输出线上产生脉冲或方波。计数器最重要的参数是分辨率和时钟频率,高分辨率意味着计数器可以计更多的数;时钟频率决定了计数的快慢,频率越高,计数速度就越快。

(2)数据采集卡的软件配置

一般来说,数据采集卡都有自己的驱动程序,该程序控制采集卡的硬件操作。当然,这个驱动程序是由采集卡的供应商提供,用户一般无须通过底层就能与采集卡硬件打交道。

NI公司还提供了一个数据采集卡的配置工具软件——Measurement&Automation Explorer,它可以配置NI公司的软件和硬件,比如执行系统测试和诊断,增加新通道和虚拟通道,设置测量系统的方式,查看所连接的设备等。

5.2.3 信号调理器

从传感器得到的信号大多要经过调理才能进入数据采集设备。信号调理功能包括放大、隔离、滤波、激励、线性化等。由于不同传感器有不同的特性,因此,除了这些通用功能,还要根据具体传感器的特性和要求来设计特殊的信号调理功能。下面仅介绍信号调理的通用功能。

(1)放大

微弱信号都要进行放大以提高分辨率和降低噪声,使调理后信号的电压范围和A/D的电压范围相匹配。信号调理模块应尽可能靠近信号源或传感器,使得信号在受到传输信号的环境噪声影响之前已被放大,使信噪比得到改善。

(2)隔离

隔离是指使用变压器、光或电容耦合等方法在被测系统和测试系统之间传递信号,避免直接的电连接。使用隔离的原因有两个:一是从安全的角度考虑;二是可使从数据采集卡读出来的数据不受地电位和输入模式的影响。如果数据采集卡的地与信号地之间有电位差,而又不进行隔离,那么就有可能形成接地回路,引起误差。

(3)滤波

滤波的目的是从所测量的信号中除去不需要的成分。大多数信号调理模块有低通滤波器,用来滤除噪声。通常还需要抗混叠滤波器,滤除信号中感兴趣的最高频率以上的所有频率的信号。某些高性能的数据采集卡自身带有抗混叠滤波器。

(4)激励

信号调理也能够为某些传感器提供所需的激励信号,比如应变传感器、热敏电阻等需要外界电源或电流激励信号。很多信号调理模块都提供电流源和电压源以便给传感器提供激励。

(5)线性化

许多传感器对被测量的响应是非线性的,因此需要对其输出信号进行线性化,以补偿传感器带来的误差。目前的趋势是,数据采集系统可以利用软件来解决这一问题。

(6)数字信号调理

即使传感器直接输出数字信号,有时也有进行调理的必要。其作用是将传感器输出的数字信号进行必要的整形或电平调整。大多数数字信号调理模块还提供其他一些电路模块,使得用户可以通过数据采集卡的数字 I/O 直接控制电磁阀、电灯、电动机等外部设备。

5.3　软件开发平台 LabVIEW

LabVIEW(Laboratory Virtual Instrument Engineering)是一种图形化的编程语言,它广泛地被工业界、学术界和研究实验室所接受,被视为一个标准的数据采集和仪器控制软件。LabVIEW集成了满足 GPIB、VXI、RS-232 和 RS-485 协议的硬件及数据采集卡通讯的全部功能,它还内置了便于应用 TCP/IP、ActiveX 等软件标准的库函数。这是一个功能强大且灵活的软件。利用它可以方便地建立自己的虚拟仪器,其图形化的界面使得编程及使用过程都生动有趣。

图形化的程序语言,又称为"G"语言。使用这种语言编程时,基本上不写程序代码,取而代之的是流程图。它尽可能利用了技术人员、科学家、工程师所熟悉的术语、图标和概念,因此,LabVIEW 是一个面向最终用户的工具。它可以增强人们构建工程系统的能力,提供了实现仪器编程和数据采集系统的便捷途径。使用它进行原理研究、设计、测试并实现仪器系统时,可以大大提高工作效率。

利用 LabVIEW,可产生独立运行的可执行文件,它是一个真正的 32 位编译器。像许多重要的软件一样,LabVIEW 提供了 Windows、UNIX、Linux、Macintosh 的多种版本。

5.3.1　LabVIEW 应用程序的构成

所有的 LabVIEW 应用程序,即虚拟仪器(VI),包括前面板(front panel)、流程图(block diagram)以及图标/连结器(icon/connector)三部分。

(1)前面板

前面板是图形用户界面,也就是 VI 的虚拟仪器面板。这一界面上有用户输入和显示输出两类对象,具体表现有开关、旋钮、图形以及其他控制(control)和显示对象(indicator)。图5.7 所示是一个随机信号发生和显示的简单 VI。它的前面板上面有一个显示对象,以曲线的

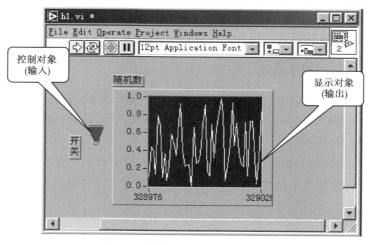

图 5.7　随机信号发生器的前面板

方式显示了所产生的一系列随机数;还有一个控制对象——开关,可以启动和停止工作。显然,并非简单地画两个控件就可以运行,在前面板后还有一个与之配套的流程图。

(2)流程图

流程图提供 VI 的图形化源程序。在流程图中对 VI 编程,以控制和操纵定义在前面板上的输入和输出功能。流程图中包括前面板上控件的连线端子,还有一些前面板上没有但编程必须有的东西,例如函数、结构和连线等。图5.8 是与图5.7 对应的流程图。可以看到流程图中包括了前面板上的开关和随机数显示器的连线端子,还有一个随机数发生器的函数及程序的循环结构。随机数发生器通过连线将产生的随机信号送到显示控件,为了使它持续工作下去,设置了一个 While Loop 循环,由开关控制这一循环的结束。

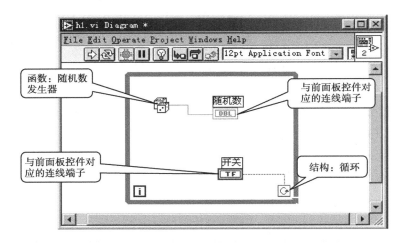

图5.8　随机信号发生器的流程图

如果将 VI 与标准仪器相比较,那么前面板上的东西就是仪器面板上的东西,而流程图上的东西相当于仪器箱内的东西。在许多情况下,使用 VI 可以仿真标准仪器,不仅在屏幕上出现一个惟妙惟肖的标准仪器面板,而且其功能也与标准仪器相差无几。

(3)图标/连接器

VI 具有层次化和结构化的特征。一个 VI 可以作为子程序,这里称为子 VI(subVI),可被其他 VI 调用。图标与连接器在这里相当于图形化的参数。

5.3.2　LabVIEW 的操作模板

在 LabVIEW 的用户界面上,应特别注意它提供的操作模板,包括工具(Tools)模板、控制(Controls)模板和函数(Functions)模板。这些模板集中反映了该软件的功能与特征。

(1)工具模板(Tools Palette)

该模板提供了各种用于创建、修改和调试 VI 程序的工具。当从模板内选择了任一种工具后,鼠标箭头就会变成该工具相应的形状。表5.1 列举了常用的工具图标及其功能。

表 5.1　工具图标与功能

序号	图标	名　称	功　能
1		Operate Value（操作值）	用于操作前面板的控制和显示。使用它向数字或字符串控制中键入值时,工具会变成标签工具
2		Position/Size/Select（选择）	用于选择、移动或改变对象的大小。当它用于改变对象的连框大小时,会变成相应形状
3		Edit Text（编辑文本）	用于输入标签文本或者创建自由标签。当创建自由标签时它会变成相应形状
4		Connect Wire（连线）	用于在流程图程序上连接对象。如果联机帮助的窗口被打开时,把该工具放在任一条连线上,就会显示相应的数据类型
5		Object Shortcut-Menu（对象菜单）	用鼠标左键可以弹出对象的弹出式菜单
6		Scroll Windows（窗口漫游）	使用该工具就可以不需要使用滚动条而在窗口中漫游
7		Set/Clear Break-point（断点设置/清除）	使用该工具在 VI 的流程图对象上设置断点
8		Probe Data（数据探针）	可在框图程序内的数据流线上设置探针。通过控针窗口来观察该数据流线上的数据变化状况
9		Get Color（颜色提取）	使用该工具来提取颜色用于编辑其他的对象
10		Set Color（颜色设置）	用来给对象定义颜色。它也显示出对象的前景色和背景色

（2）控制模板（Control Palette）

该模板用来给前面板设置各种所需的输出显示对象和输入控制对象。每个图标代表一类子模板。表 5.2 列举了常用的控制图标及其功能。

表 5.2　控制图标与功能

序号	图标	子模板名称	功　能
1		Numeric（数值量）	数值的控制和显示。包含数字式、指针式显示表盘及各种输入框
2		Boolean（布尔量）	逻辑数值的控制和显示。包含各种布尔开关、按钮以及指示灯等
3		String & Path（字符串和路径）	字符串和路径的控制和显示
4		Array & Cluster（数组和簇）	数组和簇的控制和显示
5		List & Table（列表和表格）	列表和表格的控制和显示
6		Graph（图形显示）	显示数据结果的趋势图和曲线图
7		Ring & Enum（环与枚举）	环与枚举的控制和显示
8		I/O（输入/输出功能）	输入/输出功能,操作 OLE、ActiveX 等功能
9		Refnum	参考数
10		Digilog Controls（数字控制）	数字控制
11		Clussic Controls（经典控制）	经典控制,指以前版本软件的面板图标
12		Activex	用于 ActiveX 等功能
13		Decorations（装饰）	用于给前面板进行装饰的各种图形对象
14		Selecta Controls（控制选择）	调用存储在文件中的控制和显示的接口
15		User Controls（用户控制）	用户自定义的控制和显示

（3）函数模板（Functions Palette）

函数模板是创建流程图程序的工具。该模板上的每一个顶层图标都表示一个子模板，如表5.3所示。（个别不常用的子模块未包含）

表5.3　函数图标与功能

序号	图标	子模板名称	功　　能
1		Structure（结构）	包括程序控制结构命令，例如循环控制等，以及全局变量和局部变量
2		Numeric（数值运算）	包括各种常用的数值运算，还包括数制转换、三角函数、对数、复数等运算，以及各种数值常数
3		Boolean（布尔运算）	包括各种逻辑运算符以及布尔常数
4		String（字符串运算）	包含各种字符串操作函数、数值与字符串之间的转换函数，以及字符（串）常数等
5		Array（数组）	包括数组运算函数、数组转换函数，以及常数数组等
6		Cluster（簇）	包括簇的处理函数，以及群常数等。这里的群相当于 C 语言中的结构
7		Comparison（比较）	包括各种比较运算函数，如大于、小于、等于
8		Time & Dialog（时间和对话框）	包括对话框窗口、时间和出错处理函数等
9		FileI/O（文件输入/输出）	包括处理文件输入/输出的程序和函数
10		Data Acquisition（数据采集）	包括数据采集硬件的驱动，以及信号调理所需的各种功能模块
11		Waveform（波形）	各种波形处理工具
12		Analyze（分析）	信号发生、时域及频域分析功能模块及数学工具
13		Instrument I/O（仪器输入/输出）	包括 GPIB（488、488.2）、串行、VXI 仪器控制的程序和函数，以及 VISA 的操作功能函数
14		Motion & Vision（运动与景像）	
15		Mathematics（数学）	包括统计、曲线拟合、公式框节点等功能模块，以及数值微分、积分等数值计算工具模块

续表

序号	图标	子模板名称	功　能
16		Communication（通信）	包括 TCP、DDE、ActiveX 和 OLE 等功能的处理模块
17		Application Control（应用控制）	包括动态调用 VI、标准可执行程序的功能函数
18		Graphics & Sound（图形与声音）	包括 3D、OpenGL、声音播放等功能模块。包括调用动态链接库和 CIN 节点等功能的处理模块
19		Tutorial（示教课程）	包括 LabVIEW 示教程序
20		Report Generation（文档生成）	
21		Advanced（高级功能）	
22		Select a VI（选择子 VI）	
23		User Library（用户子 VI 库）	

5.3.3　VI 程序设计方法

（1）设计前面板

使用"工具模板"中的相应工具,从"控制模板"中取出所需控件,放置到前面板窗口中的具体位置上,然后进行控件属性参数设置,标注文字标签说明。

（2）设计流程框图

使用"工具模板"中的相应工具,从"函数模板"中取出所需节点函数图标,放置到流程框图窗口中,再用连线工具把各节点端子按程序数据流的要求依次连接。

（3）运行调试

①方针运行方式:不需要使用 I/O 接口硬件设备配合即可达到预期功能的调试,例如"信号发生器"。

②实测调试运行方式:使用 I/O 接口硬件设备采集输入标准信号来检验虚拟仪器的功能。

5.4　LabVIEW 信号分析与处理

LabVIEW 的软件库包括数值分析、信号处理、曲线拟合以及其他软件分析功能。该软件库是建立虚拟仪器系统的重要工具,除了具有数学处理功能外,还具有专为仪器工业设计的独特的信号处理与测量功能。LabVIEW 8.5 版本中,有两个子模板涉及信号处理和数学,分别是 Analyze 子模板和 Methematics 子模板。

进入 Functions 模板 Analyze > >Signal Processing 子模板,如图 5.9 所示,其中共有 6 个分析 VI 库。

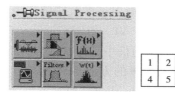

图 5.9　Signal Processing 子模板

①Signal Generation(信号发生):用于产生数字特性曲线和波形。

②Time Domain(时域分析):用于进行时域分析和幅值域分析等。

③Frequency Domain(频域分析):用于进行频域转换、频域分析等。

④Measurement(测量函数):用于执行各种测量功能,例如单边 FFT、频谱、比例加窗以及泄漏频谱、能量的估算。

⑤Digital Filters(数字滤波器):用于执行 IIR、FIR 和非线性滤波功能。

⑥Windowing(窗函数):用于对数据加窗。

5.4.1　信号的产生

LabVIEW 8.5 提供了波形函数,为制作函数发生器提供了方便。以 Waveform > > Waveform Generation 中的基本函数发生器(Basic Function Generator. vi)为例,其图标如图 5.10 所示。

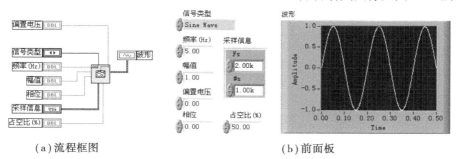

(a)流程框图　　　　　　　　　　　　　(b)前面板

图 5.10　基本函数发生器

其功能是建立一个输出波形,该波形类型有:正弦波、三角波、锯齿波和方波。这个 VI 会记住产生的前一波形的时间标志并且由此点开始使时间标志连续增长。它的输入参数有波形类型、样本数、起始相位、波形频率(单位:Hz),这里的频率为数字频率,它等于模拟频率/采样频率。

5.4.2 FFT 变换

信号的时域显示(采样点的幅值)可以通过离散傅里叶变换(DFT)的方法转换为频域显示。为了快速计算 DFT,通常采用一种快速傅里叶变换(FFT)的方法。当信号的采样点数是 2 的幂时,就可以采用这种方法。

FFT 的输出都是双边的,它同时显示了正负频率的信息,通过只使用一半 FFT 输出采样点转换成单边 FFT。FFT 的采样点之间的频率间隔是 fs/N,这里 fs 是采样频率。

Analyze 库中有两个可以进行 FFT 的 VI,分别是 Real FFT VI 和 Complex FFT VI。这两个 VI 之间的区别在于:前者用于计算实数信号的 FFT,而后者用于计算复数信号的 FFT。它们的输出都是复数。

大多数实际采集的信号都是实数,因此对于多数应用都使用 Real FFT VI。当然也可以通过设置信号的虚部为 0,使用 Complex FFT VI。使用 Complex FFT VI 的一个实例是信号含有实部和虚部。这种信号通常出现在数据通信中,因为这时需要用复指数调制波形。

计算每个 FFT 显示的频率分量的能量的方法是对频率分量的幅值平方。高级分析库中 Power Spectrum VI 可以自动计算能量频谱。Power Spectrum VI 的输出单位是 $Vrms^2$,但是能量频谱不能提供任何相位信息。

FFT 和能量频谱可以用于测量静止或者动态信号的频率信息。FFT 提供了信号在整个采样期间的平均频率信息。因此,FFT 主要用于固定信号的分析(即信号在采样期间的频率变化不大)或者只需要求取每个频率分量的平均能量。

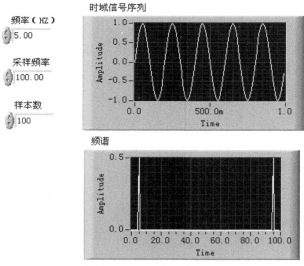

图 5.11　FFT 分析前面板

5.4.3 窗函数

计算机只能处理有限长度的信号,原信号 $x(t)$ 要以 T(采样时间或采样长度)截断,即有限化。有限化也称为加"矩形窗"或"不加窗"。矩形窗将信号突然截断,这在频域造成很宽的附加频率成分,这些附加频率成分在原信号 $x(t)$ 中其实是不存在的。一般将这一问题称为有限化带来的泄露问题。泄露使得原来集中在 f_0 上的能量分散到全部频率轴上。泄露带来许多问题,如:使频率曲线产生许多"皱纹"(Ripple),较大的皱纹可能与小的共振峰值混淆;

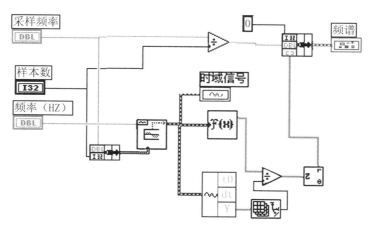

图 5.12 FFT 分析流程框图

信号为两幅值一大一小频率很接近的正弦波合成时,幅值较小的一个信号可能被淹没;f_0 附近曲线过于平缓,无法准确确定 f_0 的值。

为了减少泄露,人们尝试用过渡较为缓慢的、非矩形的窗口函数。常用的窗函数如表 5.4 所示。

表 5.4 常用的窗函数

窗	应 用
矩形窗	区分频域和振幅接近的信号,瞬时信号宽度小于窗
指数形窗	瞬时信号宽度大于窗
海宁窗	瞬时信号宽度大于窗,是普通目的的应用
海明窗	声音处理
平顶窗	分析无精确参照物且要求精确测量的信号
Kaiser-Bessel 窗	区分频率接近而形状不同的信号
三角形窗	无特殊应用

在实际应用中如何选择窗函数,一般说来是要仔细分析信号的特征以及最终希望达到的目的,并经反复调试。

5.4.4 数字滤波器

模拟滤波器设计是电子设计中最重要的部分之一,但是滤波器的设计通常还是需要专家来完成,因为这项工作需要较高深的数学知识和对系统与滤波器之间的关系有深入的了解。

现代的数字采样和信号处理技术已经可以取代模拟滤波器,因此人们转而设计数字滤波器。与模拟滤波器相比,数字滤波器具有下列优点:可以用软件编程;稳定性高,可预测;不会因温度、湿度的影响产生误差,因此具有很高的性能价格比。

在 LabVIEW 中可以用数字滤波器控制滤波器顺序、截止频率、脉冲个数和阻带衰减等参数。它可以处理所有的设计问题、计算、内存管理,并在内部执行实际的数字滤波功能。这样,设计者无须成为一个数字滤波器或者数字滤波的专家就可以对数据进行处理。

数字滤波器可以分为 FIR(有限脉冲响应)滤波器和 IIR(无限脉冲响应)滤波器。FIR 滤波器可以看成一般移动平均值,它也可以被设计成线性相位滤波器。IIR 滤波器有很好的幅值响应,但是无线性相位响应。

图 5.13 和图 5.14 分别是 Butterworth 数字滤波器的前面板和流程框图。

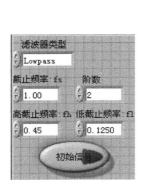

图 5.13　数字滤波前面板参数设置

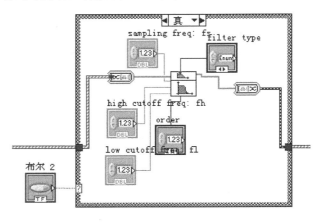

图 5.14　数字滤波器程序框图

5.5　基于虚拟仪器的测试系统组建实例

本节介绍基于 Labview 平台的轴承故障诊断系统的设计实例,详细阐述组建系统的各个步骤。本系统主要功能包括时域分析、幅值域分析频谱分析以及数字滤波分析,具备数据采集、数据回放以及打印等辅助功能。

5.5.1　测试系统硬件设计

滚动轴承的故障诊断技术使用最多的是振动测量技术,它通过安装在轴承座或箱体适当方位的振动传感器监测轴承振动信号,并对此信号进行分析与处理来判断轴承工况与故障。滚动轴承故障振动系统硬件结构如图 5.15 所示。

联轴器上贴有反光纸可以把激光转速仪发出的激光反射回去,以便激光转速仪采集到转速信号。置于有故障轴承附近的压电式加速度传感器测得的振动信号则是先送至截止频率可调的低通滤波器,然后由故障诊断软件进行采集、分析与处理。

(1)传感器

由于滚动轴承振动信号的频带很宽,并且故障信息主要反映在中低频段,所以选用 LD1002L 型压电式加速度传感器来测量振动信号,其性能参数如表 5.5 所示。

表 5.5　KD1002L 加速度传感器的性能参数

电压灵敏度	最大量程	分辨率	谐振频率	使用频率	内部结构
20 mV/g	250 g	0.04 g	40 kHz	0.5～12 kHz	剪切
横向灵敏度	工作温度	输出方向	安装方式	外壳材质	恒流电源
小于 5%	−20～80℃	顶端	M5/M5 孔	不锈钢	15～28 V

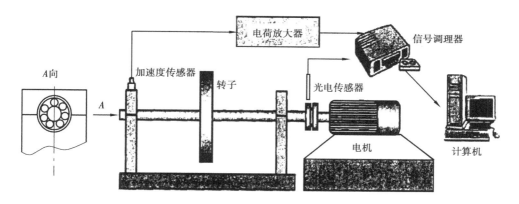

图 5.15　滚动轴承故障诊断系统硬件结构

图 5.16 所示的 DT-2234B 数位化光电转速计可用来测转速。该设备可以非接触式测出轴承在不同频率段的转速,为后续的故障分析提供依据。

DT-2234B 数位化光电转速计具有很宽的测量范围和高解析度,能够提高测量的精度,测量范围为 9 ~ 99 999 RPM,解析度为 0.1 RPM(0.5 ~ 999.9 RPM)和 1 RPM(超过 1 000 RPM)。

图 5.16　DT—2234B 数位化光电转速计

(2)信号调理设备

系统选择具有放大电路(电荷放大器)和滤波功能的抗混滤波器 ADBZ2303 型信号调理设备。ADBZ2303 是多通道组合抗混滤波器,阻带衰减速率为 140 dB/oct,特别适合于在信号处理系统中做前置放大器使用。它内置单片机电路,采用数字显示,结果更清晰正确。

ADBZ2303 型信号调理主要技术指标如表 5.6 所示。

表 5.6　ADBZ2303 型信号调理设备主要技术指标

电压输入范围		0 ~ 50 Vp
频　响		DC ~ 20 kHz(直通)
		1 Hz ~ 20 kHz(隔直)
		10 Hz ~ 20 kHz(隔直)
低通滤波	转折频率	1 Hz,2 Hz,5 Hz,10 Hz,20 Hz,50 Hz,100 Hz,200 Hz,500 Hz,1 kHz,2 kHz,5 kHz,10 kHz,20 kHz 十四挡
	衰减速率	−140 dB/oct
电压增益		0.1,1,10,100,1 000 五挡
测量误差		<2%
失真度		<1%
噪　声		<20μVRMS

（3）数据采集器

系统采用 NI 公司 USB-9233 动态信号采集卡和 cDAQ-9172 机箱构成的数据采集设备,其外形结构分别如图 5.17 和图 5.18 所示。

图 5.17　USB-9233 动态信号采集卡

图 5.18　cDAQ-9172 机箱

USB-9233 为 4 通道动态信号采集模块,并结合了加速计和麦克风的集成电路压电式（IEPE）信号调理功能。4 条输入通道借助自动调节采样率的内置抗混叠滤波器,同时以每通道 2 ~ 50 kHz 的速率对信号进行数字化。其技术参数如表 5.7 所示。

表 5.7　USBI-9233 的技术参数

通道数	采样频率	量程	分辨率	动态范围	模拟输入	模拟输出
4	50 ks/s	± 5 V	24 位	120 dB	4	1

cDAQ-9172 是一款 8 槽的 CompactDAQ 机箱,最多可容纳 8 个 C 系列 I/O 模块,便于硬件扩展。该机箱是一款 USB2.0 兼容的设备,可实现 USB 与 PC 机的高速连接。技术参数如表 5.8 所示。

表 5.8　NI cDAQ-9172 的技术参数

总线类型	插槽处	最大系统带宽	分辨率
CompactDAQ	8	5 MS/s	32 bits
内置触发	操作温度	总电源容量	出入电压范围
否	− 20 ~ 55 °C	15 W	11 ~ 30 V

将 USB-9233 插入 cDAQ-9172 机箱,即可构成即插即用的数据采集设备,最大可以实现 32 路信号的同时采集。

5.5.2　测试系统软件设计

测试系统功能分为 5 个模块,功能模块结构如图 5.19 所示。

（1）数据采集

借助于 DAQ Asstistant（DAQ 助手）可实现数据的连续采集。DAQ 助手是一个图形化界面,用于交互式的创建、编辑和运行 NI-DAQmx 虚拟通道及任务。一个 NI-DAQmx 任务是虚拟通道、定时和触发信息以及其他与采集或生成相关属性的组合。

在程序框图中,打开函数选板并选择 Express,选择输入选板上的 DAQ Assistant Express

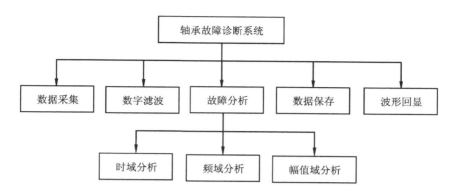

图 5.19　系统功能模块结构

VI 并放置到程序框图上。系统将自动弹出新建 NI-DAQ 任务对话框,可进行各项参数设置,包括模拟输出类型选择、通道选择、采样频率、采样点数和信号输出范围等,配置完成后,点击"确定"按钮。采集模块的前面板和程序框图如图 5.20 所示。

图 5.20　数据采集前面板和程序框图

(2)数字滤波器

数字滤波器是数字信号分析中重要的组成部分。采用 Butterworth 滤波器,可根据需要可以选择低通、高通、带通和带阻滤波器。Butterworth 滤波器的前面板和程序框图如图 5.21 所示。

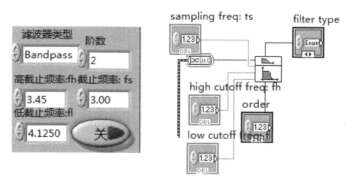

图 5.21　Butterworth 滤波器的前面板和程序框图

(3)时域分析

时域波形直观反映了信号幅值与时间的关系,易于观察。时域统计特征指标只能反映机械设备的总体运转状态是否正常,因此在设备故障诊断系统中用于故障监测、趋势预报。时域功能模块主要功能包括波形显示和特征参数计算。有量纲的特征参数包括峰值、峰峰值、均值、有效值和均方值等,无量纲的特征参数包括峰值指标、脉冲指标、波形指标、峭度指标、歪度指标以及裕度指标等。这些指标中,脉冲指标、峰值指标和峭度指标都对冲击脉冲类故障比较敏感,特别是当故障早期发生时,它们有明显的增加,但上升到一定程度后,随着故障的逐渐发展反而会下降。这表明它们对早期故障有较高的敏感性,但稳定性不好。有效值(均方根值)的稳定性较好,但对早期故障信号不敏感。所以为了取得较好效果,常将它们同时应用,以兼顾敏感性和稳定性;同时还要注意和历史数据进行比较,根据趋势曲线作出判别。

流程生产工业中往往有这样的情况,当发现设备的情况不好,如某项或多项特征指标上升但设备不能停产检修时,只能让设备带病运行。当这些指标从峰值跌落时,往往预示某个零件已经损坏;若这些指标(含其他指标)再次上升,则预示大的设备故障将要发生。

图 5.22 所示为时域分析的流程框图。

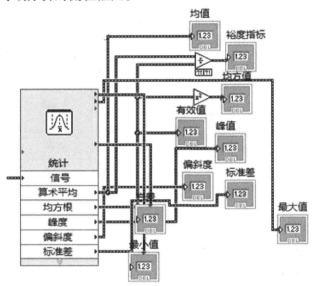

图 5.22　时域分析流程框图

(4)频域分析

频域模块主要用于滚动轴承时域振动信号的监测发现异常时判定滚动轴承的故障类型及其故障部位,以达到精确诊断的目的。可以利用游标来捕捉感兴趣点的精确数值。

在分析振动谱图时,有两条原则:一是频率形态(大小及其变化等)代表故障类型,二是幅值代表故障劣化程度。因此,在观察频谱图、作故障诊断分析时,应注意以下要点:

①首先注意那些幅值比过去有显著变化的谱线,它的频率对应那一个部件的特征频率。

②观察那些幅值较大的谱线,它们是机械设备振动的主要因素,以及这些谱线的频率所对应的运动零部件。

③注意与转频有固定比值关系的谱线,它们是与机械运动状态有关的状态信息。要注意它们之中是否存在与过去相比发生了变化的谱线。

(5)幅值域分析

在某些情况下,借助幅值域分析可以更加方便准确地判断轴承故障。在 LabVIEW 中,建立幅值域分析模块与建立时域分析模块和频域分析模块是相对独立的。具体创建步骤为:在程序框图中,单击右键—选择函数中的 express—信号分析—创建直方图—连入输入信号和输出信号。在创建的过程中,可按"Ctrl + H"组合键打开显示及时帮助,根据提示更加准确地确定各个接线点的功能,以便正确地接线。

（6）测试系统界面及程序

图 5.23 和图 5.24 为最终完成的系统界面及程序框图。

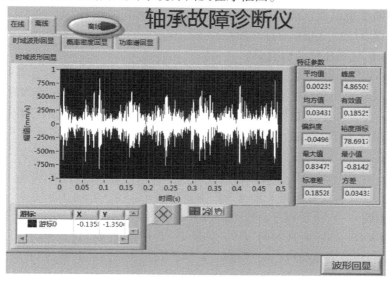

图 5.23　轴承故障诊断系统用户界面

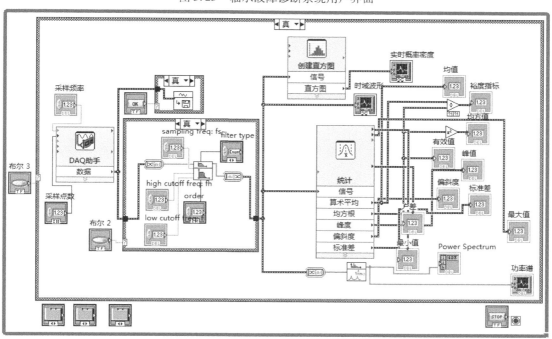

图 5.24　轴承故障诊断系统程序框图

习题与思考题

5.1 什么叫虚拟仪器？虚拟仪器相对于传统仪器有哪些优势？

5.2 什么是 VISA？VISA 有什么特点？

5.3 Labview 有哪几种结构类型？

5.4 在 LabVIEW 中有哪三种用来创建和运行程序的模板？它们都有哪些用途？

5.5 虚拟仪器通用测试平台由哪几个部分组成？它们主要又包括哪些部分？

5.6 用 0～100 的随机数代替摄氏温度，将每 500 ms 采集的温度的变化波形表示出来，并设定上下限，温度高于上限或者低于下限分别点亮对应的指示灯，并将其上下限也一并在波形中表示出来。

5.7 创建一个程序来产生正弦波、三角波、矩形波、锯齿波并显示出来。波形的频率和幅度可以改变。用一个旋钮式开关来选择产生哪种波形。

5.8 （1）创建一个 VI 子程序，该子程序的功能是用公式节点来产生一个模拟压力，其计算公式是 $P = 80 + 18.253V + 1.244V * V$。$V$ 是 1～5 的随机数。（2）调用（1）的子程序，每 0.5 s 测量一次压力，共测量 20 次，将当前的压力值在波形中表示出来，并求出压力的最大值、最小值和平均值。

第 **6** 章
振动参数的测量

6.1　振动测量方法

6.1.1　概述

机械振动是自然界、工程技术和日常生活中普遍存在的物理现象。各种机器、仪器和设备运行时,不可避免地存在着诸如回转件不平衡、负载不均匀、结构刚度各向异性、润滑状况不良及间隙等原因而引起受力的变动、碰撞和冲击,以及由于使用、运输和外界环境下能量传递、存储和释放都会诱发或激励机械振动。所以说,任何一台运行着的机器、仪器和设备都存在着振动现象。

大多数情况下,机械振动是有害的。振动往往会破坏机器的正常工作和原有性能,振动的动载荷会使机器失效加速、缩短使用寿命甚至导致损坏、造成事故。机械振动还直接或间接地产生噪声,恶化环境和劳动条件,危害人类的健康。因此,要采取适当的措施使机器振动在限定范围之内,以免危害人类和其他结构。

随着现代工业技术的发展,除了对各种机械设备提出了低振级和低噪声的要求外,还应随时对生产过程或设备进行监测、诊断,对工作环境进行控制,这些都离不开振动测量。为了提高机械结构的抗振性能,有必要进行机械结构的振动分析和振动设计,找出其薄弱环节,改善其抗振性能。另外,对于许多承受复杂载荷或本身性质复杂的机械结构的动力学模型及其动力学参数,如阻尼系数、固有频率和边界条件等,目前尚无法用理论公式正确计算,振动试验和测量便是唯一的求解方法。因此,振动测试在工程技术中起着十分重要的作用。

振动测试的目的,归纳起来主要有以下几个方面:

①检查机器运转时的振动特性,以检验产品质量;

②测定机械系统的动态响应特性,以便确定机器设备承受振动和冲击的能力,并为产品的改进设计提供依据;

③分析振动产生的原因,寻找振源,以便有效地采取减振和隔振措施;

④对运动中的机器进行故障监控,以避免重大事故。

6.1.2 振动的分类

表 6.1 机械振动的分类

分 类	名 称	主要特征与说明
按振动产生的原因分	自由振动	系统受初始干扰或外部激振力取消后,系统本身由弹性恢复力和惯性力来维持的振动。当系统无阻尼时,振动频率为系统的固有频率;当系统存在阻尼时,其振动幅度将逐渐减弱
	受迫振动	由于外界持续干扰引起和维持的振动,此时系统的振动频率为激振频率
	自激振动	系统在输入和输出之间具有反馈特性时,在一定条件下,没有外部激振力而由系统本身产生的交变力激发和维持的一种稳定的周期性振动,其振动频率接近于系统的固有频率
按振动的规律分	简谐振动	振动量为时间的正弦或余弦函数,为最简单、最基本的机械振动形式。其他复杂的振动都可以看成许多或无穷个简谐振动的合成
	周期振动	振动量为时间的周期性函数,可展开为一系列简谐振动的叠加
	瞬态振动	振动量为时间的非周期函数,一般在较短的时间内存在
	随机振动	振动量不是时间的确定函数,只能用概率统计的方法来研究
按系统的自由度分	单自由度系统振动	用一个独立变量就能表示系统振动
	多自由度系统振动	须用多个独立变量表示系统振动
	连续弹性体振动	须用无限多个独立变量表示系统振动
按系统结构参数的特性分	线性振动	可以用常系数线性微分方程来描述,系统的惯性力、阻尼力和弹性力分别与振动加速度、速度和位移成正比
	非线性振动	要用非线性微分方程来描述,即微分方程中出现非线性项

6.1.3 振动测量方法

机械振动量值的物理参数主要包括位移、速度和加速度。由于在通常的频率范围内振动位移幅值量很小,且位移、速度和加速度之间都可互相转换,所以在实际使用中,振动量的大小一般用加速度的值来度量。常用单位为:米/秒^2(m/s^2)或重力加速度(g)。描述振动信号的另一重要参数是信号的频率。绝大多数的机械振动信号均可分解成一系列特定频率和幅值的正弦信号,因此,对某一振动信号的测量,实际上是对组成该振动信号的正弦频率分量的测量。

最常用的振动测量传感器按各自的工作原理可分为压电式、压阻式、电容式、电感式以及光电式。压电式加速度传感器因为具有测量频率范围宽、量程大、体积小、质量轻、对被测件的影响小以及安装使用方便,所以成为最常用的振动测量传感器。

在机械振动测试领域中,测试手段与方法多种多样,根据各种参数的测量方法及测量过程的物理性质,可以分成以下三类。

（1）机械式测量方法

振动传感器将机械振动的参量转换成机械信号,再经机械系统放大后进行测量、记录。常用的仪器有杠杆式测振仪和盖格尔测振仪。它能测量的频率较低,精度也较差,但在现场测试时较为简单方便。

（2）光学式测量方法

这种方法是将机械振动的参量转换为光学信号,经光学系统放大后进行显示和记录,如读数显微镜和激光测振仪等。光学式测量装置调整复杂,对测量环境要求严格,一般仅适用于实验室环境下作标准振动仪器的标准计量装置。

（3）电测方法

电测法是将机械振动的参量转换成电信号,经电子线路放大后进行显示和记录。电测法的要点在于先将机械振动量转换为电量(电动势、电荷及其他电量),然后再对电量进行测量,从而得到所要测量的机械量。与机械法和光学法相比较,电测法具有使用频率范围宽、动态范围广、测量灵敏度高等优点。电测法能广泛地使用各种不同的测振传感器,且电信号也易于被记录、处理和传送。因此电测法是最为广泛使用的振动测量方法。

6.2　振动测量系统

机械振动是普遍存在着的。从简单的谐振动到复杂的冲击,随机振动是各种各样的,对振动量的描述方法、特征参数也是多种多样的,如振动信号的有效值、均值、峰值、振动频率、周期、相位差、频谱等。要测量这些参数,提取相关信息,不仅要选用不同的传感器,并根据传感器的不同特性配置相应的测试系统,还要选用多种分析仪器(或分析系统),因此,振动测试所用测试仪器种类是很多的,现仅就常用系统作一概述。

6.2.1　振动测试仪器的分类

测振仪器按照性能和作用分类,如图 6.1 所示。

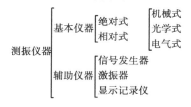

图 6.1　常用测振仪器

其中,基本仪器指直接测取机械振动表征参数的各类专用、通用仪器,按仪器所采用的测量坐标系分相对式、绝对式两类。相对式测定的是被测对象相对某一取为参考系的振动,绝对式则是用来测定被测对象相对大地或惯性系的振动。使用绝对式测振仪必须与被测体接触安装,而相对式则可以是接触式安装或非接触式安装。

辅助仪器是指独立的通用仪器,协助基本仪器完成记录、分析和显示等工作。

6.2.2 常用振动测试系统

上述三种测量方法的物理性质虽然各不相同,但组成的测量系统基本相同,它们都包含拾振、测量放大线路和显示记录三个环节。

(1)拾振环节

完成将被测的机械振动量转换为机械、光学或电信号的工作的器件叫传感器。

(2)测量线路

测量线路的种类甚多,它们都是针对各种传感器的变换原理而设计的。比如,专配压电式传感器的测量线路有电压放大器、电荷放大器等,此外还有积分线路、微分线路、滤波线路、归一化装置等。

(3)信号分析及显示、记录环节

从测量线路输出的电压信号,既可按测量的要求输入信号分析仪或输送给显示仪器(如电子电压表、示波器、相位计等)、记录设备(如光线示波器、磁带记录仪、X—Y 记录仪等)等,也可在必要时记录在磁带上,然后再输入到信号分析仪进行各种分析处理,从而得到最终结果。

一个较完整的测试系统应包括振动测量显示、记录、分析等部分。图 6.2 为通用的几种振动测试系统框图。

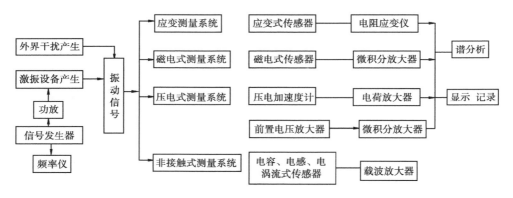

图 6.2 振动测试系统框图

6.3 激振设备

将所需的激振信号变为激振力施加到被测对象上的装置称为激振器。激振器应能在所要求的频率范围内,提供波形良好、幅值足够和稳定的交变力,在某些情况下还需提供定值的稳定力。交变力可使被测对象产生需要的振动,稳定力则使被测对象受到一定的预加载荷,以便消除间隙或模拟某种稳定力。

激振器的种类很多,按工作原理可分为机械式、电动式、电磁式和电液式等。此外,还有用于小型、薄壁结构的压电晶体激振器、高频激振的磁致伸缩激振器和高声强激振器等。这里只介绍常用的激振器。

6.3.1　力锤激振器

力锤又称脉冲锤,用来在振动试验中给被测对象施加一局部的冲击激励,实际上是一种手持式冲击激励装置。图 6.3 所示为一种常用的力锤结构示意图。它是由锤头、锤头盖、压电石英片、锤体、附加质量块和锤把组成。锤头和锤头盖用来冲击被测试件。脉冲激振力的形成及有效频率取决于脉冲的持续时间下,如图 6.4 所示。τ 的大小取决于锤端的材料。材料越硬,τ 越小,越接近理想的 $\delta(t)$ 函数,而频率范围越大。

力锤的锤头盖可采用不同的材料,以获得具有不同冲击时间的脉冲信号。图 6.5 所示为不同锤头材料(橡胶、尼龙、有机玻璃、铜和钢)对应的频谱曲线。可以看出,钢材料的锤头盖所得的带宽最宽,而橡胶材料所得的带宽最窄。另外,附加质量不仅能增加冲击力,也使保持时间略微增长,从而改变了频带宽度。因此,在使用力锤时应根据不同的结构和分析的频带来选择不同的锤头盖材料。

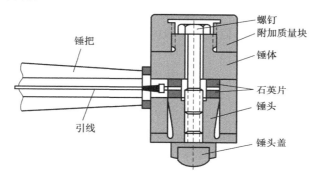

图 6.3　力锤的结构

常用力锤质量小至数克,大至数十千克,因此可用于不同的激励对象,现场使用比较方便,但在着力点位置、力的大小、方向的控制等方面需要熟练的技巧,否则会产生很大的随机误差。

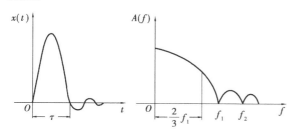

图 6.4　锤击激振力及其频谱

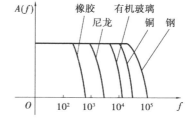

图 6.5　不同材料锤头的激振力频谱

6.3.2　电磁式激振器

电磁式激振器直接利用电磁力作激振力,常用于非接触激振场合,特别是对回转件的激振。其结构如图 6.6 所示,主要由铁芯、励磁线圈、力检测线圈和底座等元件组成。当电流通过励磁线圈,线圈中便产生相应的磁通,从而在铁芯和衔铁之间产生电磁力。若将铁芯和衔铁分别固定在两试件上,便可实现两者之间无接触的相对激振。用力检测线圈检测激振力,

119

位移传感器测量激振器与衔铁之间的相对位移。

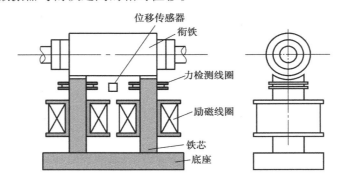

图 6.6　电磁式激振器

电磁激振器由通入线圈中的交变电流产生交变磁场,而被测对象作为衔铁,在交变磁场作用下产生振动。由于电磁铁与衔铁之间的作用力 $F(t)$ 只会是吸力,而无斥力,为了形成往复的正弦激励,应该在其间施加一恒定的预载荷吸力 F_0,然后才能叠加上一个交变的谐波力 $f(t)$,其关系为

$$F(t) = F_0 + f(t) \tag{6.1}$$

为此,通入线圈中的电流 $I(t)$ 也应该由直流 I_0 与交流 $i(t)$ 两部分组成,即

$$I(t) = I_0 + i(t) \tag{6.2}$$

式中,$i(t) = A_i \sin(\omega t)$。再由电磁理论可知,电磁铁所产生的磁力正比于所通过电流值的平方,即

$$F(t) = K_b I(t)^2 = K_b \left[I_0^2 + 2I_0 A_i \sin(\omega t) + A_i^2 \sin(\omega t)^2 \right] \tag{6.3}$$

式中,K_b 为比例系数,与电磁铁的尺寸、结构、材料与气隙的大小有关。而当 A_i 远小于 I_0 的情况下,式(6.3)右边第三项可略,即

$$F(t) = K_b \left[I_0^2 + 2I_0 A_i \sin(\omega t) \right] \tag{6.4}$$

如果条件 $A_i = I_0$ 不成立,则将在激振力中引入二次谐波:

$$A_i^2 \sin(\omega t)^2 = \frac{1}{2} A_i^2 \left[1 - \cos(2\omega t) \right] \tag{6.5}$$

电磁激振器的特点是可以对旋转着的被测对象进行激振,它没有附加质量和刚度的影响,其激振频率上限为 500 ~ 800 Hz。

根据以上分析可知,要产生激振力,只要给电磁铁一个幅值较小、频率变化的电流信号即可。

例 6.1　电磁激振器在磁力轴承的动态特性试验中的应用。

磁力轴承的悬浮激振试验应用了电磁激振器的原理。即磁力轴承定子为铁芯,磁力轴承的转子为被吸对象。首先通过快速正弦扫描仪给出激励信号,此激励信号经功率放大器后使定子产生与转子之间的电磁吸力,即提供给磁力轴承的激励端一个直流预载荷 F_0(由直流电流 I_0 提供),使磁力轴承稳定悬浮,再利用加法电路把正弦信号注入功率放大器输入端。根据电流和电磁力的近似线性关系可知,此正弦电流在转子上施加了一个正弦激振力,因此这种方法可以称为电流注入法。

图 6.7 为磁力轴承快速正弦扫描激振试验的系统框图,其中定子和转子分别为磁力轴承

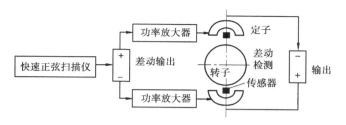

图 6.7　磁力轴承激振试验的系统框图

适当调整激励信号的幅值使系统各环节工作在线性范围内,用示波器观测传感器的输出电压,在不同的频率正弦激励下记录传感器输出的振动幅值,如图 6.8 所示。再根据此位移－时间信号求得其频谱,找到发生最大振动时的频率值,该值就是系统的固有频率。

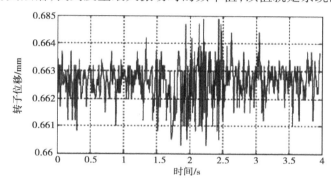

图 6.8　快速正弦扫描激振时,传感器的位移输出

6.3.3　电动式激振器

电动式激振器又称磁电式激振器,主要是利用带电导体在磁场中受电磁力作用这一物理现象工作的,按其磁场形成方式的不同分为永磁式和励磁式两种。前者多用于小型激振器,后者多用于较大型的振动台。

电动式激振器的结构如图 6.9(a)所示,驱动线圈固装在顶杆上,并由支承弹簧支承在壳体中,线圈正好位于磁极与铁芯的气隙中。当线圈通过经功率放大后的交变电流时,根据磁场中载流体受力的原理,线圈将受到与电流成正比的电动力的作用,此力通过顶杆传到被测对象便是所需要的激振力。应该指出,激振器由顶杆施加到被激对象上的激振力实际上不等于线圈受到的电动力,而是电动力和可动系统的惯性力、弹性力、阻尼力之差,并且还是频率的函数。只有当激振器可动部分的质量很小、弹性系数极低且激振器与被激对象的连接刚度好、顶杆系统刚性也很好的情况下,才可以认为电动力等于激振力。

电动激振器主要用于对被激对象作绝对激振,因此在激振时最好让激振器壳体在空间保持基本静止,使激振器的能量尽量全部用于对被激对象的激励上。图 6.9(b)、(c)、(d)示出了几种激振器的安装方式。图 6.9(b)中激振器刚性地安装在地面上或刚性很好的架子上,这种情况下安装体的固有频率要高于激振频率 3 倍以上。图 6.9(c)采用激振器弹性悬挂的方式,通常使用软弹簧来实现,有时加上必要的配重,以降低悬挂系统的固有频率,从而获得较高的激振频率。图 6.9(d)为悬挂式水平激振的情形,这种情况下,为能对试件产生一定的预压力,悬挂时常要倾斜一定的角度。激振器对试件的激振点处会产生附加的质量、刚度和阻尼,这些点将对试件的振动特性产生影响,尤其对质量小、刚度低的试件影响尤为显著。

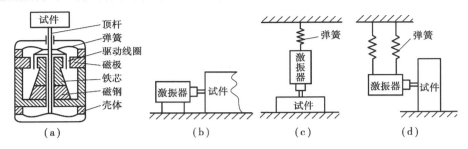

图 6.9　电动式激振器及其安装

为了保证测试精度和正确施加激振力,必须在激振器与被激对象之间用一根在激励力方向上刚度很大而横向刚度很小的柔性杆连接,这样既保证激振力的传递又大大减小对被激对象的附加约束。此外,一般在柔性杆的一端串联着一力传感器,以便能够同时测量出激振力的幅值和相位角。

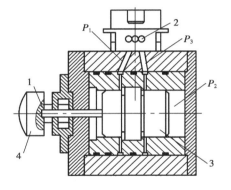

图 6.10　电液式激振器
1—顶杆;2—电液伺服阀;
3—活塞;4—力传感器

6.3.4　电液式激振器

电液式激振器的结构如图 6.10 所示。信号发生器所发出的信号经放大后,通过电液伺服阀 2(它由电动激振器、操纵阀和功率阀组成)控制油路,使活塞 3 产生往复运动,并用顶杆 1 激振被测对象。活塞端部输入具有一定油压的油,从而形成预压力 p_2,它可对被测对象施加预载。用力传感器 4 可测量交变压力 p_1(推动顶杆的力)和预压力 p_2。

电液式激振器的最大优点是激振力大、行程大和结构紧凑,但高频特性差,一般只适用于较低的频率范围,约 100 Hz。另外,它结构复杂,制造精度要求高,需要一套液压系统,故成本较高。

6.4　测振传感器

目前,振动测试广泛采用电测法,这里也只讨论电测法中常用的一些测振传感器。测振传感器通常也被称为拾振器。

6.4.1　测振传感器的类型

测量振动的方法按振动信号的转换方式可分为电测法、机械法和光学法。目前,应用最广的是电测法。

测振传感器是将被测对象的机械振动量(位移、速度或加速度)转换为与之有确定关系的电量(如电流、电压或电荷)的装置。

根据振动测量方法的力学原理,测振传感器分为惯性式(绝对式)和相对式。

按照测量时拾振器是否和被测件接触,测振传感器分为:接触式和非接触式。接触式测振传感器又可分为相对式和绝对式两种,接触式相对拾振器又称为跟随式拾振器。

6.4.2　惯性式测振传感器的工作原理

惯性式(绝对式)测振传感器可简化为图 6.11 所示的力学模型。图中,m 为惯性质量块的质量,k 为弹簧刚度,c 为黏性阻尼系数。传感器壳体紧固在被测振动件上,并同被测件一起振动,传感器内惯性系统受被测振动件运动的激励,产生受迫振动。

设被测振动件(基础)的振动位移为 x_1(速度 $\mathrm{d}x_1/\mathrm{d}t$ 或加速度 $\mathrm{d}^2x_1/\mathrm{d}t^2$)作为传感器的输入,质量块 m 的绝对位移为 x_0,质量块 m 相对于壳体的相对位移为 x_{01}(相对速度 $\mathrm{d}x_{01}/\mathrm{d}t$ 或相对加速度 $\mathrm{d}^2x_{01}/\mathrm{d}t^2$)作为传感器的输出。因此,质量块在整个运动中的力学表达式为

$$m\frac{\mathrm{d}^2x_0}{\mathrm{d}t^2} + c\left(\frac{\mathrm{d}x_0}{\mathrm{d}t} - \frac{\mathrm{d}x_1}{\mathrm{d}t}\right) + k(x_0 - x_1) = 0 \tag{6.6}$$

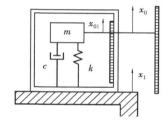

图 6.11　惯性式测振传感器的力学模型

如果考察质量块 m 相对于壳体的相对运动,则 m 的相对位移为 $x_{01} = x_0 - x_1$,式(6.6)可改写成

$$m\frac{\mathrm{d}^2x_{01}}{\mathrm{d}t^2} + c\frac{\mathrm{d}x_{01}}{\mathrm{d}t} + kx_{01} = -m\frac{\mathrm{d}^2x_1}{\mathrm{d}t^2} \tag{6.7}$$

假设被测振动为谐振动,即 $x_1(t) = X_1\sin\omega t$,则 $\dfrac{\mathrm{d}^2x_1}{\mathrm{d}t^2} = -X_1\omega^2\sin\omega t$,故式(6.7)又可改写为

$$m\frac{\mathrm{d}^2x_{01}}{\mathrm{d}t^2} + c\frac{\mathrm{d}x_{01}}{\mathrm{d}t} + kx_{01} = m\omega^2 X_1\sin\omega t \tag{6.8}$$

惯性式传感器的幅频特性 $A_x(\omega)$ 和相频特性 $\varphi(\omega)$ 的表达式为

$$A_x(\omega) = \frac{X_{01}}{X_1} = \frac{\left(\dfrac{\omega}{\omega_n}\right)}{\sqrt{\left[1 - \left(\dfrac{\omega}{\omega_n}\right)^2\right]^2 + \left[2\xi\left(\dfrac{\omega}{\omega_n}\right)\right]^2}} \tag{6.9}$$

$$\varphi(\omega) = -\arctan\frac{2\xi\left(\dfrac{\omega}{\omega_n}\right)}{1 - \left(\dfrac{\omega}{\omega_n}\right)^2} \tag{6.10}$$

式中　ξ——惯性系统的阻尼比,$\xi = \dfrac{c}{2\sqrt{km}}$;

ω_n——惯性系统的固有频率，$\omega_n = \sqrt{\dfrac{k}{m}}$。

惯性式位移传感器的幅频曲线和相频曲线如图 6.12 所示。要使惯性式位移传感器输出位移 X_{01} 能正确地反映被测振动的位移量 X_1，则必须满足下列条件：

①$\dfrac{\omega}{\omega_n} >> 1$，一般取 $\dfrac{\omega}{\omega_n} >> (3 \sim 5)$，即传感器惯性系统的固有频率远低于被测振动下限频率。此时 $A_x(\omega) \approx 1$，不产生振幅畸变，$\varphi(\omega) \approx 180°$。

②选择适当阻尼，可抑制 $\dfrac{\omega}{\omega_n} = 1$ 处的共振峰，使幅频特性平坦部分扩展，从而扩大下限的频率。例如，当取 $\xi = 0.7$ 时，若允许误差为 $\pm 2\%$，下限频率可为 $2.13\omega_n$；若允许误差为 $\pm 5\%$，下限频率则可扩展到 $1.68\omega_n$。增大阻尼，能迅速衰减固有振动，对测量冲击和瞬态过程较为重要，但不适当地选择阻尼会使相频特性恶化，引起波形失真。当 $\xi = 0.6 \sim 0.7$ 时，相频曲线 $\dfrac{\omega}{\omega_n} = 1$ 附近接近直线，称为最佳阻尼。

位移传感器的测量上限频率在理论上是无限的，但实际上受具体仪器结构和元件的限制，不能太高。下限频率则受弹性元件的强度和惯性块尺寸、质量的限制，使 ω_n 不能过小。因此位移传感器的频率范围是有限的。

惯性式加速度传感器质量块的相对位移 X_{01} 与被测振动的加速度 $\mathrm{d}^2 x_1 / \mathrm{d}t^2$ 成正比，因此可用质量块的位移量来反映被测振动加速度的大小。加速度传感器幅频特性 $A_a(\omega)$ 的表达式为

$$A_a(\omega) = \frac{X_{01}}{\dfrac{\mathrm{d}^2 x_1}{\mathrm{d}t^2}} = \frac{X_{01}}{X_1 \cdot \omega^2} = \frac{1}{\omega_n^2 \sqrt{\left[1 - \left(\dfrac{\omega}{\omega_n}\right)^2\right]^2 + \left[2\xi\left(\dfrac{\omega}{\omega_n}\right)\right]^2}} \tag{6.11}$$

其特性曲线如图 6.12 所示。

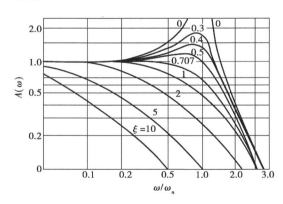

图 6.12　惯性式加速度传感器幅频特性曲线

要使惯性式加速度传感器的输出量能正确地反映被测振动的加速度，则必须满足如下条件：

①$\dfrac{\omega}{\omega_n} << 1$，一般取 $\dfrac{\omega}{\omega_n} << \left(\dfrac{1}{3} \sim \dfrac{1}{5}\right)$，即传感器的固有频率 ω_n 应远小于 ω。此时

$A_a(\omega) \approx \dfrac{1}{\omega_n^2} = $ 常数,因此一般加速度传感器的固有频率 ω_n 均很高,在 20 kHz 以上,这可使用轻质量块及"硬"弹簧系统来达到。随着 ω_n 的增大,可测上限频率也会提高,但灵敏度会减小。

②选择适当阻尼,可改善 $\omega = \omega_n$ 的共振峰处的幅频特性,以扩大测量上限频率,一般取 $\xi < 1$。若取 $\xi = 0.65 \sim 0.7$,则保证幅值误差不超过 5% 的工作频率可达 $0.58\omega_n$。其相频曲线与位移传感器的相频曲线类似。当 $\dfrac{\omega}{\omega_n} < < 1$ 和 $\xi = 0.7$ 时,在 $\dfrac{\omega}{\omega_n} = 1$ 附近的相频曲线接近直线,是最佳工作状态。在复合振动测量中,不会产生因相位畸变而造成的误差。惯性式加速度传感器的最大优点是它具有零频特性,即理论上它的可测下限频率为零,实际上是可测频率极低。由于 ω_n 远高于被测振动频率 ω,因此它可用于测量冲击、瞬态和随机振动等具有宽带频谱的振动,也可用来测量如地震等甚低频率的振动。此外,加速度传感器的尺寸、质量可做得很小,对被测物体的影响小,故它能适应多种测量场合,是目前广泛使用的传感器。

6.4.3　相对式测振传感器的工作原理

相对式测振传感器原理如图 6.13 所示。相对式测振传感器测出的是被测振动件相对于某一参考坐标的运动,如电感式位移传感器、磁电式速度传感器、电涡流式位移传感器等都属于相对式测振传感器。

图 6.13 所示的相对式测振传感器具有两个可作相对运动的部分。壳体 2 固定在相对静止的物体上,作为参考点。活动的顶杆 3 用弹簧以一定的初压力压紧在振动物体上,在被测物体振动力和弹簧恢复力的作用下,顶杆跟随被测振动件一起运动,和测杆相连的变换器 1 将此振动量变为电信号。测杆的跟随条件是决定该类传感器测量精度的重要条件,其跟随条件简要推导如下:

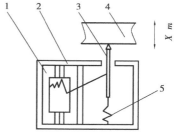

图 6.13　相对式测振传感器
1—变换器;2—壳体;3—活动部分;
4—被测部分;5—弹簧

设测杆和有关部分的质量为 m,弹簧的刚度为 k,当弹簧被预压 Δx 时,则弹簧的恢复力 $F = k\Delta x$,该恢复力使测杆产生的回复加速度 $a = F/m$。为了使测杆具有良好的跟随条件,它必须大于被测振动件的加速度,即

$$F/m > a_{max}$$

式中　a_{max}——被测振动件的最大加速度(如果是简谐振动,$a_{max} = \omega^2 x_m$,x_m 为简谐振动的振幅值)。

考虑到 $F = k\Delta x$,则

$$\frac{k\Delta x}{m} > \omega^2 x_m$$

因此可得

$$\Delta x > \frac{m}{k}\omega^2 x_m = \left(\frac{\omega}{\omega_n}\right)^2 x_m = \left(\frac{f}{f_n}\right)^2 x_m \tag{6.12}$$

式中　f_n——被测振动件固有频率($f_n = \dfrac{\omega_n}{2\pi}$,$\omega_n = \sqrt{\dfrac{k}{m}}$)。

125

如果在使用中弹簧的压缩量 Δx 不够大,或者被测物体的振动频率 f 过高,不能满足上述跟随条件,顶杆与被测物体就会发生撞击。因此相对式传感器只能在一定的频率和振幅范围内工作。

6.4.4　压电式加速度传感器

压电式传感器是一种基于某些电介质压电效应的无源传感器,是一种自发电式和机电转换式传感器。压电效应是指:当晶体受到某固定方向外力的作用时,内部就产生电极化现象,同时在某两个表面上产生符号相反的电荷;当外力撤去后,晶体又恢复到不带电的状态;当外力作用方向改变时,电荷的极性也随之改变;晶体受力所产生的电荷量与外力的大小成正比。压电式传感器大多是利用压电效应制成的。

压电式加速度传感器是一种以压电材料为转换元件的装置,其电荷或电压的输出与加速度成正比。由于它具有结构简单、工作可靠、量程大、频带宽、体积小、质量小、精确度和灵敏度高等一系列优点,目前已成为振动测试技术中使用最广泛的一种拾振器。

压电式加速度传感器工作原理如图 6.14 所示。

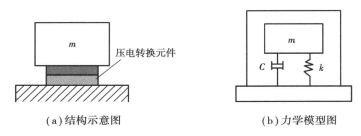

（a）结构示意图　　　　　　　　（b）力学模型图

图 6.14　压电式加速度传感器工作原理

在压电转换元件上,以一定的预紧力安装一惯性质量块 m,惯性质量块上有一预紧螺母（或弹簧片）就可组成一个简单的压电加速度传感器,图 6.14（b）是它的力学模型图。

压电转换元件在惯性质量块 m 的惯性力作用下,产生的电荷量为

$$q = d_{ij}m\,\mathrm{d}^2y/\mathrm{d}t^2 \tag{6.13}$$

对每只加速度传感器而言,d_{ij}、m 均为常数。式(6.13)说明压电加速度传感器输出的电荷量 q 与物体振动加速度成正比。用适当的测试系统检测出电荷量 q,就实现了对振动加速度的测量。

压电片的结构阻尼很小,压电加速度计的等效惯性振动系统的阻尼比 $\xi \approx 0$。所以压电加速度计在 $0 \sim 0.2f_n$ 的频率范围内具有常数的幅频特性和零相移,满足不失真转换条件。传感器输出的电荷信号不仅与被测加速度波形相同,而且无时移,这是压电加速度计的一大优点。

在工作频率范围内,压电加速度计的输出电荷 $q(t)$ 与被测加速度 $a(t)$ 成正比,即

$$q(t) = s_q \cdot a(t) \tag{6.14}$$

式中　s_q——电荷灵敏度,单位为皮库/单位加速度（$\dfrac{\mathrm{pC}}{\mathrm{ms}^{-2}}$ 或 $\dfrac{\mathrm{pC}}{\mathrm{g}}$）。

图 6.15 为压电式加速度传感器的幅频特性曲线。幅频特性曲线表明:被测信号频率在 $1 \sim 3\,000$ Hz 范围,加速度计能比较好地复现信号的波形。为了测得的电信号波形能真实地复现振动波形,就必须使所测信号中最高的频率位于幅频特性曲线上的水平段。为此,要使

安装后的加速度计特性具有足够高的共振频率。

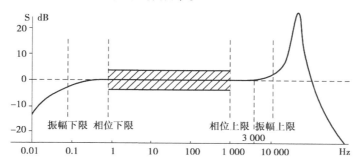

图 6.15　压电式加速度传感器的幅频特性曲线

为了扩大压电加速度计的工作频率范围,必须提高传感器的固有频率,但随着固有频率的提高,传感器的灵敏度会下降。为满足各个领域振动测量的需要,压电加速度计常做成一个序列,包含从高固频、低灵敏度的宽频带加速度计到高灵敏度、低固频的低频加速度计等各种类型。机械工程振动测试通常使用的压电加速度计的工作频率上限为 4 000 ~ 6 000 Hz,电荷灵敏度为 2 ~ 10 pC/ms^{-2}左右,质量为 10 ~ 50 g。

压电加速度计的内阻可视为无穷大。测振时,压电片产生的电荷量极其微弱。要将此电荷信号不失真地转换为电压信号,就要求后续的放大器有极高的输入阻抗和灵敏度以及很低的电噪声。在振动测试中,常采用电荷放大器作为压电式传感器的前置放大器,它能很好地满足上述要求,将电荷信号转换为电压信号。其输出电压幅值适当,输出阻抗低,并有一定的功率负载能力,便于连接后续测试仪器。有些电荷放大器还具有模拟积分功能,可将振动加速度的电压信号积分为振动速度或位移的电压信号。

电荷放大器实质上是负反馈放大器,其输出电压与输入电荷成正比。它的基本电路如图 6.16 所示。

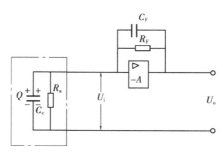

图 6.16　电荷放大器基本电路图

当 A 足够大时,有

$$U_o \approx - Q/C_F \tag{6.15}$$

式(6.15)表明,其输出电压 U_o 正比于输入电荷 Q,输出与输入反相,而且输出灵敏度不受电缆分布电容的影响。

6.4.5　磁电式速度传感器

磁电式速度传感器利用电磁感应原理将传感器的质量块与壳体的相对速度转换成电压

输出。

图 6.17 为磁电式相对速度传感器的结构图,它用于测量两个试件之间的相对速度。壳体 6 固定在一个试件上,顶杆 1 顶住另一个试件,磁铁 3 通过壳体构成磁回路,线圈 4 置于回路的缝隙中。两试件之间的相对振动速度通过顶杆使线圈在磁场气隙中运动,线圈因切割磁力线而产生感应电动势 e,其大小由下式确定,即

$$e = BWlv\sin\theta \qquad (6.16)$$

式中　B——气隙中的磁感应强度,T;

　　　W——线圈的匝数;

　　　l——每匝线圈的有效长度,m;

　　　V——线圈相对于壳体的运动速度,$\left(\dfrac{m}{s}\right)$;

　　　θ——线圈运动方向与磁场方向的夹角。

当 $\theta = 90°$ 时,式(6.16)可写为

$$e = BWlv \qquad (6.17)$$

此式表明,当 B、W、l 均为常数时,感应电动势 e 的大小与线圈运动的线速度 v 成正比。如果顶杆运动符合前述的跟随条件,则线圈的运动速度就是被测物体的相对振动速度,因此输出电压与被测物体的相对振动速度成正比关系。

图 6.18 为磁电式绝对速度传感器的结构图。磁铁 4 与壳体 2 形成磁回路,装在芯轴 6 上的线圈 5 和阻尼环 3 组成惯性系统的质量块在磁场中运动。弹簧片 1 径向刚度很大,轴向刚度很小,使惯性系统既可得到可靠的径向支承,又保证有很低的轴向固有频率。铜制的阻尼环 3 一方面可增加惯性系统质量、降低固有频率,另一方面又利用闭合铜环在磁场中运动产生的磁阻尼力使振动系统具有适当的阻尼,以减小共振对测量精度的影响,并能扩大速度传感器的工作频率范围,也有助于衰减干扰引起的自由振动和冲击。

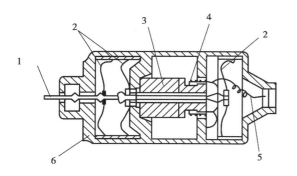
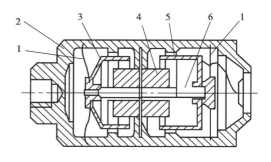

图 6.17　磁电式相对速度传感器　　　　　图 6.18　磁电式绝对速度传感器

1—顶杆;2—弹簧片;3—磁铁;　　　　　1—弹簧;2—壳体;3—阻尼环;

4—线圈;5—引出线;6—壳体　　　　　4—磁铁;5—线圈;6—芯轴

当速度传感器承受沿其轴向的振动时,包括线圈在内的质量块与壳体发生相对运动,线圈在壳体与磁铁之间的气隙中切割磁力线,产生磁感应电势 e。e 的大小与相对速度 $\mathrm{d}x_{01}/\mathrm{d}t$ 成正比。

当 $\omega/\omega_n >> 1$ 时,相对速度 $\mathrm{d}x_{01}/\mathrm{d}t$ 可以看成是壳体的绝对速度 $\mathrm{d}x_1/\mathrm{d}t$,因此输出电压也

就与壳体的绝对速度 dx_1/dt 成正比。当 $\xi = 0.5 \sim 0.7$，$f_n = (10 \sim 15)$ Hz 时，用这类传感器来测量低频（$1.7\omega_n < \omega < 6\omega_n$）振动，就只能保证幅值精度，无法保证相位精度。因为在低频范围内，绝对式速度传感器的相频特性很差，在涉及相位测量的情况下（如机械阻抗试验）要特别注意。

6.4.6　涡流式位移传感器

涡流式位移传感器是一种非接触式测振传感器。图 6.19 为测振用的高频反射式电涡流传感器，图（a）为原理图，图（b）为结构图。

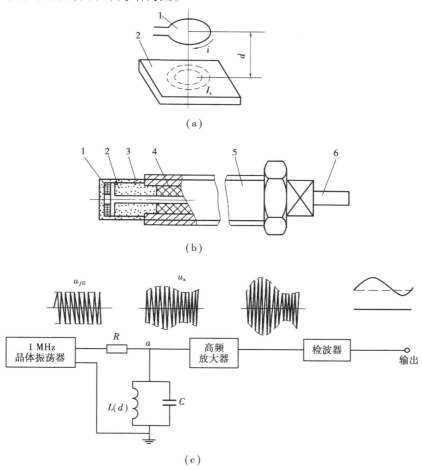

图 6.19　涡流式位移传感器原理及结构框图

高频电流（1 MHz）流经线圈 1 时，高频磁场作用于金属板 2，由于集肤效应，在金属表面的一薄层内产生电涡流 i_s。由 i_s 产生一交变磁场，又反作用于线圈，从而引起线圈的自感及阻抗发生变化，这种变化与线圈至金属表面的距离 d 有关。其结构为线圈 l 粘贴在陶瓷框架 2 上，外面罩以保护罩 3，壳体 5 内放有绝缘充填料 4，传感器以电缆 5 与涡流测振仪相接。

实际的涡流式位移传感器可以看成由电感 L 和电容 C 组成的一并联谐振回路，如图 6.19（c）所示。晶体振荡器产生 1 MHz 的等幅高频信号经电阻 R 加到传感器上，当 L 随 d 变化时，即当振动体的位移变化时,其 a 点的 1 MHz 高频波被调制。该调制信号经高频放大、检波后输出。输出电压 u_o 与振动位移 d 成正比。

6.4.7 选择测振传感器的原则

在选择测振传感器类型时,要根据测试的要求(如测量位移、速度、加速度或力等)、被测对象的振动特性(如待测的振动频率范围和估计的振幅范围等)以及使用环境情况(如环境温度、湿度和电磁干扰等)并结合各类测振传感器的各项性能指标综合进行考虑。

(1)采用位移传感器的情况

①振动位移的幅值特别重要时,如不允许某振动部件在振动时碰撞其他的部件,即要求限幅;

②测量振动位移幅值的部位正好是需要分析应力的部位;

③测量低频振动时,由于其振动速度或振动加速度值均很小,因此不便采用速度传感器或加速度传感器进行测量。

(2)用速度传感器的情况

①振动位移的幅值太小;

②与声响有关的振动测量;

③中频振动测量。

(3)采用加速度传感器的情况

①高频振动测量;

②对机器部件的受力、载荷或应力需作分析的场合。

6.5 机械阻抗测量与实验模态分析

6.5.1 机械阻抗测量

在机械工程测试中,常遇到机械阻抗的测试。机械系统受激振力后产生的响应,决定于系统本身的动力特性(固有频率、振型、阻尼等),因此可用机械阻抗,即频率域内激振力和响应之比描述系统的固有特性。振动响应有位移 x、速度 v、加速度 a 三种,故相应的机械阻抗也有三种形式。机械阻抗的倒数称为机械导纳。

机械阻抗的测量,要求测出在一定频率范围之内的激振力与响应两组数据(包括幅值和相位差)。图 6.20 是机械阻抗测量系统框图。在测量机械阻抗时,采用压电式阻抗头为测振传感器,可以同时获得力和加速度的数值,以便输入测量系统进行传递函数(频率响应)处理。阻抗头其实是可以将压电式加速度传感器与力传感器做成一体,力信号与加速度信号有各自的输出端。使用时,激振器可以通过阻抗头向被测对象施加激振力,其中的力传感器输出力信号,加速度计输出被测系统的加速度响应信号。

机械阻抗测量系统的工作过程大致是:扫描信号发生器产生正弦信号,经过功率放大器、激振器后激励被测系统;利用装在激振器顶部的力传感器及被测系统上的加速度计获得力和加速度信号,经过前置放大后送入跟踪滤波器,滤去信号中的噪声分量,仅仅取出同激振频率

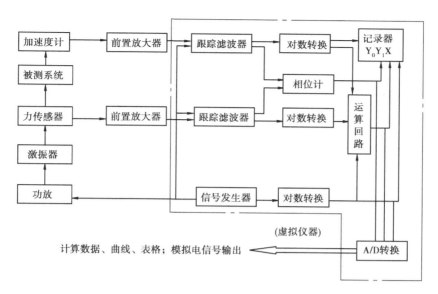

图 6.20　机械阻抗测量系统框图

一致的信号；经滤波后的两个信号，再经过对数转化器、运算回路，就可得到机械阻抗的幅值。如果要得到加速度阻抗，在运算器中只要进行一次减法运算就可以了，因为

$$\lg\left|\frac{F}{A}\right| = \lg|F| - \lg|A| \tag{6.18}$$

要得到速度阻抗时，应作以下运算，即

$$\lg\left|\frac{F}{V}\right| = \lg|F| - \lg|V| = \lg|F| - (\lg|A| - \lg\omega) = \lg|F| - \lg|A| + \lg\omega \tag{6.19}$$

要得到位移阻抗，也只需要作加减运算，即

$$\lg\left|\frac{F}{X}\right| = \lg|F| - \lg|X| = \lg|F| - (\lg|A| - 2\lg\omega) = \lg|F| - \lg|A| + 2\lg\omega \tag{6.20}$$

减量滤波后同一频率的两个信号的相位差，便得到阻抗的幅角 Φ。

阻抗的幅值与幅角可以通过记录器记录或直接画成幅频图（采用双对数坐标标尺）及相频图（ω 采用对数标尺，Φ 采用线性标尺）。

上述测量值经模数转换后可送入计算机或直接由虚拟仪器进行分析，得到系统的动态特性参数，或画出虚频图、实频图以及阻抗复矢量的矢端轨迹图（Nyquist 图）。

机械阻抗的倒数即机械导纳。在工程实际中，有时机械导纳的测量要比机械阻抗的测量容易实施。

6.5.2　实验模态分析

工程实际中的振动系统都是连续弹性体，其质量与刚度具有分布的性质。只有掌握无限多个点在每瞬时的运动情况，才能全面描述系统的振动。因此，理论上它们都属于无限多自由度系统，需要用连续模型才能加以描述。但实际上不可能这样做，通常采用简化的方法，将其归结为有限个自由度的模型来进行分析，即将系统抽象为由一些集中质量块和弹性元件组成的模型。如果简化的系统模型中有 n 个集中质量，一般它便是一个 n 自由度的系统，需要 n 个独立坐标来描述它们的运动，系统的运动方程是 n 个二阶互相耦合（联立）的常微分方程。

模态分析方法是把复杂的实际结构简化成模态模型来进行系统的参数识别(系统识别),从而大大简化了系统的数学运算。通过实验测得实际响应来寻求相应的模型或调整预想的模型参数,使其成为实际结构的最佳描述。

模态分析的主要应用有:

①用于振动测量和结构动力学分析,可测得比较精确的固有频率、模态振型、模态阻尼、模态质量和模态刚度。

②用模态实验结果去指导有限元理论模型的修正,使计算模型更趋完善和合理。

③用来进行结构动力学修改、灵敏度分析和反问题的计算。

④用来进行响应计算和载荷识别。

模态分析方法和测试过程:首先要测得激振力及相应的响应信号,进行传递函数分析;然后建立结构模型,采用适当的方法进行模态拟合,得到各阶模态参数和相应的模态动画,形象地描述出系统的振动形态。

根据模态分析的原理,需要测得传递函数矩阵中的任一行或任一列,由此可采用不同的测试方法。要得到矩阵中的任一行,要求采用各点轮流激励、一点响应的方法;要得到矩阵中任一列,可采用一点激励、多点测量响应的方法。实际应用时,单点响应法常用锤击法激振,用于结构较为轻小、阻尼不大的情况。对于笨重、大型以及阻尼较大的系统,则常用固定点激振的方法,用激振器激励,以提供足够的能量。

采用变时基原理时,可用较高的频率对力脉冲进行采样,用较低的频率对响应信号进行采样。变时基锤击法简支梁模态测试系统如图 6.21、图 6.22 所示。其中,MSC-1 型力锤上的力传感器接 INV1601B 实验仪第一通道的电荷输入端,压电加速度传感器接 INV1601B 实验仪第二通道的电荷输入端,两个通道的 INV1601B 实验仪的输入选择相应地调到压电加速度一端。

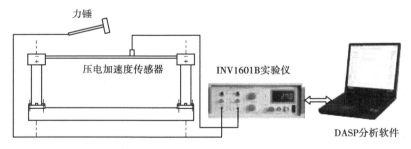

图 6.21　模态实验装置

简支梁被分成 16 等份,即可以布 17 个测点(敲击点),拾振点在第 6 个敲击点处。用力锤敲击各个测点,根据提示从第一点按设定的触发次数测试到最后一个测点,记录下每次测试结果,用 DASP 分析软件采用集总平均的方法进行模态定阶。模态拟合采用复模态单自由度拟合方法,按开始模态拟合得到拟合,得到拟合结果。模态分析完成后,可以观察、打印和保存分析结果,也可以观察模态振型的动画显示。

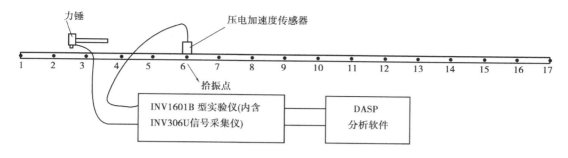

图 6.22　简支梁等分为 16 段

习题与思考题

6.1　如果有两只惯性式测振传感器,其固有角频率和阻尼率分别为 $\omega_{n1} = 250$ rad/s,$\zeta_1 = 0.5$,$\omega_{n2} = 100$ rad/s,$\zeta_2 = 0.6$,现在要测量转速为 $n = 3\,500$ 转/分的电机的简谐振动位移,应当选用哪只传感器,为什么?

6.2　用压电式加速度传感器及电荷放大器测量振动,若传感器灵敏度为 7 pc/g,电荷放大器灵敏度为 100 mv/pc,试确定输入 $a = 3$ g 时系统的输出电压。

6.3　拟用固有频率 $f_n = 100$ Hz,阻尼比 $\xi = 0.7$ 的惯性式测振装置(如下图)测频率为 $f = 45$ Hz 的加速度时,其振幅误差为多少?若用此装置所记录频率为 5 Hz 之振动位移的振幅范围为 ± 0.1 mm,则可测试的最大加速度为多少?

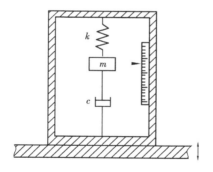

6.4　若某旋转机械的工作转速为 3 000 转/分,为分析机组的动态特性,需要考虑的最高频率为工作频率的 10 倍,问:(1)应选择何种类型的振动传感器,并说明原因;(2)在进行 A/D 转换时,选用的采样频率至少为多少?

6.5　惯性式位移传感器具有 1 Hz 的固有频率,认为是无阻尼的振动系统。当它受到频率为 2 Hz 的振动时,仪表指示振幅为 1.25 mm,该振动系统的真实振幅是多少?

6.6　用压电式加速度传感器与电荷放大器测量某机器的振动。已知,传感器的灵敏度为 100 pC/g,电荷放大器的反馈电容 $C = 0.01$ μF,测得输出电压的峰值 $U_{om} = 0.4$ V,振动频率为 100 Hz。(1)求机器振动加速度的最大值 $A(\text{m/s}^2)$;(2)假定振动为正弦波,求振动速度 $v(t)$;(3)求振动幅度的最大值 X。

第 **7** 章
机械噪声测量

噪声是指强弱和频率变化杂乱无章、没有规律的声音。噪声已成为三大主要环境公害之一。工业和运输业中的机电设备是广泛存在的噪声源,防治噪声是机械工程领域的一项重要任务。同时,噪声也是反映产品性能和设备运行状态的重要指标和特征,噪声的测量和分析可为噪声控制、产品改进、设备运行状态监测以及制定环保措施和法律提供必要的依据。本章主要介绍机械噪声测量、噪声分析以及噪声控制的相关知识。

7.1 机械噪声概述

7.1.1 机械噪声分类

噪声具有声波的一切特性,主要来源于物体(固体、液体、气体)的振动。

产生噪声的物体或机械设备称为噪声源,能传播声音的物质称为传声介质。人对噪声的感觉与噪声的强度和频率有关,频率低于 20 Hz 的声波称为次声波,超过 20 kHz 的称为超声。人耳都不能听到次声和超声,人耳能感觉到的声音频率范围是 20 ~ 20 000 Hz。

在机械工程范围内,按照噪声起因的不同,可以将其主要分为三类:

①机械噪声:因弹性体机械振动而产生的噪声,如齿轮传动部件、曲柄连杆部件、轴承部件、液压系统部件等运动部件产生的噪声,以及锻压、铆接、电动机、球磨机、印刷机等结构因振动而产生的噪声。

②气体动力性噪声:因气体振动而产生,如风机、内燃机、空压机等各种排气口所产生的噪声。

③电磁性噪声:因电磁性振动而产生,如电动机、发电机、变压器等产生的噪声。

7.1.2 噪声基本参数

噪声的强弱采用声压(级)、声强(级)和声功率(级)来度量,其中声压(级)是一种较容易测量的基本参数。

（1）声压及声压级

当声波在声场传播时，声场中任一点的压强会在当地静态大气压强的基础上叠加一个波动分量。这个波动分量称为该点的瞬时声压，它是时间的函数，记为 $p(t)$，单位为帕（$1\ \mathrm{Pa} = 1\ \mathrm{N/m^2}$）。

声压 p 可用声场中某点的瞬时声压的均方根来表示。

$$p = \sqrt{\frac{1}{T}\int_{\tau}^{\tau+T} p^2(t)\,\mathrm{d}t} \tag{7.1}$$

或

$$p^2 = \frac{1}{T}\int_{\tau}^{\tau+T} p^2(t)\,\mathrm{d}t \tag{7.2}$$

其中，τ 为某时刻，T 为平均时间。

一般而言，声压会随时间的变化而变化。如果声压随时间变化较小，则称为稳态噪声，否则称为非稳态噪声。

正常人可听到的最弱声压 $p_0 = 2\times10^{-5}\ \mathrm{Pa}$，称为听阈声压。使人感到疼痛的声压为 20 Pa，称为痛阈声压。声压的变化范围和人的听觉范围非常宽广，听阈声压和痛阈声压相差一百万倍，用声压值来衡量声音的强弱很不方便，为此引入一个无量纲的对数量——声压级来表示。声压级定义为

$$L_p = 20\lg\frac{p}{p_0} \tag{7.3}$$

式中　L_p——声压级，dB；

　　　p——实际声压，Pa；

　　　p_0——基准声压，取为听阈声压。

这样，由听阈声压到痛阈声压的声音就可由 0～120 dB 的声压级来表示。声压级表示声压的强弱与人耳判断声音的强弱基本一致。

（2）声强与声强级

声波的传播过程实际上是振动能量的传播过程。因此常用能量的大小来描述声辐射的强弱。声场中单位时间内在垂直于声波传播方向的单位面积上所通过的能量称为声强。声强用 I 表示，单位是瓦/米^2（$\mathrm{W/m^2}$）。在自由场中，对应于听阈声压的声强为 $10^{-12}\ \mathrm{W/m^2}$，并以此作为声强的基准，对应于痛阈声压的声强为 $1\ \mathrm{W/m^2}$。

声强的计算式为

$$I = \frac{1}{T}\int_{0}^{T} p(t)\cdot v(t)\,\mathrm{d}t \tag{7.4}$$

式中　T——平均时间；

　　　$p(t)$——瞬时声压；

　　　$v(t)$——质点沿指定方向的瞬时速度分量。

声强既有大小又有方向，是一个矢量，通常在单位面积的法线方向上测量声强，而声压是一个变量。

人能感受到的声强范围大约为 10^{-12}～$1\mathrm{W/m^2}$，声强级的定义为

$$L_I = 10\lg\frac{I}{I_0} \tag{7.5}$$

式中　L_I——声强级，dB；

I——实际声强,W/m²;

I_0——基准声强,取为听阈声强 10^{-12} W/m²。

正常人双耳从听阈到痛阈相应的声强级为 0 ~ 120 dB。在特定的气温(38.9℃)时,声强与声压的平方成正比,即 $\dfrac{I}{I_0} = \dfrac{p^2}{p_0^2}$,所以声压级对数值前乘20,而声强级前乘10。表7.1 给出了几种声音的声强、声强级以及声压、声压级,从表上可以看出在常温下空气中某点的声压级近似等于该点的声强级。

表7.1 几种声音的声强、声强级及声压、声压级

声音	声强/(W·m⁻²)	声强级/ dB	声压/Pa	声压级/ dB
最弱能听到的声音	10^{-12}	0	2×10^{-5}	0
微风树叶声	10^{-10}	20	10^{-4}	14
轻脚步声	10^{-8}	40	10^{-3}	34
稳定行驶的汽车	10^{-7}	50	2×10^{-3}	40
普通谈话声	3.2×10^{-6}	65	10^{-2}	54
高声谈话	10^{-5}	70	10^{-1}	74
热闹街道	10^{-4}	80	1	94
火车声	10^{-3}	90	10	114
铆钉声	10^{-2}	100	10^{3}	154
飞机声(3 m 远)	2×10^{-1}	110	10^{4}	174

(3)声功率与声功率级

声源的声功率是指在单位时间内所发出的声能,用符号 W 表示,单位是瓦(W)。声功率是反映声源发射总能量的物理量,且与测量位置无关,是声源特征的重要指标。当观察点和声源的距离大于声源的尺寸时,该声源可视为点声源。在自由场中,点声源将等同地向各个方向发射声能,若媒介不吸收声能,声源发出的全部声能就要均匀地通过观察点所在的球面。因此,声源的声功率与声强的关系为

$$I = \frac{W}{4\pi r^2} \tag{7.6}$$

式中 r——观察点到声源的距离。

一个置于空气中的声源,它的声功率通常是不变的,与周围的环境无关;而声压和声强是声源发出的声音在空气中传播时,在声场内各点产生的效应(压强的波动和能量的流动)与声场特性和观察点有关。

声功率级是声源声功率与基准声功率之比的常用对数的 10 倍,记为

$$L_W = 10\lg \frac{W}{W_0} \tag{7.7}$$

式中 L_W——声功率级,dB;

W——实际声功率,W;

W_0——基准声功率，$W_0 = 10^{-12} \text{W/m}^2$。

需要指出的是，级是相对量，是一个与基准量之比的对数表示。只有在规定基准值后，级的分贝值才能表示一个量的大小。如声场中某点的声压级为 80 dB，表示该点的声压是基准声压的 10^4 倍；0 dB 表示声压等于基准声压，并不是没有声压。

7.2　噪声测量设备

噪声测量的物理量有声压或声压级、声强或声强级、声功率或声功率级，但长期以来人们对噪声的测量都是以测量噪声的声压或声压级为基础，而这种方法的测量结果易受环境影响和限制。自 20 世纪 80 年代以来，国际上趋向于用声功率来描述声源，并出现了声强测量法。

7.2.1　声级测量

从基本原理上看，噪声声（压）级测量和其他机械工程参数测量没有本质区别，但噪声测量仍有它自身的一些特殊性，如声压信号的计权和测量结果以分贝值计等。

（1）电容式传声器

测量传声器是一种专门用于声学测量的传感器，能在很宽的频率范围内不失真地将瞬时声压信号转换成电压信号，其性能的好坏直接影响到噪声测量结果。

理想的测量传声器应满足以下条件：

①与声波波长相比，传声器的尺寸应很小，故传声器在声场的反射、折射等效应可忽略，不至于对声场造成干扰。

②在声频范围内（20 Hz～20 kHz，有时超出这个范围）具有良好的频率响应特性，即平坦的幅频特性和零相移的相频特性。

③动态范围宽，即传声器的可测声压范围应比人耳的声压感受范围（120 dB）宽。

④性能稳定、灵敏度高以及电噪声低。

根据声压—电压转换原理的不同，传声器分为磁电式、压电式和电容式三种。在这三种方式中，只有电容式能很好地满足上述条件，因此成为应用最广的测量传声器，当前使用的噪声传声器都是电容式。

电容式传声器的工作原理实际上就是极距变化型电容传感器的工作原理。电容式传声器的外形和结构如图 7.1 所示。

传声器的振膜是一块绷紧的金属膜片，厚度在十几微米到几十微米之间，振膜与后极板组成一个极距变化型电容传感器。后极板上有若干特殊设计的阻尼孔，振膜在声压作用下振动时所造成的气流将通过这些小孔产生阻尼效应，以抑制振膜的振幅，改善传声器的声学特性。在无声压作用时，振膜不振动，由于传声器电容与负载电阻的串联，回路中不可能有电流流过电阻，输出电压等于零；当振膜在声压作用下振动时，由于电容器的极距变化，电流随之变化，这时就有电流流过电阻产生电压降，即产生输出电压 $e_y(t)$，再经过放大（或衰减）、加权、倍频程滤波、均方根检波和对数转换，最后得出噪声的声压级、计权声压级或倍频程声压级等。

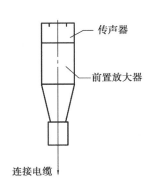
（a）电容式测量传声器外形

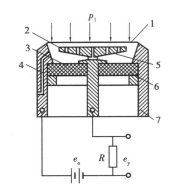
（b）电容式测量传声器的结构示意图

图7.1 电容式传声器的外形和结构示意图
1—振膜；2—背板；3—内腔；4—均压板；5—阻尼孔；6—绝缘体；7—壳体

（2）动圈式传声器

动圈式传声器的结构如图7.2所示，主要由振动膜片、音圈、永久磁铁和升压变压器等组成。它的工作原理是当人对着话筒讲话时，膜片就随着声音前后颤动，从而带动音圈在磁场中作切割磁力线的运动。根据电磁感应原理，在线圈两端就会产生感应音频电动势，从而完成了声电转换。为了提高传声器的输出感应电动势和阻抗，还需装设一只升压变压器。

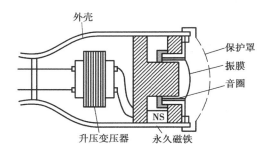

图7.2 动圈式传声器的结构示意图

动圈传声器结构简单、稳定可靠、使用方便、固有噪声小，其突出特点是输出阻抗小，所以接较长的电缆也不降低其灵敏度，温度和湿度的变化对其灵敏度也无大的影响，因此被广泛用于语言广播和扩声系统中。其缺点是精度、灵敏度较低，频率范围窄，体积大。近几年已有专用动圈传声器，其特性和技术指标都较好。

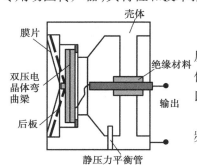

图7.3 压电式传声器结构示意图

（3）压电式传声器

压电式传声器的原理如图7.3所示。图中金属膜片与双压电晶体弯曲梁相连，膜片受到声压作用而变形时，双压电元件也产生变形，在压电元件梁端面产生电荷，通过变换电路可以输出电信号。

压电式传声器的膜片较厚，其固有频率较低，灵敏度高，频响曲线平坦，结构简单、价格便宜，广泛用于普通声级计中。

（4）声级计的工作原理

声级计是噪声测量最基本和最常用的便携式仪器，主要

138

用于测量声压级、声级和倍频程声压级。

根据国际电工委员会(IEC)有关声级计的标准,根据测量精度和稳定性将声级计分为0、1、2、3共4种类型。0级和1级属精密声级计,2级、3级属普通声级计。

各种类型声级计的工作原理基本相同,一般由传声器、前置放大器、放大/衰减器、计权网络、有效值检波器和输出指示等环节组成,其差别主要是附加的一些特殊功能。图7.4是典型的精密声级计工作原理框图。

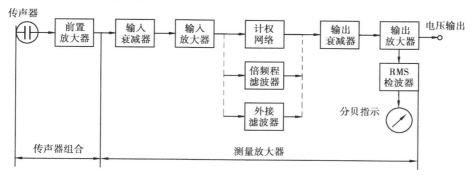

图7.4 精密声级计的工作原理框图

被测声压信号由电容器式的传声器组合接收,被转换成电压信号并经阻抗变换后由前置放大器输出低阻电压信号,然后送入测量放大器。在测量放大器中,输入衰减/放大器对信号作幅值调节后送入计权网络,计权网络有A、B、C、线性(20 Hz~20 kHz)及全通(10 Hz~50 kHz)五种选择。经计权后的信号再经输出衰减/放大器处理后进入均方根检波器,完成对信号的均方根运算求得噪声的均方根声压值(积分平均时间T可选),最后由指示器以"dB"指示噪声声压级或声级。

(5)工业噪声现场测量

根据对象的不同,工业噪声测量内容也不同。若是为了评价机器设备或产品的噪声,则应对机器设备或产品进行噪声测量;若是为了解噪声对人的干扰和危害,防止噪声污染,则应进行环境噪声测量。下面主要就机械设备的噪声测量进行讨论。

现场测量主要指对工厂车间等现场环境条件下,对机器设备的噪声测量,其目的有:对机器设备的噪声进行评价;进行不同机器设备的噪声情况对比;对设备的噪声进行控制。

现场噪声测量主要是A声级测量和倍频程频谱分析,必要时可将信号记录下来供后续分析。

对某台设备的噪声测量是沿一条包围设备的测量回线进行的。对于外形尺寸小于0.3 m的对象,回线与设备外轮廓的距离为0.3 m;对于外形尺寸为0.3~0.5 m的机器,回线与设备外轮廓的距离为0.5 m;对于外形尺寸大于1 m的机器,回线与设备外轮廓的距离为1 m。

传声器的高度应以机器的半高度为准,或选取机器水平主轴的高度(但距地面均不得小于0.5 m),或选取1.5 m(人耳平均高度)。

一般情况下,机器是非均匀地向各个方向辐射噪声,因此应沿测量回线选取若干个点进行测量(一般不小于4点),如图7.5所示。测量时,传声器应针对设备的外表面,使声波正射入。测点应远离其他设备或墙体等反射面,距离一般不小于2 m。当相邻两点测得的噪声级差大于5 dB时,应在其间增加测点。一般规定以所测得的最高A声级 dB(A)为该机器噪声大小的评价值。如需对噪声作倍频程频谱分析,或要将声压信号记录下来作详细分析,通常以最高 A 声级或最高声压级点为主要测点,也可根据需要在选择辅助测点。

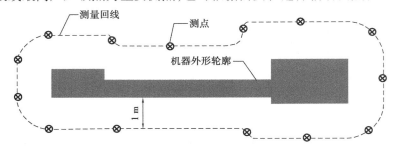

图 7.5　机器噪声测点示意图

对空气动力机械,如通风机、压缩机等,若要测量它们的进、排气噪声,则进气噪声测点应选在进气口轴向,距管口平面最小距离为 1 倍管口直径,通常选在距管口平面 0.5 m 或 1 m处。排气噪声测点应取在与排气管轴线成 45°方向上或管口平面上,距管口中心 0.5 m、1 m或 2 m 处,如图 7.6 所示。

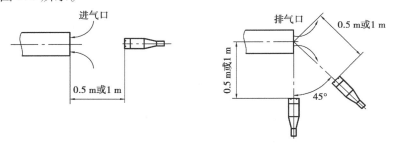

图 7.6　进、排气口噪声测点选择

现场噪声测量应避免本底噪声(即背景噪声)的影响。背景噪声也就是被测噪声源不发声时的环境噪声。

7.2.2　声强测量

长期以来,对噪声的测量都是测量声压级或计权声级,至于声功率级则是通过声压级的测量间接得到,因此测量结果受到测量环境的影响。为了克服这一缺点,丹麦、瑞士等国首先提倡并研究声强测量,随之出现了声强探头及声强测量系统,为噪声测量开辟了新的途径。

声强具有声功率和单位面积的概念。声强 I = 功率/面积 = 压力×速度,因此声强是一矢量,如果考虑某 r 方向上的声强,则有

$$I_r = \overline{p(t)u_r(t)} \tag{7.8}$$

式中　$p(t)$——r 方向上某点的瞬时声压,Pa;

　　　$u_r(t)$——r 方向上同一点处媒质质点的瞬时速度,m/s;

上横线——积分平均的简化表示,即 $\dfrac{1}{T}\displaystyle\int_0^T \mathrm{d}t$。

由于媒质质点的速度 $u_r(t)$ 与声压梯度 $\partial p/\partial r$ 的时间积分有关,即

$$u_r = -\int \frac{1}{\rho} \times \frac{\partial p}{\partial r} \mathrm{d}t \tag{7.9}$$

因此引入声强探头——两只性能相同的、按面对面、背靠背或并排布置的传声器 A、B，可测得 A、B 两点的声压 p_A、p_B，从而得到声压梯度

$$\frac{\partial p}{\partial r} \approx \frac{p_B - p_A}{\Delta r} \tag{7.10}$$

测量点的瞬时声压可用 A、B 两点间的平均声压来表示，即

$$p \approx \frac{1}{2}(p_A + p_B) \tag{7.11}$$

将其代入式(7.8)，得到计算声强的基本公式

$$I_r = \frac{1}{2\rho\Delta r}(p_A + p_B)\int_0^T (p_A - p_B)\,\mathrm{d}t \tag{7.12}$$

式中　ρ——媒介密度，$\mathrm{kg/m^3}$；

　　　Δr——测量方向上 A、B 两传声器的距离，m；

　　　p_A、p_B——A、B 两点处的瞬时声压，Pa。

上式表明，声强的工程测量可以借助两个相互靠近并留有适当间隔的传声器所测得的一对瞬时声压经计算来实现。测量的近似性和测量误差主要取决于传声器特性一致性、间隔 Δr 的大小以及测量的频率范围。

（1）声强探头

根据计算基本公式，为了进行声强测量，必须同步获得声场中测量方向上两点的瞬时声压信号 p_A、p_B。声强探头就是为此目的设计的，它由两只性能相等的传声器面对面地固定在一个支架上。两传声器的轴线就是声强测量的敏感方向，它们之间的间隔由定距柱固定，以保证一定的声学间距 Δr，如图 7.7。也有将传声器背靠背或并排布置的，但以面对面方式的性能最好，所以现在大都采用面对面方式。

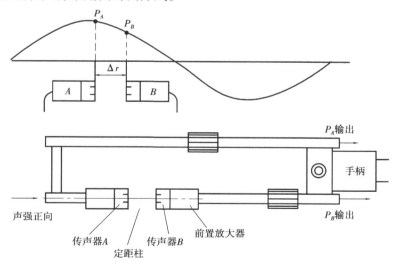

图 7.7　声强探头示意图

声强探头是有方向性的，它测量的是沿传声器轴线的声强分量，以其前段到柄部为正向。组成声强探头的两只传声器是经过仔细校准配对，并和前置放大器组合在一起的。它们的幅频和相频特性在测量频率范围内有很好的一致性。两通道的连接电缆内有电源线和信号输

出线,它们接至随后的测量装置专门端口上,由它们提供传声器和前置放大器工作所需的电源和接受转换后的声压信号。

声强探头的测量频率上限由两个传声器之间的间隔 Δr 决定。由于声场压力梯度的测量是以差分代替微分,只有 Δr 远小于声波波长(一般要求声波波长只是 Δr 的 6 倍以上),才能得到较好的近似。确定了 Δr,测量频率的上限也就确定了。间隔 Δr 越大,则测量频率上限越低。

声强分析系统两通道之间的相位失配量(相频特性的不一致性)和传声器间隔 Δr 决定测量频率下限。声强探头测得的信号 p_A 和 p_B 之间是有相位差的,该相位差对声强测量十分重要,可靠的声强测量要求两通道相位失配远小于信号的相位差。一方面,随着频率的下降,声波波长增加,间隔 Δr 对应的两通道信号相位差也减小,对通道相位适配的要求增高。另一方面,较大的 Δr 对应的信号相位差也较大,对通道失配的宽容度增加。所以,通道相位适配越小,间隔 Δr 越大,测量频率下限就越低。

归纳起来,Δr 增大,测量频率上限就降低,下限向低端扩展,整个测量频率范围向低端移动;Δr 减小,测量频率上限向高端扩展,下限升高,整个测量频率范围向高端移动;两通道之间的相位失配量越小,测量频率范围的下限也越低;在 Δr 一定时(上限频率一定),减小相位失配量可以得到较宽的测量频率范围。

为了达到一定的测量精度(± 1 dB),在两通道相位失配控制在不超过 $\pm 0.3°$ 的条件下,不同间隔 Δr 的声强探头只能覆盖一定的测量范围,如表 7.2 所示。

表 7.2   声强探头的测量频率范围

传声器直径/in	Δr/min		
	6	12	50
1/4	500 Hz ~ 10 kHz	250 Hz ~ 5 kHz	—
1/2	—	250 Hz ~ 5 kHz	63 ~ 1 250 Hz

(2)声强计

声强计是一种紧凑的便携式声强测量仪器,可测量总声强值或带宽(倍频程式)声强谱,常用于现场声强测量。图 7.8 所示为数字式声强计的工作原理框图。

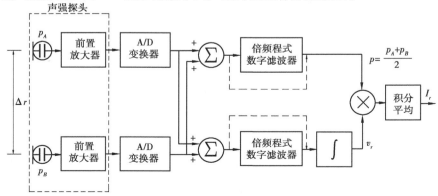

图 7.8   数字式声强计工作原理框图

声强探头同步拾取声压信号 p_A 和 p_B 并转换为模拟电压信号,再经 A/D 转换为数字信号。两路信号相加后平均表示测点瞬时声压;相减表示压力梯度;经积分表示质点速度。瞬时声压信号和速度信号相乘,再求积分平均就得出声强值。如果接入 1/1 倍频程或 1/3 倍频程滤波器,则可测得倍频程频带声强值,即 1/1 倍频程或 1/3 倍频程声强谱。

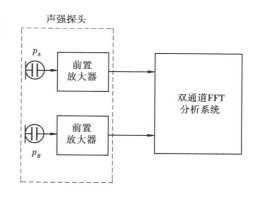

图 7.9　数字式声强分析系统

（3）数字式声强分析系统

数字式声强分析系统一般由声强探头和双通道 FFT(快速傅里叶变换)分析仪组成,如图 7.9 所示。用 FFT 算法计算两通道声压信号的互谱再在频域进行幅值积分(各频率分量除以相应的角频率),其虚部即为噪声的窄带声强谱,经简单计算后也可以得出倍频程式声强谱和总声强值。

7.3　噪声频谱分析

噪声频谱分析是噪声研究及其控制的基础。噪声声谱分析是了解噪声频率结构的主要手段。它通过分析给出噪声总声级在各个频率或频带上的分量,以频率为横坐标,以噪声中相应的频率分量的强弱(这里指的是声压级,也可以是声强级或声功率级)为纵坐标来描述声能随频率变化的分布关系,绘制的图形称为噪声频谱图(幅值谱),简称噪声谱。它表明了噪声的频率结构,即噪声中包含哪些频率成分以及各频率分量的强弱。借助频谱图并结合具体的测量对象,就可以分析产生噪声的主要原因和找出噪声源。因此,噪声的频谱分析是噪声测量的重要内容之一。

噪声的瞬时信号 $p(t)$ 通常视为随机信号,可按信号分析原理和技术进行常规的窄带功率频谱分析;也可以将 20 Hz ~ 30 kHz 的声频范围分为若干频带作倍频程宽带分析。

7.3.1　窄带频谱和声压谱级

用 $S_p(f)$ 表示瞬时声压信号 $p(t)$ 的功率谱密度(单边谱),即

$$S_p(f) = \lim_{T \to \infty} \frac{2}{T} \left| \int_0^T p(t) \mathrm{e}^{-\mathrm{j}2\pi f t} \mathrm{d}t \right|^2 \tag{7.13}$$

$S_p(f)$ 又可以称为均方声压谱密度,其量纲是帕^2/赫(Pa^2/Hz)。实际分析时,积分长度 T 取有限值。

在噪声测量中,常用级为单位来度量噪声功率谱密度的幅值,称为声压谱级。噪声在某一频率处的声压谱级 $L_{ps}(f)$ 是以该频率为中心频率,带宽为 1 Hz 的频带内所有声能的声压级。按此定义,根据式(7.13)可得

$$L_{ps}(f) = 10\lg \frac{S_p(f) \cdot 1 \text{ Hz}}{p_0^2} \tag{7.14}$$

式中,分子上的均方声压谱密度乘以 1 Hz 是表示将 1 Hz 带宽内所有声能求和。注意:分子乘以 1 Hz 后它的均方密度量纲——帕^2/赫(Pa^2/ Hz)已转为均方量纲帕^2(Pa^2)。

声压谱级通常只适用于噪声具有连续频谱的时候。实际对噪声作窄带谱分析时,常常只需要得出频谱的分布状态和各频率分量幅值的相对大小,而不作幅值量值的绝对测量。

$S_p(f)$ 和 $L_{ps}(f)$ 是以瞬时声压 $p(t)$ 为基础导出的,所以它们和噪声测点有关。由于窄带频谱具有较高的频率分辨率,广泛用于噪声源特性的分析和诊断。窄带频谱通常用数字信号分析技术设备获得。

7.3.2 频带声压级与倍频程频谱

由于声频范围为 20 Hz ~ 20 kHz,有 1 000 倍的变化范围。为了噪声测量和分析方便快捷,也为了测试仪器设计和制造的可能性,可把这一频率范围分为若干连续频段,每一频段称为频带。每一个频带的上限频率和下限频率遵循以下倍频程关系式

$$f_h^i = 2^m f_l^i \tag{7.15}$$

式中 f_h^i——第 i 个频带的上限频率;

  f_l^i——第 i 个频带的下限频率;

  m——倍频程数,常用的是 $m = 1/1, 1/3, 1/12$ 等。

每一频带的上限频率和相邻的下一个频带的下限频率相等,这叫做邻接条件,即

$$f_h^i = 2^m f_l^{i+1} \tag{7.16}$$

各频带在频率轴上的位置,用该频带的中心频率 f_0^i 来表示,它定义为频带上下限的几何平均值,即

$$f_0^i = \sqrt{f_l^i \cdot f_h^i} \tag{7.17}$$

频带宽度 B^i 定义为上下频率之间的频率跨度,即

$$B^i = f_h^i - f_l^i \tag{7.18}$$

由式(7.15)至式(7.18)可得

$$f_0^{i+1} = 2^m \cdot f_0^i \tag{7.19}$$

$$B^i = (2^{\frac{m}{2}} - 2^{\frac{-m}{2}})f_0^i \quad 或 \quad \frac{B^i}{f_0^i} = (2^{\frac{m}{2}} - 2^{\frac{-m}{2}}) \tag{7.20}$$

可见,各频带中心频率也满足倍频程关系。当倍频程数 m 确定以后,比例带宽 $\dfrac{B^i}{f_0^i}$ 是常数。按此规律划分的频带称为 m 倍频程,按此原则设计的带通滤波组称为 m 倍频程式滤波器。噪声宽带谱分析常用1/1 倍频程(习惯称倍频程,$m = 1/1$)和1/3 倍频程($m = 1/3$)模式,它们的中心频率和相应的频带范围如表 7.3 所示。若要详细分析噪声的频率特征,则必须进行窄带谱分析。

表 7.3　1/1 倍频程和 1/3 倍频程的频率参数

1/1 倍频程				1/3 倍频程			
中心频率 /Hz	带宽 /Hz	上截止频率 /Hz	下截止频率 /Hz	中心频率 /Hz	带宽 /Hz	上截止频率 /Hz	下截止频率 /Hz
16	11	22	11	12.5	2.9	14.1	11.2
				16	3.7	17.8	14.1
				20	4.6	22.4	17.8
31.5	22	44	22	25	5.8	28.2	22.4
				31.5	7.2	35.5	28.2
				40	9.2	44.7	35.5
63	44	88	44	50	11.5	56.2	44.7
				63	14.6	70.8	56.2
				80	18.3	89.1	70.8
125	89	177	88	100	22.9	112	89.1
				125	29	141	112
				160	37	178	141
250	178	355	177	200	46	224	178
				250	58	282	224
				315	73	355	282
500	355	710	355	400	92	447	355
				500	116	562	447
				630	140	708	562
1 000	710	1 420	710	800	183	891	708
				1 000	231	1 122	891
				1 250	291	1 413	1 122

　　声谱分析可以利用各种频谱分析仪进行,这些谱分析设备有模拟式和数字式两大类。声谱分析也可以通过软件编程在计算机上进行,有些声级计也具有倍频程分析功能。

7.4　噪声控制

7.4.1　噪声控制的基本原理

噪声的产生对处于噪声环境工作的人构成危害。为此,进行噪声控制是机械设备设计、制造、使用和维护过程的一个基本任务。

噪声控制必须从噪声声源的控制、传播途径的控制和接受者的防护三个方面来考虑。

(1) 噪声源的控制

在噪声源处降低噪声是噪声控制的最有效方法。通过研制和选择低噪声设备、改进生产加工工艺、提高机械零部件的加工精度和装配技术、合理选择材料等,都可达到从噪声源处控制噪声。具体来说,包括以下几个方面:

①合理选择材料和改进机械设计来降低噪声。

②改进工艺和操作方法降低噪声,例如用低噪声的焊接代替高噪声的铆接,用液压代替高噪声的锤打等。

③减小激振力来降低噪声。在机械设备工作过程中,尽量减小或避免运动零部件的冲击和碰撞,尽量提高机械和运动部件的往复惯性力,从而减小激振力,使机器运行平稳、噪声降低。

④提高零部件间的接触性能,如通过提高零部件加工精度及表面精度,选择合适的配合,具有良好的润滑,减小摩擦和振动。

⑤降低机械设备系统噪声辐射部件对欲振件的响应,尽量避免共振发生,适当提高机械结构运动刚度,提高机器零部件的加工和装配精度。

(2) 噪声传播途径的控制

在总体上采用"闹静分开"的原则控制噪声,如将学校、居民区等与噪声较大的闹市区分开;高噪声车间与办公室、宿舍分开;高噪声的机器与低噪声的机器分开。这样利用噪声自然衰减特性,减少噪声污染面。还可因地制宜,利用地形、地物,如山丘、土坡或已有建筑设施来降低噪声的作用。另外,绿化也有利于降低噪声的作用。此外,在上述方法还不能达到要求的情况下,就需要在噪声的传播途径上直接采用声学措施,包括吸声(可减噪 4~10 dB)、隔声(可减噪 10~40 dB)、消声(可减噪 15~40 dB)、减振(可减噪 5~15 dB)和隔振(可减噪 5~25 dB)等常用噪声控制技术。

(3) 加强噪声接受者防护

在其他技术措施都难以有效地控制噪声,或只有少数人工作在噪声环境下,可采用个人防护。个人防护是一种既经济又实用的有效方法,特别是从事铆焊、冲击、爆炸、机器设备较多和自动化程度较高的车间就必须采取个人防护措施。它主要包括对听觉和头部防护,以及人的胸部防护。

7.4.2 机械噪声控制

(1) 机械噪声控制的一般原则

机械噪声源中,机械性噪声和气体动力性噪声的控制原则及措施如下:

①减小激振。如减小运动件的速度或质量;提高机械和运动部件的平衡精度;控制运动件间隙以减小冲击;改进机器性能参数;用连续运动代替非连续运动等。

②减小机械振动。如采用高阻尼材料或增加结构阻尼;增加运动刚度,合理加筋;改变零件尺寸,以改变固有频率;正确校正中心,改善润滑条件;采用减振器、隔振器或缓冲器。

③降低气体动力性噪声。如防止流体压力突变,消除湍流噪声、射流噪声和激波噪声;降低气流速度,减小气体压降和分散压降;改变气流频谱特性,向高频方向移动;设计高效消声

器;减低气流管道噪声,改变管道支持位置等。

④降低机械性噪声。如减小齿轮、轴承、驱动电路、液压系统等噪声;改进部件结构和材料,采用新型凸轮等;合理设计罩壳、盖板、防止激振,减少声辐射;设计局部的隔声罩;采用电子干涉消声装置,降低窄频噪声。

(2)鼓风机噪声及其控制

鼓风机是广泛应用的通用机械,分为离心式鼓风机(又称透平式鼓风机)和容积式鼓风机。

鼓风机的噪声高达 100~130 dB(A),频谱多呈宽带特性,是危害最大的一种噪声设备。不同类型的鼓风机产生的噪声大小及频谱特性不同,但所有辐射的噪声和部位基本相同。鼓风机的噪声包括空气动力性噪声和机械噪声,以空气动力性噪声为主。空气动力性噪声主要从进、排气口辐射出来。机器噪声主要从电机、机壳和管壁辐射出来,通过基础振动还会辐射固体噪声。

鼓风机噪声的控制方法主要采用消声器和隔声、隔振技术。在进气管道和排气管道上安装消声器,可有效降低噪声 10~20 dB(A);为进一步降噪,可把鼓风机组封闭在密闭的罩内,并在罩座下加隔振器;还可包扎管道,隔绝噪声传播途径。

(3)空气压缩机噪声及其控制

压缩机是气动工具的动力源,使用最广的是往复式空压机。

空压机产生的噪声主要有进排气噪声、机械噪声和电机噪声。

空压机运转时,汽缸进气阀间歇开闭,空气周期性地被吸入气缸,在进气管内产生压力波动。空压机进气后,后续空气的补偿气流与空压机部件的碰撞以及间歇运动产生的涡流,以声波形式从进气口辐射。进气噪声的声级为 90~110 dB(A),是空压机的主要噪声。

空压机汽缸内被压缩的气体随排气阀间歇排出,产生排气管噪声。空压机排气放空时,空气由 500~800 Pa 突然降到大气压,由于气流急剧膨胀,流速很大而产生的噪声,可达130 dB(A)。

空压机的机械噪声主要包括回风阀的撞击声、阀片对阀座的冲击声、曲轴连杆的冲击声、活塞往复运动摩擦引起汽缸壁及其频率振动产生的噪声等。由于空压机的机械发声部位很多,其机械噪声的频率范围较宽。

空压机的电机噪声是电机冷却风扇的气流噪声、定子与转子间磁场脉动引起的电磁噪声以及滚动轴承高速旋转产生的机械噪声,其中以冷却风扇的气流噪声最大。

空压机噪声的控制主要采用消声器、消声坑道和隔声技术。在进、排气口设置进排气消声器;消声坑道是地下或半地下式坑道,坑道壁由吸声性能好的砖砌成,将空压机的进气管与消声坑道连接,使空气通过消声坑道进入空压机,可使进气噪声大大降低。通过上面两项措施可使空压机的气流噪声降到 80 dB(A)以下,但空压机的机械噪声和电机噪声仍然很高,为此可在空压机组上装隔声罩。此外,在空压机站,高大空旷的厂房混响声很严重,可在厂房顶棚分散悬挂吸声体,厂房内噪声可降低 3~10 dB(A)。

7.5 车内噪声测量

7.5.1 测试内容及分析系统

汽车,尤其是城市客车,其内部环境为小型的公共环境,噪声将影响乘员舒适性、听觉损害程度、语言清晰度以及各种音响信号识别能力。因此,车内噪声控制显得尤其重要。车内噪声测试就是要获取车内噪声分布情况及其频谱特性,以便有针对性地采取降噪措施,同时辅助相应的振动测试,分析噪声源与振动的关系,为降噪方案的实施提供参考依据。

被测客车为长 10 m 的城市客车,后置发动机,额定转速为 2 500 r/min,额定功率为 118 kW,在平直沥青路面按"声学汽车车内噪声测量方法(GB/T 18697—2002)"进行噪声测试。根据测试标准,选择能代表驾驶员和乘客耳旁处噪声的部位作为噪声测点位置,以便评价试验客车车内噪声情况,研究噪声分布特征及传播途径。振动测试以辅助噪声测试为主,主要研究试验客车地板、发动机的振动与车内噪声的关系。测点分布如图 7.10 所示,测点明细见表 7.4。

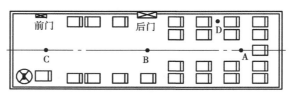

图 7.10　客车噪声振动测点分布示意

表 7.4　车噪声振动测点明细表

	测 点	位 置	方 向
噪声测试	N1	A 处(最后排坐姿乘客耳朵高度位置)	客车行驶方向
	N2	B 处(中间排坐姿乘客耳朵高度位置)	
	N3	C 处(驾驶员坐姿时耳朵高度位置)	
	N4	D 处(坐姿乘客耳朵高度位置)	
	V1	A 处地板上	垂向
	V2	B 处地板上	
	V3	发动机悬置(发动机一侧)	
	V4	发动机悬置(车架一侧)	

分别测试客车怠速与匀速 35 km/h、50 km/h、60 km/h、70 km/h 行驶时客车上各测点的噪声及振动。使用 B&K4189 型传声器获取噪声信号;使用 B&k PULSE 3560 C 测试分析系统记录分析采集的数据;使用 Coinv YJ9 型加速度传感器获取振动信号,Coinv INV306 信号采集

仪记录数据,并使用 DASP 系统分析处理振动数据;使用 CPB 分析仪对噪声进行 1/3 倍频程分析,分析频率为 12.8 kH;使用 FFT 分析仪对振动频谱进行分析,分析频率为 1 kHz。

7.5.2　测试结果与分析

测得车内本底噪声为 45.3 dB(A),相对于被测声压级约小 30 dB(A),背景噪声的影响可忽略不计。各测点噪声值、加速度有效值如表 7.5 所列。

表 7.5　试验客车噪声振动测试结果

车速/ (km·h^{-1})	稳态噪声值/dB(A)				加速度有效值/(m·s^{-2})			
	N1	N2	N3	N4	V1	V2	V3	V4
怠速	73.2	71	68.7	76.4	0.59	0.31	6.67	3.48
35	78.7	78.6	76	83.1	2.24	0.83	26.31	8.05
50	80.1	78.7	76.7	85.5	2.36	1.14	29.65	9.43
60	81.7	80.3	78.1	85.9	2.97	1.57	34.28	10.6
70	82	81.1	79.6	86.2	3.43	1.76	41.46	11.07

由表 7.5 可以看出,试验客车匀速(50 km/h)运行时,该客车后部测点(N1、N41)的噪声值大于 GB 7258—2004 的噪声限值 79 dB(A1),试验客车车内后部噪声值存在超标现象。试验客车噪声随行驶速度提高而不同程度地增大;车内各部位的噪声大小分布不均匀,从后到前噪声明显衰减;同一高度的测点,靠近侧壁处的噪声不同程度地大于中间部位的噪声。这说明试验客车后部的发动机及其冷却系统、进排气系统和变速器等动力传递系统是主要的噪声源,其产生的噪声主要通过地板和侧壁传入车内,其产生的振动激发地板和车体形成结构辐射噪声传入车内。

同样,试验客车的振动随行驶速度的提高而不同程度地增大,车体后部的振动大于中、前部,车体的振动主要由后置发动机及传动系工作所引起。

使用 CPB 分析仪对采集的噪声信号进行 1/3 倍频程分析,结果如图 7.11、图 7.12 所示。

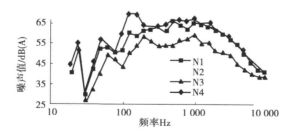

图 7.11　客车怠速各测点噪声频谱曲线

从图 7.11、图 7.12 可以看出,试验车匀速行驶工况下,车内各测点的噪声频谱曲线的走势、峰值出现位置基本一致,说明车内各处的噪声频谱特性相似,各处稳态噪声大小不同主要是由于各频率成分下噪声值大小不同引起的。

试验客车怠速时,发动机转速约为 675 r/min,发动机着火脉冲频率为 22.5 Hz。从图 7.13 可以看出,其 1 阶、2 阶点火频率附近(22.5 Hz、45 Hz)的 1/3 倍频程中心频率上均出现

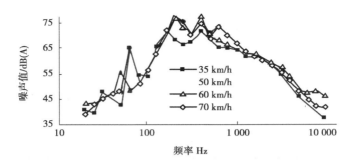

图 7.12　测点 N1 各匀速上况下噪声频谱曲线

明显峰值,但此两处的峰值对噪声值的作用不大;车内噪声主要集中在 100~4 000 kHz 的较宽频段,说明发动机振动引起的直接结构噪声对车内噪声贡献不大,车内主要噪声为固体辐射声、空气传播声和多次反射形成的混响噪声,尤其是车厢后部,由于靠近噪声源,混响噪声更为严重。

习题与思考题

7.1　评价噪声的主要技术参数是什么? 各代表什么物理意义?

7.2　A、B、C 三种不同计权网络在测试噪声中各有什么用途?

7.3　噪声测试中应注意哪些具体问题?

7.4　测量某车间的噪声,已知有 4 h 中心声级为 90 dB(A),有 3 h 中心声级为 100 dB(A),有 1 h 中心声级为 110 dB(A),试计算一天内等效连续声级。

7.5　测得某风机的 1 倍频程各频带声压级如下表所示:

1 倍频程中心频率/Hz	63	125	250	500	1 000	2 000	4 000	8 000
频带声压级/dB	45	52.5	70.3	80.5	81.2	77.2	69.4	63

试求它的总 A 声级。

第**8**章
力、扭矩测量

各种机器在原动力的推动下，经过力或扭矩的传递才能使机器的各部分产生所需的各种运动并做功。因此，力和扭矩是与机器运行过程密切相关的重要参数，是计算机械效率和功率的必要参数。测定和分析力和扭矩的大小、方向及特征，研究影响它们的各种因素及其产生的后果，可为机器的设计及改进提供可靠的依据，促进机器质量和使用寿命的提高，对设备的安全运行、自动控制及设计理论的发展等都有重要的指导作用。

8.1 电阻应变片

8.1.1 电阻应变片工作原理

电阻应变片的敏感量是应变。金属受到拉伸作用时，在长度方向发生伸长变形的同时会在径向发生收缩变形。金属的伸长量与原来长度之比称为应变。利用金属应变量与其电阻变化量成正比的原理制成的器件称为金属应变片。金属导体或半导体在外力作用下产生机械变形而引起导体或半导体的电阻值发生变化的物理现象称为应变效应。

应变片变形时，从引线上测出的电阻值也会相应变化。只要应变片的材料选择得当，就可以使应变片因变形而产生的应变（应变片的输入）和它的电阻的变化值（应变片的输出）呈线性关系。如果把应变片贴在弹性结构体上，当弹性体受外力作用而成比例地变形（在弹性范围内）时，应变片也随之变形，所以可通过应变片电阻的大小来检测外力的大小。

设被测物体原始长度为 L，变形后的长度为 $(L+\Delta L)$，物体受力后发生的轴向相对变形（应变）为 ε。电阻应变片的电阻为 R，R 随被测物体的变形而改变在一定范围内，有

$$\frac{\mathrm{d}R}{R} = K\frac{\mathrm{d}L}{L} = K\varepsilon \tag{8.1}$$

其中，K 为应变片的灵敏系数。因此，只要测出应变计电阻 R 的相对变化，就可以求出相应的应变 ε。电阻应变计产生的应变 ε 和电阻的相对变化 $\Delta R/R$ 具有下述关系，即

$$\frac{\Delta R}{R} = K\varepsilon \tag{8.2}$$

电阻的相对变化量难以测量,通常用电桥将其变换成电信号。通过测出电桥输出电压,便可以求出此时所测应变值。由于电桥输出为低频缓变直流信号,信号非常微弱,需要专门的测量电路(放大器)将其放大,再输入到显示、记录仪表进行显示记录,或经过模数转换(A/D)和接口电路输入计算机进行分析处理。

用应变片测量应变或应力时,根据上述特点,被测试件在外力作用下产生微小的机械变形,粘贴在被测试件上的应变片随着发生相同的变化,同时应变片的电阻值也发生相应的变化。当测得应变片电阻值的变化量 ΔR 时,便可得到被测试件的应变值。根据应力与应变的关系,得到应力值 σ 为

$$\sigma = E\varepsilon \tag{8.3}$$

由此可知,应力 σ 正比于应变 ε,而试件应变正比于电阻值的变化,所以应力正比于电阻值的变化,这就是利用应变片测量应变的基本原理。

8.1.2 电阻应变片的结构

(1)金属电阻应变片

金属电阻应变片的典型结构如图 8.1 所示,它由敏感栅、引线、基底和覆盖层组成。

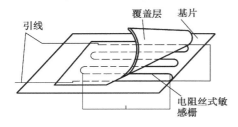

图 8.1 金属电阻应变片结构

1)敏感栅

它是应变片的核心部分,是应变片的转换元件。它粘贴在绝缘基底上,其上再粘贴起保护作用的覆盖层,两端焊接引出导线。

金属电阻应变片的敏感栅,按其制造方法不同分为丝式、箔式和薄膜式三种。金属丝应变片是用直径 0.015 ~ 0.05 mm 的电阻丝(由铜镍、镍铬、铂银合金等)盘曲成栅状,常见的有丝绕式和短接式。金属箔式应变片则是在 0.001 ~ 0.01 mm 金属箔上经光刻腐蚀的方法做成栅状,因此,栅的形状尺寸更易准确,也便于大量生产。与丝式应变片相比,使丝栅变形的基底和黏结剂层内所需单位剪应力较小,故箔式应变片的灵敏度略大;散热面积大,从而允许工作电流也大。薄膜式应变片则是将金属或合金用真空蒸发或真空沉积的方法在绝缘基片上形成一层厚仅为 0.1 μm 的膜,再光刻腐蚀成栅状,使线栅比箔式更薄,反映应变更正确,通入电流后散热更好。

按照敏感栅结构的不同,金属电阻应变片可分为单轴应变片、多轴应变片和复式应变片。单轴应变片的基底上只有一个敏感栅的电阻应变片。多轴应变片是指在同一基底上具有两个或两个以上敏感栅的应变片。通常,这些敏感栅的轴线排列成两个或两个以上方向,所以又称为应变花;排列成同一方向的应变片又称为应变链。前者用于测定主应力和主应力方向的应变测量,或用于剪切应变测量;后者用于确定应力集中区域内应力分布的应变测量。复式应变片是指在同一基底上,将几个敏感栅排列成所需形式且将它们连接成电桥回路的电阻应变片,主要用于传感器。

2)基底和盖片

基底用于保持敏感栅、引线的几何形状和相对位置。盖片既保持敏感栅和引线的形状和相对位置,还可保护敏感栅。基底厚度一般为 0.02 ~ 0.04 mm,常用的基底材料有纸基、布基

和玻璃纤维布基等。

3）黏结剂

黏结剂用于将敏感栅固定于基底上，并将盖片与基底粘贴在一起。使用应变片时，也需要用黏结剂将应变片基底粘贴在试件表面的某个方向和位置上，以便将试件受力后的表面应变传递给应变计的基底和敏感栅。

常用的黏结剂分为有机黏结剂和无机黏结剂两大类。有机黏结剂用于低温、常温和中温，常用的有聚丙烯酸酯、酚醛树脂、有机硅树脂、聚酰亚胺等。无机粘接剂用于高温，常用的有磷酸盐、硅酸盐、硼酸盐等。

4）引线

它是从应变片的敏感栅引出的细金属线，常用直径约 0.1 ～ 0.15 mm 的镀锡铜线或扁带形的其他金属材料制成。对引线材料的性能要求是：电阻率低，电阻温度系数小，抗氧化性能好，易于焊接。大多数敏感栅材料都可制作引线。

（2）半导体应变片

制造半导体应变片的敏感栅材料有锗、硅、锑化铟、磷化铟等，常见的半导体式应变片的敏感栅多为锗或硅。

如图 8.2 所示为最典型的体型半导体应变片的构成。单晶硅或单晶锗条作为敏感栅，连同引线端子一起粘贴在有机胶膜或其他材料制成的基底上，栅条与引线端子用引线连接。

半导体材料的突出优点是灵敏系数高，机械滞后小，横向效应小，体积小；缺点是温度稳定性差，大应变时非线性较严重，灵敏系数离散性大。随着半导体集成电路工艺的迅速发展，上述缺点相应得到了克服。

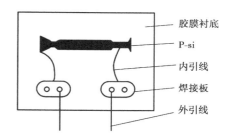

图 8.2　半导体应变片结构

半导体应变片有体型、薄膜型和扩散型三种。体型半导体应变片的敏感栅是用单晶硅或单晶锗等材料，按照特定的晶轴方向切成薄片，经过掺杂、抛光、光刻腐蚀等方法而制成。应变片的栅长一般为 1 ～ 5 mm，每根栅条宽度为 0.2 ～ 0.3 mm，厚度为 0.01 ～ 0.05 mm。薄膜型半导体应变片的敏感栅是用真空蒸镀、沉积等方法，在表面覆盖有绝缘层的金属箔片上形成半导体电阻并加上引线而构成。扩散型半导体应片的敏感栅是用固体扩散技术，将某种杂质元素扩散到半导体材料上制成。

8.1.3　电阻应变片的应用

（1）直接测定结构的应力或应变

为了研究机械、建筑、桥梁等结构的某些部位或所有部位工作状态下的受力变形情况，往往将不同形状的应变片贴在结构的预定部位上，直接测得这些部位的拉应力、压应力、弯矩等，为结构设计、应力校核或构件破坏及机器设备的故障诊断提供实验数据或诊断信息。图 8.3 给出了两种实际应用的例子。

（2）制成多种用途的应变传感器

用应变片贴于弹性元件上制成的传感器可测量各种能使弹性元件产生应变的物理量，如

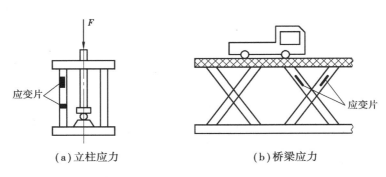

（a）立柱应力　　　　　　　　　　（b）桥梁应力

图8.3　构件应力测定

压力、流量、位移、加速度等。因为这时被测的物理量使弹性元件产生与之成正比的应变,这个应变再由应变片转换成其自身电阻的变化。根据应变效应可知,应变片电阻的相对变化与应变片所感受的应变成比例,从而通过电阻与应变、应变与被测量的关系即可测得被测物理量的大小。图8.4 给出了几种典型的应变式传感器的例子:

①图8.4(a)是位移传感器。位移 x 使板簧产生与之成比例的弹性变形,板上的应变片感受板的应变并将其转换成电阻的变化量。

②图8.4(b)是加速度传感器。它由质量块 M、悬臂梁、基座组成。当外壳与被测振动体一起振动时,质量块 M 的惯性力作用在悬臂梁上,梁的应变与振动体(即外壳)的加速度在一定频率范围内成正比,贴在梁上的应变片把应变转换成为电阻的变化。

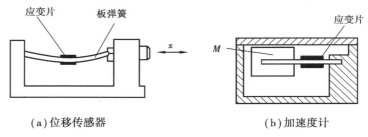

（a）位移传感器　　　　　　　　　　（b）加速度计

图8.4　应变式电阻传感器应用举例

8.2　力传感器

8.2.1　应变测力传感器

应变式测力传感器是由电阻应变片、弹性元件和其他附加构件所组成,是利用静力效应测力的位移型传感器。在利用静力效应测力的传感器中,弹性元件是必不可少的组成环节,它也是传感器的核心部分,其结构形式和尺寸、力学性能、材料选择和加工质量等是保证测力传感器使用质量和测量精度的决定性因素。衡量弹性元件性能的主要指标是:非线性、弹性滞后、弹性模量的温度系数、热膨胀系数、刚度、强度和固有频率等。弹性元件的结构可根据被测力的性质和大小以及允许的安放空间等因素设计成各种不同的形式。可以说弹性元件的结构形式一旦确定,整个测力传感器的结构和应用范围也就基本确定。常用的测力弹性元件有柱式、梁式和剪切式等。

（1）柱式弹性元件

柱式弹性元件有圆柱形、圆筒形等几种，如图8.5所示。这种弹性元件结构简单、承载能力大，主要用于中等载荷和大载荷（可达数兆牛顿）的拉（压）力传感器。

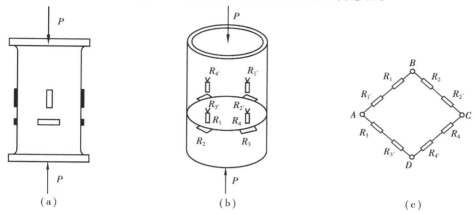

图 8.5　柱式弹性元件及其电桥

（2）悬臂梁式弹性元件

悬臂梁式力传感器是一种结构简单、精度高、应变片容易粘贴、抗偏抗侧性能优越的称重测力传感器。它最小可以测量几十克，最大可以测几十吨的质量，精度可达到 0.02% FS。悬臂梁式力传感器采用弹性梁及电阻应变片作为敏感转换元器件，组成全桥电路。当垂直正压力或拉力作用在弹性梁时，应变片随弹性梁一起变形，其应变使应变片的阻值变化，应变电桥输出与拉力或压力成正比的电压信号。如果配以相应的应变仪、数字电压表或其他二次仪表，即可显示或记录质量或力。

悬臂梁分为等截面型和等强度型两种类型。

等截面梁就是悬臂梁的横截面处处相等的梁，如图8.6（a）所示。它适合于 5 000 N 以下的载荷测量，传感器结构简单，灵敏度高。

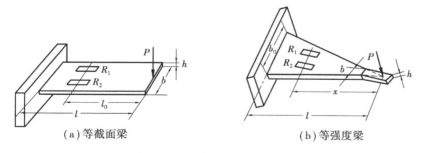

（a）等截面梁　　　　　　　　　　　　（b）等强度梁

图 8.6　悬臂梁式弹性元件

等强度梁是一种特殊形式的悬臂梁，如图8.6（b）所示。其特点是：沿梁长度方向的截面按一定规律变化，当外力 F 作用在自由端时，距作用点任何距离截面上的应力相等。其特点是结构简单、加工方便、应变片粘贴容易、灵敏度较高，主要用于小载荷、高精度的拉、压力传感器中。它可测量 0.01 牛顿到几千牛顿的拉、压力。它在同一截面正反两面粘贴应变片，并应在该截面中性轴的对称表面上。

8.2.2　压电式测力传感器

压电式测力传感器结构如图 8.7 所示。它利用压电材料(石英晶体、压电陶瓷)的压电效应,将被测力经弹性元件转换为与其成正比的电荷量输出,通过测量电路测出输出电荷,从而实现对力值的测量。弹性元件感受力 F 时,压电材料产生电荷 Q 输出。

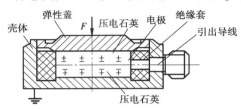

图 8.7　压电式测力传感器结构示意图

压电式测力传感器有以下特点:

①静态特性良好,即灵敏度高、静刚度高、线性度好、滞后小。

②动态特性好,即固有频率高、工作频带宽,幅值相对误差和相位误差小、瞬态响应上升时间短,因此特别适于测量动态力和瞬态冲击力。

③稳定性好、抗干扰能力强。这是因为制作敏感元件的压电石英稳定性极好,对温度的敏感性很小,其灵敏度基本上是常数。此外抵抗电磁场干扰的能力也很强,但对湿度较敏感。

④当采用大时间常数的电荷放大器时,可以测量静态力,但长时间的连续测量静态力将产生较大的误差。

由于以上特点,压电式测力传感器已发展成为动态力测量中十分重要的手段。选择不同切型的压电晶片按照一定的规律组合,则可构成各种类型的测力传感器。

8.2.3　压阻式测力传感器

压阻式传感器是在半导体应变片的基础上发展起来的新型半导体传感器。它是在一块硅体的表面,利用光刻、扩散等技术直接刻制出相当于应变片敏感栅的"压阻敏感元件",其扩散深度仅为几微米,且具有很高的阻值(达数千欧以上),使用时由硅基体接受被测力,并传给"敏感元件"。由于压阻式传感器的上述特点,因此具有体积小、质量轻、灵敏度高、动态性能好、可靠性高、寿命长、横向效应小以及能在恶劣环境下工作等一系列的优点,除可测力外,还可用于加速度、温度等参量的测量。

扩散硅压阻式传感器的基片是半导体单晶硅。单晶硅是各向异性材料,取向不同,其特性不一样。图 8.8 为扩散型压阻式压力传感器的结构简图。其工作原理为:当膜片两边存在压力差时,膜片产生变形,膜片上各点产生应力;4 个电阻在应力作用下,阻值发生变化,电桥失去平衡,输出相应的电压,电压与膜片两边的压力差成正比。4 个电阻的配置位置按膜片上径向应力 σr 和切向应力 σt 的分布情况确定。

压阻式传感器受温度的影响比较大,应采取相应的补偿措施,上述传感器是采取电桥补偿。它的灵敏系数 K 不是常数,其输出有非线性误差(这是半导体传感器的共性),可通过提高掺杂浓度和作非线性补偿来克服。

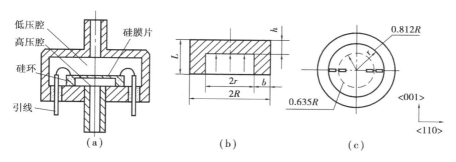

图 8.8　扩散型压阻式压力传感器结构简图

8.2.4　压磁式测力传感器

某些铁磁材料受机械力 F 作用后,其内部产生机械应力,从而引起其磁导率(或磁阻)发生变化,这种物理现象称为"压磁效应"。具有压磁效应的磁弹性体叫做压磁元件,是构成压磁式传感器的核心。压磁元件受力作用后,磁弹性体的磁阻(或磁导率)会发生与作用力成正比的变化,测出磁阻变化量即间接测定了力值。图 8.9 为压磁式测力传感器的工作原理示意图。

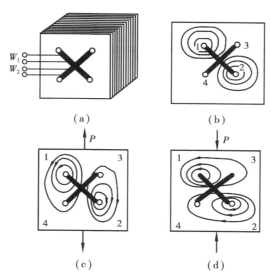

图 8.9　压磁式测力传感器工作原理

压磁式测力传感器具有输出功率大、抗干扰能力强、精度较高、线性好、寿命长、维护方便,能在有灰尘、水和腐蚀性气体的环境中长期运行等优点,适合在冶金、矿山、造纸、印刷、运输等部门应用,有较好的发展前途。

8.2.5　动态切削力的测量

切削力是机械加工过程中的重要参量,其测量方法是比较典型的动态力测量。

(1)压电式切削测力仪

压电式测力仪的核心是压电式测力传感器。根据所测切削力的类型和特征,选择若干测力传感器和弹性元件适当组合,再配上附加构件和测量电路,即可构成各类压电式切削测力仪。

157

如图 8.10 所示为压电石英动态车削测力仪的结构示意图,它用于测量主切削力 F_z(单向)。该测力仪采用整体结构,压电式测力传感器从下方装入体内,其上承载面与吃刀抗力 F_y 处于同一平面内,可在一定程度上减小 F_y 对 F_z 的干扰。由于此种测力仪类似于刀架,从而保证了测力仪所测得的力与刀具实际承受的力一致。

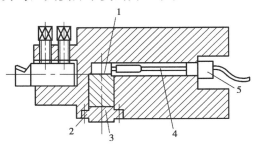

图 8.10　压电石英动态车削测力仪的结构示意图
1—传感器;2—分载调节柱;3—压盖;4—低噪声电缆;5—密封接头

所有的压电测力传感器在作用前都必须预加一定的载荷,然后将其产生的电荷消除,使传感器处于预载状态。预载的作用是消除传感器内外接触表面间的间隙,以便获得良好的静、动态特性。借助预载可调整测力仪的线性度和灵敏度,特别是对于安装有多个传感器的测力仪,预载是实现各传感器灵敏度匹配的有效手段。预载使传感器获得足够的正压力,可靠摩擦传递切向力,实现对剪切力和扭矩的测量。预载多采用螺纹压紧来实现,如图 8.10 所示中的压盖 3。

当外力作用在预载后的传感器上时,预紧件和传感器同时产生变形 x,有

$$F = x(K_T + K_P) \tag{8.4}$$

式中,K_T、K_P 分别为传感器和预紧件的刚度。由此式可知,外力 F 是由传感器和预紧件共同承受,两者的受力比等于两者的刚度比,此即分载原理。改变预紧件的刚度也就调节了两者的受力比,所以预紧件又称为载调节元件,如图 8.10 所示中的分载调节柱,通过分载调节可以改变传感器的灵敏度和量程。预载和分载往往是同时考虑的。

测力传感器在测力仪中的安装位置(即支承点)的合理选择,对提高测力系统的刚度、灵敏度和降低横向干扰都有重要作用。

(2)电阻应变式切削测力仪

各类动态测力仪中,电阻应变式是目前应用较为广泛的一种。其优点是灵敏度高,可测切削力的瞬时值;应用电桥补偿原理,可消除各向切削分力的相互干扰,从而使测力仪结构大为简化。半导体应变片的应用,使其灵敏度提高到 200,也就可使测力仪的刚度提高一个数量级,受最大作用力时其变形量小于 1 μm,固有频率可达数千赫。加之与电阻应变式测力传感器相配的电子测量仪器已经标准化,且性能稳定,使用方便,这就促进了电阻应变式测力仪的广泛应用。

电阻应变式传感器的核心问题是弹性元件设计和布片与接桥,对于应变式测力仪同样如此。设计合理的弹性元件并选择相应的布片和接桥方式,则可构成用于各种切削过程、能测单向力或多向力的切削测力仪。切削测力仪中常用的弹性元件有悬臂梁式、双端固定梁式、模板式、圆环式、八角环式等。其中以八角环式的性能较为优良,目前已被广泛采用。图 8.11 为圆环和八角环测力仪示意图。

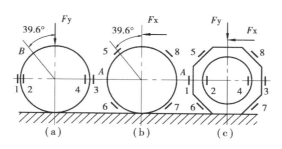

图 8.11 圆环和八角环示意图

当施加径向力 F_y 时,与作用力成 39.6°处的应变等于零。在水平中心线上则有最大的应变,将应变片贴在 1、2、3 和 4 处,1、3 处受拉应力,2、4 处受压应力。如果圆环一侧固定,另一侧受切向力 F_x 时,与受力点成 90°处的应变等于零,将应变片贴在与垂直中心线成 39.6°的 5、6、7、8 处,则 5、7 处受拉应力,6、8 处受压应力。当圆环上同时作用着 F_x 和 F_y 时,将 1 ~ 4 处和 5 ~ 8 处的应变片分别组成电桥,就可以互不干扰地测力 F_x 和 F_y。八角环测力 F_x 时,应变片贴在 45°处。

8.3 扭矩传感器

8.3.1 扭矩概述

使机器元件转动的力偶或力矩叫做转动力矩,简称转矩。任何元件在转矩的作用下,必定产生某种程度的扭转变形。因此,习惯上又把转动力矩叫做扭转力矩,简称扭矩(本文中扭矩和转矩是同一概念)。转矩是各种工作机传动轴的基本载荷形式,是旋转机械动力输出的重要指标,是检验产品是否合格的标志之一,是计算机械功率和效率的必需参数。扭矩的测量对传动轴载荷的确定和控制,对传动系统各工作零件的强度设计和原动机容量的选择都有重要意义。

测量扭矩的方法可以分为直接测量和间接测量法。如果扭矩值可以通过一台仪器的指示值直接显示,称为直接测量;如果需要根据不同物理量的测试仪器的知识,按照一定的函数关系求得扭矩值,则称为间接测量。按照测量的基本原理,测量扭矩的方法则又可以分为传递法(扭轴法)、平衡力法和能量转换法三种。根据不同的测量原理,扭矩通过不同的传感器测量得到。

8.3.2 扭矩传感器

(1)电磁齿栅式转矩传感器

电磁齿(栅)式转矩传感器(以下简称齿(栅)式)的基本原理是通过磁电转换,把被测转矩转换成具有相位差的两路电信号,而这两路电信号的相位差的变化量与被测转矩的大小成正比。经定标并显示,即可得到转矩值。齿(栅)式传感器工作原理如图 8.12 所示。

电磁式转矩传感器在弹性轴两端安装有两只齿轮,在齿轮上方分别有两条磁钢,磁钢上各绕有一组信号线圈。当弹性轴转动时,由于磁钢与齿轮间气隙磁导的变化,信号线圈中分

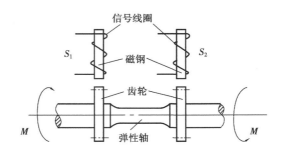

图 8.12　电磁式转矩传感器原理图

别感应出两个电势。在外加转矩为零时,这两个电势有一个恒定的初始相位差,这个初始相位差只与两只齿轮在轴上安装的相对位置有关。在外加转矩时,弹性轴产生扭转变形,在弹性变形范围内,其扭角与外加转矩成正比。在扭角变化的同时,两个电势的相位差发生相应的变化,这一相位差变化的绝对值与外加转矩的大小成正比。由于这一个电势的频率与转速及齿数的乘积成正比,因为齿数为固定值,所以这个电势的频率与转速成正比。在时间域内,感应信号 S_1,S_2 是准正弦信号,每一交变周期的时间历程随转速而变化,测出它们之间的相差 $\Delta\Phi$ 即可得到扭矩值。由材料力学可知:

$$\Delta\Phi = \frac{32L}{\pi Gd^4}T \tag{8.5}$$

式中　$\Delta\Phi$——弹性轴的扭转角;

　　　T——转矩;

　　　G——弹性轴材料的剪切弹性模量;

　　　d——弹性轴直径;

　　　L——弹性轴工作长度。

其中,L、d、G 都是常数,令

$$K = \frac{\pi Gd^4}{32L}$$

则有　　　　　　　　　　　　　　$T = K * \Delta\Phi \tag{8.6}$

因此,扭矩的测量就转换成相位差的测量。而 S_1、S_2 是准正弦信号,其相位的测量需要用高频脉冲插补法,即用一组高频脉冲来内插进被测信号,然后对高频脉冲计数,其原理可参考相关书籍。

(2)数字式转矩传感器

应变式数字扭矩传感器的测量原理是:运用敏感元件(精密电阻应变片)组成的应变电桥附着在弹性应变轴上,可以检测出该弹性轴受扭时毫伏级应变信号;将该应变信号放大后,经过压—频转换,变换成与扭应变成正比的频率信号;传感器系统的能源输入及信号输出是由两组带间隙的特殊环形变压器所承担,因此实现了无接触的能源及信号传递功能。这类扭矩传感器不足之处是测量之前需要预热来平衡电桥。其原理图如图 8.13 所示。

其中,应变电桥部分如图 8.14 所示,在相对轴中心线 45°方向上贴上两片电阻应变片,在轴的另一侧对称贴上另外两片应变电阻。当力矩加在旋转轴上时,由 4 只应变片分别检测压缩和拉伸力,扭矩的变化转化为电阻阻值的变化并反映在电桥上。

通过推导可得扭矩频率关系式:

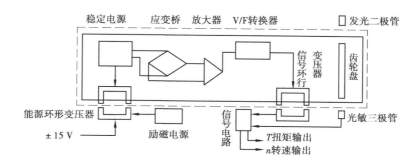

图 8.13　应变扭矩传感器原理图(虚线内为旋转部分)

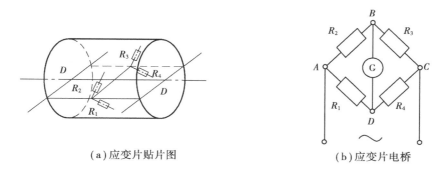

（a）应变片贴片图　　　　　　　　（b）应变片电桥

图 8.14　应变片电桥

$$T = K_0 K_1 f \tag{8.7}$$

式中,T 为扭矩,K_0 为与应变电桥和弹性轴参数相关的常量,K_1 为压频转换系数,f 为扭振频率。

（3）压磁式扭矩仪

压磁式扭矩仪又称磁弹式扭矩仪,图 8.15 为磁弹式扭矩传感器的结构示意图。

图 8.15 中,轴 1 由强磁性材料制成,通过联轴节与动力机和负载相连;联轴节由非磁性材料制造,具有隔磁作用;将轴 1 置于线圈绕组 3 中,线圈所形成的磁通路经轴 1,靠铁芯 2 封闭。测量时,线圈 3 通入激励电流,轴 1 在轴向被线圈 3 磁化。根据磁弹效应,受扭矩作用的轴的导磁性(磁导率)也要发生相应变化,即磁导率发生变化,从

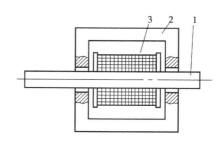

图 8.15　磁弹式扭矩传感器
1—转轴(铁磁材料);2—铁芯;3—线圈

而引起线圈的感抗变化,测量电路测量感抗的变化即可确定扭矩。

（4）电容式扭矩测量仪

电容式扭矩测量仪是利用机械结构,将轴受扭矩作用后的两端面相对转角变化变换成电容器两极板之间相对有效面积的变化,以引起电容量的变化来测量扭矩。图 8.16 为传感器结构示意图。

当弹性轴 1 传递扭矩时,靠轴套 2、套管 7 固定在轴两端的开孔金属圆盘 4、5 产生相对转角变化。靠近圆盘 4 和 5 的两侧有两块金属圆盘 8、9,通过绝缘板 3 和 6 固定在壳体上,以构

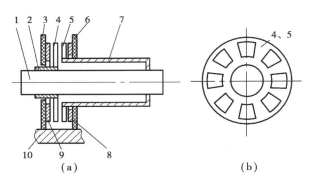

图 8.16　电容式扭矩传感器结构示意图
1—弹性转轴;2—轴套;3、6—绝缘板;4、5—开孔金属圆盘;
7—套管;8、9—金属圆盘;10—壳体

成电容器。其中,金属圆盘 8 是信号输入板,它与高频信号电源相接;金属圆盘 9 是信号接收板,信号经高增益放大器后,输出电信号。壳体接地,开孔金属圆盘 4、5 经过轴和轴上的轴承接地。

金属圆盘 8、9 之间电容量的大小,取决于它们之间的距离以及开孔金属圆盘 4、5 所组成扇形孔的大小。当轴承受扭矩时,开孔金属圆盘 4、5 产生相对角位移和窗孔尺寸变化,使得金属圆盘 8、9 之间的电容发生相应变化,使输出信号与开孔金属圆盘 4、5 之间的角位移成比例,角位移与轴 1 所承受的扭矩成比例。

电容式扭矩传感器的主要优点是灵敏度高。测量时,它需要集流装置传输信号。

8.4　机械传动效率测量

8.4.1　传动效率测量原理

机械传动中,输入功率应等于输出功率与机械内部损耗功率之和,即

$$P_i = P_o + P_f \tag{8.8}$$

式中,P_i 为输入功率,P_o 为输出功率,P_f 为机械内部损耗功率,则机械效率 η 为

$$\eta = \frac{P_o}{P_i} \tag{8.9}$$

由力学知识可知,对于机械传动若设其传动力矩为 M,角速度为 w,则对应的功率为

$$P = Mw = \frac{2\pi n}{60}M = \frac{\pi n}{30}M \tag{8.10}$$

式中,n 为传达机械的转速(r/min)。所以,传动效率 η 可改写为

$$\eta = \frac{M_o n_o}{M_i n_i} \tag{8.11}$$

式中,M_i、M_o 分别为传动机械输入、输出扭矩;n_i、n_o 分别为传动机械输入、输出转速。

因此,利用仪器测出被测试对象的输入转矩和转速以及输出转矩和转速,就可以通过式(8.11)计算出传动效率 η。

8.4.2　传动效率测试系统

机械传动效率测试系统结构如图 8.17 所示。两个 ZJ 型扭矩传感器分别测出输入端和输出端的转矩和转速,然后传给工控机的应用软件进行处理,从而得到传动效率。

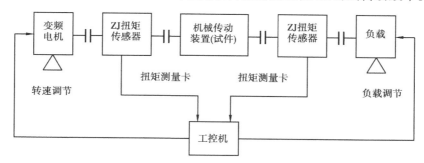

图 8.17　机械传动效率测试系统结构图

(1) ZJ 型扭矩传感器

ZJ 型扭矩传感器属于电磁齿(栅)式转矩传感器,可以同时测量扭矩和转速信号。ZJ 型扭矩传感器的机械结构如图 8.18 所示。为了提高测量精度及信号幅值,两端的信号发生器是由安装在弹性轴上的外齿轮,安装在套筒内的内齿轮,固定在机座内的导磁环、磁钢、线圈及导磁支架组成封闭的磁路。其中,外齿轮、内齿轮是齿数相同、互相脱开、不相啮合的。套筒的作用是:当弹性轴的转速较低或不转时,通过传感器顶部的小电动机及齿轮或代传动带动套筒,使内齿轮反向转动,提高内、外齿轮之间的相对转速,保证了转矩测量精度。

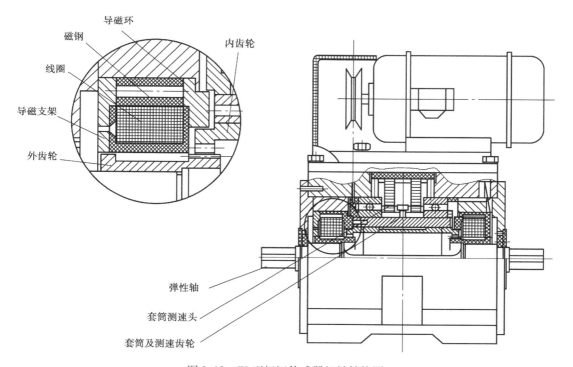

图 8.18　ZJ 型扭矩传感器机械结构图

设传感器信号齿轮的齿数为 z，每秒钟转矩转速传感器输出的脉冲数为 f，则转速 n 为

$$n = 60f/z \qquad (8.12)$$

式中　n——转速，r/min。

（2）测试结果

表 8.1 为 V 带-齿轮传动系统传递效率测试结果。

表 8.1　测试数据

序号	记录值				计算值			
	输入转/(r·min⁻¹)	输入扭矩/(N·m)	输出转速/(r·min⁻¹)	输出扭矩(N·m)	输入功率/kW	输出功率/kW	效率 η/(%)	速比 i
1	1 000.8	2.39	111.6	0.81	0.251	0.009	3.8	0.111
2	999.2	2.64	111.3	3.16	0.276	0.037	13.3	0.111
3	1 001	2.95	111.5	6.59	0.309	0.077	24.9	0.111
4	1 000.6	3.34	111.5	10.3	0.35	0.12	34.4	0.111
5	999.7	3.79	111.3	14.21	0.397	0.166	41.7	0.111
6	999.2	4.28	111.3	18.2	0.448	0.212	47.3	0.111
7	999.5	4.84	111.3	22.97	0.506	0.268	52.9	0.111
8	1 001.5	5.22	111.5	26.56	0.547	0.31	56.7	0.111
9	999.6	5.65	111.3	30.38	0.591	0.354	59.9	0.111
10	999.9	6.16	111.4	34.84	0.645	0.406	63	0.111

习题与思考题

8.1　应变片称重传感器的弹性体为圆柱体，直径 $D = 10$ cm，材料弹性模量 $E = 205 \times 10^9$ N/m²。用它称 50 t 重的物体，若用电阻丝式应变片，应变片的灵敏度系数 $S = 2$，$R = 120$ Ω，问电阻变化多少？

8.2　简述常用测力传感器的测量原理与应用特点。

8.3　简述应变式扭矩传感器的工作原理及其应用特点。

8.4　用应变电桥测量力 F 如图所示，电阻应变片 R_1、R_2、R_3、R_4 已分别粘在试件上。分别画出（a）和（b）两种情况的电桥连接图（要求既能测出力 F，又能进行温度补偿可接固定电阻），并进行必要的说明。

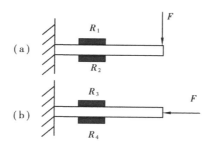

8.5　用下图所示测力仪去测量力 F，要求用金属丝式应变片组成交流全桥作为其测量电路。

第 **9** 章
机械几何量的测量

几何量精密测量已成为先进制造技术发展的基础和先决条件,随着科学技术的进步,几何量测量技术正向着高精度、高效率、自动化、数字化和智能化的方向发展。

9.1 几何量测量方法与测量夹具

9.1.1 几何量测量的概念

几何量测量,主要是指各种机械零部件表面几何尺寸、形状的参数测量。它包括零部件具有的长度尺寸、角度参数、坐标尺寸,表面几何形状与位置参数,表面粗糙度以及由二维、三维表示的曲线或曲面等。

任何一个机械零部件不论其大小及几何形状如何复杂,均可以视为由上述参数所构成。例如一个齿轮,表现其性能的有关参数达数十项,但可以将其分解成两类参数。一类是每个齿在分度圆上分布不均匀的角度参数,例如基节偏差,周节偏差;另一类是表现每个齿齿面是否标准的轮廓曲线。不管是平面的或空间的复杂工件的表面,均可以用相应的几何量参数去描述它,这些参数的精度就组成了每个机械零件的精度,并在很大程度上决定了整个机构或设备的精度和使用性能。因此,几何量测量技术对产品质量、对制造业起着极其重要的作用,是机械工程技术极其重要的组成部分,也是测量方法设计和产品设计不可缺少的基本组成技术。

9.1.2 几何量测量的四大要素

对任何一个被测量对象和被测量,其测量过程都是将被测量和一个作为测量单位的标准量进行比较的过程。即采用能满足精度要求的测量器具,以相应的测量方法,将被测量与标准量进行比较,从而得到被测量的测量结果。因此,任何一种测量都包括以下四大要素:

（1）测量对象和被测量

几何量测量对象十分复杂，不同对象的测量参数各不相同。例如孔、轴的测量参数主要是直径；螺纹的被测参数有螺距、中径、螺牙半角、螺旋线等；而对齿轮传动起主要影响的共有14 项参数。对几何量的各种参数，国家或部颁标准往往规定有严格的定义，一般情况下应按照定义去确定相应的测量方法，并将被测对象的结构尺寸、质量、大小、形状、材料、批量等作为设计测量方法的主要依据。

（2）测量单位和标准量

几何量测量的单位为国际基本单位——米（m）。1983 年第 17 届国际计量大会批准"米"的新定义为："1 米是光在真空中于（1/299 792 458）s 的时间间隔内所经路径的长度"，并规定了量值传递系统，以保证在全世界长度量值的统一和准确。

几何量测量标准量也是多种多样的，它们具有不同的工作原理和特点，以及不同的精度与适用场合，一般分为以下几个方面：

1）机械式标准量

这包括如量块、多面棱体、多齿分度盘、微分丝杆、螺纹塞规、环规、标准齿轮、标准蜗轮和蜗杆、标准芯轴、表面粗糙度样板、角尺、形成标准渐开线或螺旋线的机械传动装置等。

2）光学式标准量

这包括测长、工具显微镜上的标准光学玻璃刻线尺、光学分度头、分度盘、测角仪中光学度盘、长光栅、圆点栅、光学编码器、码尺、激光波长、精密测角的环形激光、双频激光拍频激光波长和光波衍射式干涉条纹等。

3）电磁式标准量

这包括可接长的感应同步器、圆感应同步器、长磁栅和圆磁栅等。

（3）测量方法

测量方法是指完成测量任务所用的方法、量具或仪器，以及测量条件的总和。

基本的测量方法按不同分类方法分为：直接测量和间接测量，绝对测量和相对测量，接触测量和非接触测量，单项测量和综合测量，手工测量和自动测量，工序测量和终结测量，主动测量和被动测量，自动测量和非自动测量，静态测量和动态测量，以及组合测量、在线检测等。一般应根据被测对象要求以最经济的方式去设计相应的测量方法。

（4）测量精度

测量技术的水平、测量结果的可靠性和测量工作的全部价值，全在于测量结果的精确度。测量时并不是精确度越高越好，而是根据被测量的精度要求按精度系数 $A = (1/3 \sim 1/10)$ 去选取，按最经济又保证精度要求的方式完成测量任务的要求。

9.1.3　几何量测量系统的组成

几何量测量系统一般由以下 6 个部分组成，如图 9.1 所示。

（1）被测对象和被测量系统

这是指根据被测量特点或经过变换处理确定为测量的量作为指令输入比较，使被测量与其他量分离不受影响，并尽可能按定义测量。

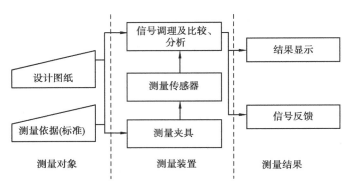

图 9.1　几何量测量系统

（2）标准量系统

标准量系统用以体现测量单位的物质标准或经过进一步细分以便与被测量进行比较，并决定被测量的大小或误差。

（3）定位系统

定位系统是指安装放置工件，并能初步调整工件位置和固紧。在测量过程中必须使被测量的被测线与作为标准量的标准线位置相对稳定不变。因此，定位基面、定位元件的选择都必须与被测精度相适应。

（4）瞄准系统

工件经过正确定位后，利用瞄准系统确定被测量上的测量点相对于标准量的确切位置，以便在标准量上得到该测量点示值，同时利用机械、光学、电学、光电或气动原理对被测量信息进行转换放大，以提高瞄准精度。

（5）显示系统

显示系统将被测量的测量结果进行运算处理得到被测量示值。根据测量要求，可采用信号显示，数码指示显示，打印显示，记录显示及图形显示等不同的显示形式。

（6）外界环境系统

测量时，外界条件如温度、湿度、气压、振动、气流、环境净化程度如偏离标准条件，均会对测量产生影响，并产生测量附加误差。特别在高精度测量时，必须对其附加误差进行修正，并采取各种措施减少其对测量的影响。

9.1.4　测量夹具

测量夹具主要包括基座支架附件和定位装置等。精密仪器中，基座与支架是尺寸和质量较大的零件，它用来支承和连接各个零部件，基座上常附有导轨，如图 9.2 所示。为保证基座与支架所起作用的准确性，基座设计考虑：

①静刚度良好，在最大允许载荷时，变形量不超过规定值。刚度是设计要求中最重要的参数。

②温度场分布合理，工件受热变形对测量精度的影响较小。

③抗振性良好，把所迫振动幅度控制在允许范围内。

④消除铸造、加工应力，提高稳定性，保证长期使用的精度稳定性。

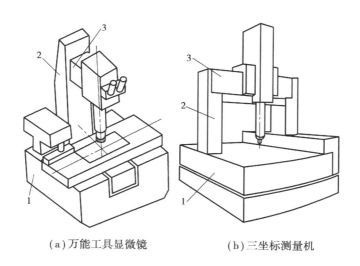

（a）万能工具显微镜　　　　（b）三坐标测量机

图9.2 基座与支架类型

1—基座兼工作台;2—立柱;3—横梁

定位装置或定位件的主要用途是在测量过程中,精确确定被测对象的被测尺寸线与仪器测量线的相对位置关系,使得测量系统能够正确地感受被测信号,常用的定位装置有平面定位装置、V形定位装置和顶尖定位装置,如图9.3至图9.5所示。平面定位装置包括固定式工作台、可调式精密工作台、可动式工作台、圆分度台等。平面定位装置是仪器中常见的一种定位方式,工作台有足够的刚度和耐磨性,有些工作台有调整机构、移动机构及锁紧机构。V形体定位圆柱形零部件较为方便,具有较高的稳定性、良好的定心性和定向性。对于以轴心线作为测量基面的零部件,宜使用顶尖定位装置,定位简单方便,精度高。

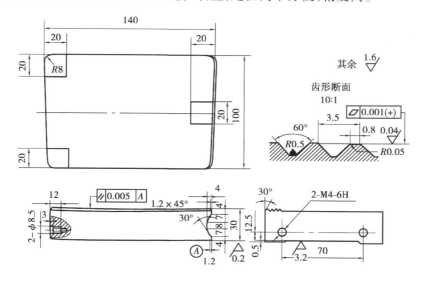

图9.3 立式测长仪工作台

169

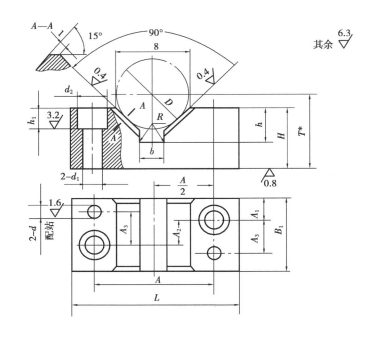

图 9.4　V 形体定位装置

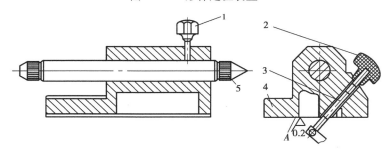

图 9.5　顶尖和顶尖座

1、2—旋钮;3—锁紧杆;4—顶尖座;5—顶尖

9.2　位 移 测 量

　　位移测量是线位移和角位移测量的总称。位移测量在机械工程中尤为重要,这不仅是因为在机械工程中经常要求精确地测量零部件的位移或位置,而且还因为力、压力、扭矩、速度、加速度、温度、流量及物位等参数的许多测量方法是以位移测量作为基础的。

9.2.1　常见位移传感器

(1)光栅位移传感器

　　光栅是一种新型的位移检测元件,是一种将机械位移或模拟量转变为数字脉冲的测量装置。它的特点是测量精确度高(可达 ±1 μm),响应速度快,量程范围大;可进行非接触测量等。其易于实现数字测量和自动控制,广泛用于数控机床和精密测量中。

1)光栅的构造

所谓光栅,就是在透明的玻璃板上均匀地刻出许多明暗相间的条纹,或在金属镜面上均匀地划出许多间隔相等的条纹。通常,线条的间隙和宽度是相等的。以透光的玻璃为载体的称为透射光栅,以不透光的金属为载体的称为反射光栅。根据外形,光栅可分为直线光栅和圆光栅。

光栅位移传感器的结构如图9.6所示。它主要由标尺光栅、指示光栅、光电器件和光源等组成。通常,标尺光栅和被测物体相连,随被测物体的直线位移而产生位移。一般标尺光栅和指示光栅的刻线密度是相同的,而刻线之间的距离W称为栅距。光栅条纹密度一般为每毫米25、50、100、250条等。

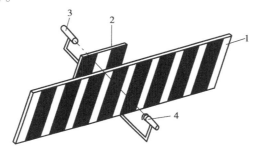

图9.6 光栅位移传感器的结构原理
1—标尺光栅;2—指示光栅;3—光电器件;4—光源

2)工作原理

如果把两块栅距W相等的光栅平行安装,且让它们的刻痕之间有较小的夹角θ时,这时光栅上会出现若干条明暗相间的条纹。这种条纹称莫尔条纹,它们沿着与光栅条纹几乎垂直的方向排列,如图9.7所示。莫尔条纹是光栅非重合部分光线透过而形成的亮带,它由一系列四棱形图案组成,如图中的d—d线区所示,f—f线区则是由于光栅的遮光效应形成的。

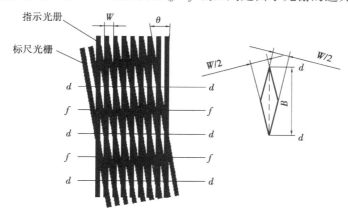

图9.7 莫尔条纹

莫尔条纹具有如下特点:

①莫尔条纹的位移与光栅的移动成比例。当指示光栅不动、标尺光栅向左右移动时,莫尔条纹将沿着近于栅线的方向上下移动;光栅每移动过一个栅距W,莫尔条纹就移动过一个

条纹间距 B。查看莫尔条纹的移动方向,即可确定主光栅的移动方向。

②莫尔条纹具有位移放大作用。莫尔条纹的间距 B 与两光栅条纹夹角 θ 之间关系为

$$B = \frac{W}{2\sin\dfrac{\theta}{2}} \approx \frac{W}{\theta} \qquad (9.1)$$

式中,θ 的单位为 rad,B、W 的单位为 mm。所以莫尔条纹的放大倍数为

$$K = \frac{B}{W} \approx \frac{1}{\theta} \qquad (9.2)$$

可见 θ 越小,放大倍数越大。实际应用中,θ 角的取值范围都很小。例如当 $\theta = 10'$ 时,$K = 1/\theta = 1/0.029 \text{rad} \approx 345$。也就是说,指示光栅与标尺光栅相对移动一个很小的 W 距离时,可以得到一个很大的莫尔条纹移动量 B,可以用测量条纹的移动来检测光栅微小的位移,从而实现高灵敏度的位移测量。

③莫尔条纹具有平均光栅误差的作用。莫尔条纹是由一系列刻线的交点组成,它反映了形成条纹的光栅刻线的平均位置,对各栅距误差起了平均作用,减弱了光栅制造中的局部误差和短周期误差对检测精度的影响。

通过光电元件,可将莫尔条纹移动时光强的变化转换为近似正弦变化的电信号,如图 9.8 所示。其电压为

$$U = U_0 + U_m \sin\frac{2\pi x}{W} \qquad (9.3)$$

式中　U_0——输出信号的直流分量;

　　　U_m——输出信号的幅值;

　　　x——两光栅的相对位移。

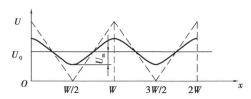

图 9.8　光栅输出波形

将此电压信号放大、整形变换为方波,经微分转换为脉冲信号,再经辨向电路和可逆计数器计数则可用数字形式显示出位移量。位移量等于脉冲与栅距乘积,测量分辨率等于栅距。

提高测量分辨率的常用方法是细分,且电子细分应用较广。这样可在光栅相对移动一个栅距的位移(即电压波形在一个周期内)时得到 4 个计数脉冲,将分辨率提高 4 倍,这就是通常说的电子 4 倍频细分。

(2)感应同步器

感应同步器是利用电磁感应原理把两个平面绕组间的位移量转换成电信号的一种位移传感器。按测量机械位移的对象不同,感应同步器可分为直线型和圆盘型两类,分别用来检测直线位移和角位移。由于它成本低,受环境温度影响小,测量精度高,且为非接触测量,所以在位移检测中得到广泛应用,特别是用于各种机床的位移数字显示、自动定位和数控系统。

1)感应同步器的结构

直线型感应同步器由定尺和滑尺两部分组成,如图9.9所示。图9.10为直线型感应同步器定尺和滑尺的结构。其制造工艺是先在基板(玻璃或金属)上涂上一层绝缘黏合材料,将铜箔粘牢,用制造印刷线路板的腐蚀方法制成节距 T 一般为 2 mm 的方齿形线圈。定尺绕组是连续的。滑尺上分布着两个励磁绕组,分别称为正弦绕组和余弦绕组。当正弦绕组与定尺绕组相位相同时,余弦绕组与定尺绕组错开 1/4 节距。滑尺和定尺相对平行安装,其间保持一定间隙(0.05 ~ 0.2 mm)。

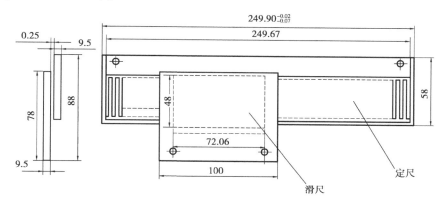

图9.9 直线型感应同步器的组成

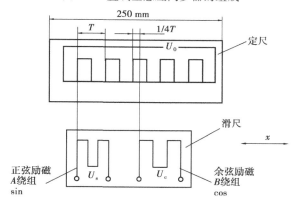

图9.10 直线型感应同步器定尺、滑尺的结构

2)感应同步器的工作原理

在滑尺的正弦绕组中,施加频率为 f(一般为 2 ~ 10 kHz)的交变电流时,定尺绕组感应出频率为 f 的感应电势。感应电势的大小与滑尺和定尺的相对位置有关。当两绕组同向对齐时,滑尺绕组磁通全部交链于定尺绕组,所以其感应电势为正向最大。移动 1/4 节距后,两绕组磁通不交链,即交链磁通量为零;再移动 1/4 节距后,两绕组反向时,感应电势负向最大。依次类推,每移动一节距,周期性地重复变化一次,其感应电势随位置按余弦规律变化,如图9.11(a)所示。

同样,若在滑尺的余弦绕组中施加频率为 f 的交变电流时,定尺绕组上也感应出频率为 f 的感应电势。其感应电势随位置按正弦规律变化,如图9.11(b)所示。设正弦绕组供电电压为 U_s,余弦绕组供电电压为 U_c,移动距离为 x,节距为 T,则正弦绕组单独供电时,在定尺上感

应电势为

$$U_2' = KU_s \cos \frac{x}{T} 360° = KU_s \cos \theta \tag{9.4}$$

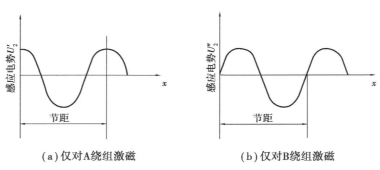

(a) 仅对A绕组激磁　　　　　　(b) 仅对B绕组激磁

图 9.11　定尺感应电势波形图

余弦绕组单独供电所产生的感应电势为

$$U_2'' = KU_c \sin \frac{x}{T} 360° = KU_c \sin \theta \tag{9.5}$$

由于感应同步器的磁路系统可视为线性,可进行线性叠加,所以定尺上总的感应电势为

$$U_2 = U_2' + U_2'' = KU_s \cos \theta + KU_c \sin \theta \tag{9.6}$$

式中　K——定尺与滑尺之间的耦合系数;

$\quad\quad\theta$——定尺与滑尺相对位移的角度表示量(电角度)。

$$\theta = \left(\frac{x}{T} \right) 360° = \frac{2\pi x}{T}$$

式中　T——节距,表示直线感应同步器的周期,标准式直线感应同步器的节距为 2 mm。

感应同步器是利用感应电压的变化来进行位置检测的。根据对滑尺绕组供电方式的不同以及对输出电压检测方式的不同。感应同步器的测量方式分为相位和幅值两种工作法。前者是通过检测感应电压的相位来测量位移,后者是通过检测感应电压的幅值来测量位移。

3)测量方法

①相位工作法:当滑尺的两个励磁绕组分别施加相同频率和相同幅值,但相位相差 90° 的两个电压时,定尺感应电势相应随滑尺位置而变。

设　　　　　$$U_s = U_m \sin \omega t \tag{9.7}$$

$$U_c = U_m \cos \omega t \tag{9.8}$$

则　　　　　$$U_2 = U_2' + U_2''$$

$$= KU_m \sin \omega t \cos \theta + KU_m \cos \omega t \sin \theta \tag{9.9}$$

$$= KU_m \sin(\omega t + \theta)$$

从式(9.9)可以看出,感应同步器把滑尺相对定尺的位移 x 的变化转成感应电势相角 θ 的变化。因此,只要测得相角 θ,就可以知道滑尺的相对位移 x:

$$x = \frac{\theta}{360°} T \tag{9.10}$$

②幅值工作法:在滑尺的两个励磁绕组上分别施加相同频率、相同相位但幅值不等的两个交流电压。

$$U_s = -U_m \sin \phi \sin \omega t \tag{9.11}$$

$$U_c = U_m \cos \phi \sin \omega t \tag{9.12}$$

根据线性叠加原理,定尺上总的感应电势 U_2 为两个绕组单独作用时所产生的感应电势 U_2' 和 U_2'' 之和,即

$$
\begin{aligned}
U_2 &= U_2' + U_2'' \\
&= -KU_m \sin \phi \sin \omega t \cos \theta + KU_m \cos \phi \sin \omega t \sin \theta \\
&= KU_m (\sin \phi \cos \theta - \cos \theta \sin \phi) \sin \omega t \\
&= KU_m \sin(\theta - \phi) \sin \omega t
\end{aligned}
\tag{9.13}
$$

式中　$KU_m \sin(\theta - \phi)$——感应电势的幅值;

　　　U_m——滑尺励磁电压最大的幅值;

　　　ω——滑尺交流励磁电压的角频率,$\omega = 2\pi f$;

　　　ϕ——指令位移角。

由式(9.13)知,感应电势 U_2 的幅值随 $(\theta - \phi)$ 作正弦变化。当 $\phi = \theta$ 时,$U_2 = 0$ 且随着滑尺的移动逐渐变化。因此,可以通过测量 U_2 的幅值来测得定尺和滑尺之间的相对位移。

(3)磁栅位移传感器

磁栅是利用电磁特性来进行机械位移的检测,主要用于大型机床和精密机床作为位置或位移量的检测元件。磁栅和其他类型的位移传感器相比,具有结构简单、使用方便、动态范围大(1~20 m)和磁信号可以重新录制等特点。其缺点是需要屏蔽和防尘。

磁栅式位移传感器的结构原理如图 9.12 所示。它由磁尺(磁栅)、磁头和检测电路等部分组成。磁尺是采用录磁的方法,在一根基体表面涂有磁性膜的尺子上记录下一定波长的磁化信号,以此作为基准刻度标尺。磁头把磁栅上的磁信号检测出来并转换成电信号。检测电路主要用来供给磁头激励电压和磁头检测到的信号转换为脉冲信号输出。

磁尺是在非导磁材料(如铜、不锈钢、玻璃或其他合金材料)的基体上,涂敷、化学沉积或电镀上一层 10~20 μm 厚的硬磁性材料(如 Ni-Co-P 或 Fe-Co 合金),并在它的表面上录制相等节距周期变化的磁信号。磁信号的节距一般为 0.05 mm,0.1 mm,0.2 mm,1 mm。为了防止磁头对磁性膜的磨损,通常在磁性膜上涂一层 1~2 μm 的耐磨塑料保护层。

磁栅按用途分为长磁栅与圆磁栅两种。长磁栅用于直线位移测量,圆磁栅用于角位移测量。

磁头是进行磁—电转换的变换器,它把反映空间位置的磁信号转换为电信号输送到检测电路中去。普通录音机、磁带机的磁头是速度响应型磁头,其输出电压幅值与磁通变化率成正比,只有当磁头与磁带之间有一定相对速度时才能读取磁化信号,所以这种磁头只能用于动态测量,而不用于位置检测。为了在低速运动和静止时也能进行位置检测,必须采用磁通响应型磁头。

磁通响应型磁头是利用带可饱和铁芯的磁性调制器原理制成的,其结构如图 9.12 所示。它在用软磁材料制成的铁芯上绕有两个绕组,一个为励磁绕组,另一个为拾磁绕组,这两个绕组均由两段绕向相反并绕在不同的铁芯臂上的绕组串联而成。将高频励磁电流通入励磁绕组时,磁尺上产生磁通 Φ_1。当磁头靠近磁尺时,磁尺上的磁信号产生的磁通 Φ_0 进入磁头铁芯,并被高频励磁电流所产生的磁通 Φ_1 所调制。于是在拾磁线圈中感应电压为

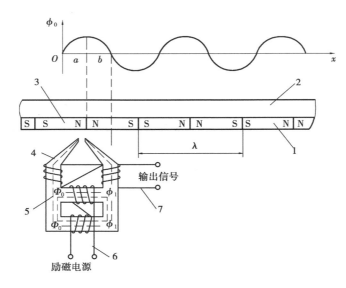

图 9.12 磁栅工作原理

1—磁性膜；2—基体；3—磁尺；4—磁头；5—铁芯；6—励磁绕组；7—拾磁绕组

$$U = U_0 \sin \frac{2\pi x}{\lambda} \sin \omega t \tag{9.14}$$

式中　U_0——输出电压系数；

λ——磁尺上磁化信号的节距；

χ——磁头相对磁尺的位移；

ω——励磁电压的角频率。

这种调制输出信号跟磁头与磁尺的相对速度无关。为了辨别磁头在磁尺上的移动方向，通常采用了间距为$(m \pm 1/4)\lambda$的两组磁头（其中 m 为任意正整数）。如图 9.13 所示，i_1、i_2 为励磁电流，其输出电压分别为

$$U_1 = U_0 \sin \frac{2\pi x}{\lambda} \sin \omega t \tag{9.15}$$

$$U_2 = U_0 \cos \frac{2\pi x}{\lambda} \sin \omega t \tag{9.16}$$

U_1 和 U_2 是相位相差 90°的两列脉冲。至于哪个导前，则取决于磁尺的移动方向。根据两个磁头输出信号的超前或滞后，即可确定其移动方向。

（4）光电编码器

光电编码器是一种码盘式角度—数字检测元件。它有两种基本类型：一种是增量式编码器，另一种是绝对式编码器。增量式编码器具有结构简单、价格低、精度易于保证等优点，所以目前采用最多。绝对式编码器能直接给出对应于每个转角的数字信息，便于计算机处理，但当进给数大于一转时，须作特别处理，而且必须用减速齿轮将两个以上的编码器连接起来组成多级检测装置，使其结构复杂、成本高。

1）增量式编码器

增量式编码器随转轴旋转的码盘给出一系列脉冲，然后根据旋转方向用计数器对这些脉

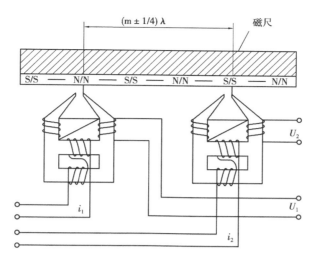

图 9.13 辨向磁头配置

冲进行加减计数,以此来表示转过的角位移量。增量式编码器的工作原理如图 9.14 所示。

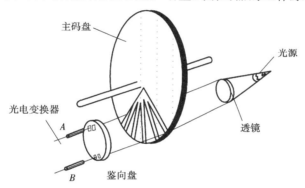

图 9.14 增量式编码器工作原理

它由主码盘、鉴向盘、光学系统和光电变换器组成。在图形的主码盘(光电盘)周边上刻有节距相等的辐射状窄缝,形成均匀分布的透明区和不透明区。鉴向盘与主码盘平行,并刻有 a、b 两组透明检测窄缝,它们彼此错开 1/4 节距,以使 A、B 两个光电变换器的输出信号在相位上相差 90°。工作时,鉴向盘静止不动,主码盘与转轴一起转动,光源发出的光投射到主码盘与鉴向盘上。当主码盘上的不透明区正好与鉴向盘上的透明窄缝对齐时,光线被全部遮住,光电变换器输出电压为最小;当主码盘上的透明区正好与鉴向盘上的透明窄缝对齐时,光线全部通过,光电变换器输出电压为最大。主码盘每转过一个刻线周期,光电变换器将输出一个近似的正弦波电压,且光电变换器 A、B 的输出电压相位差为 90°,经逻辑电路处理就可以测出被测轴的相对转角和转动方向。

2)绝对式编码器

绝对式编码器是把被测转角通过读取码盘上的图案信息直接转换成相应代码的检测元件。它分为光电式、接触式和电磁式三种。

光电式码盘是目前应用较多的一种,它是在透明材料的圆盘上精确地印制上二进制编码。如图 9.15 所示为 4 位二进制的码盘,码盘上各圈圆环分别代表一位二进制的数字码道,在同一个码道上印制黑白等间隔图案,形成一套编码。黑色不透光区和白色透光区分别代表二进制的"0"和"1"。一个4位光电码盘上,有4圈数字码道,每一个码道表示二进制的一位,里侧是高位,外侧是低位,在360°范围内可编数码数为 $2^4 = 16$ 个。

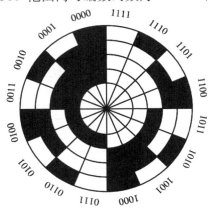

图 9.15　四位二进制的码盘

工作时,码盘的一侧放置电源,另一边放置光电接收装置,每个码道都对应有一个光电管及放大、整形电路。码盘转到不同位置,光电元件接受光信号并将其转换成相应的电信号,经放大整形后,成为相应数码电信号。但由于制造和安装精度的影响,当码盘回转在两码段交替过程中时会产生读数误差。例如,当码盘顺时针方向旋转,由位置"0111"变为"1000"时,这四位数要同时都变化,可能将数码误读成16种代码中的任意一种,如读成1111,1011,1101,…,0001 等,产生了无法估计的数值误差,这种误差称非单值性误差。

(5)电感式位移传感器

电感式传感器是利用线圈自感或互感的变化来实现测量的一种装置,可以用来测量位移、振动、压力、流量、重量、力矩、应变等多种物理量。电感式传感器的核心部分是可变自感或可变互感,在被测量转换成线圈自感或互感的变化时,一般要利用磁场作为媒介或铁磁体的某些物理现象。这类传感器的主要特征是具有线圈绕组。电感式传感器具有结构简单可靠,输出功率大,抗干扰能力强,对工作环境要求强,分辨力较高(如在测量长度时一般可达0.1 μm),稳定性好等优点。它的缺点是频率响应低,不宜用于快速测量。

电感式传感器种类很多,既有利用自感原理的自感式传感器,也有利用互感原理做成的差动变压器式传感器。

1)自感式传感器

图 9.16 是自感式传感器的原理图。

设线圈的匝数为 N,通入线圈中的电流为 I,每匝线圈产生的磁通为 Φ,由电感定义有

$$L = \frac{N\Phi}{I} \tag{9.17}$$

设磁路总磁阻为 R_M,磁通为

$$\Phi = \frac{IN}{R_M} \tag{9.18}$$

由图 9.12 可知,磁路的总磁阻 R_M 是由铁芯磁阻 R_f 和空气隙磁阻 R_δ 组成的,即有

$$R_M = R_\delta + R_f = \frac{2\delta}{\mu_0 S} + \sum_{i=1}^{n} \frac{l_i}{\mu_i S_i} \qquad (9.19)$$

因为一般导磁体的磁阻与空气隙的磁阻相比是很小的,计算时可以忽略不计,可得

$$L = \frac{N^2 \mu_0 S}{2\delta} \qquad (9.20)$$

对于变气隙型电感传感器,其电感量与气隙长度之间的关系如图 9.17 所示,可见 $L = f(x)$ 不呈线性关系。当气隙从初始 δ_0 增加 $\Delta\delta$ 或减少 $\Delta\delta$ 时,电感量变化是不等的。为了使电感传感器有较好的线性,必须使衔铁的位移量限制在较小范围内,一般取 $\Delta\delta = (0.1 \sim 0.2)\delta_0$,常适用于测量 $0.001 \sim 1$ mm 的位移值,这样才有近似的线性关系。

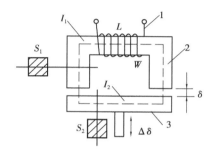

图 9.16　自感式传感器的原理图
1—线圈;2—铁芯;3—衔铁

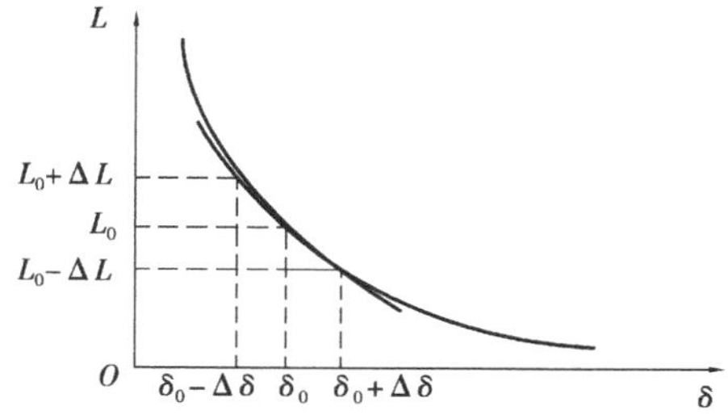

图 9.17　变隙式电感传感器的 L—δ 特性

2)差动变压器式传感器

变压器式传感器是将非电量转换成线圈间互感 M 的一种磁电机构,很像变压器的工作原理,因此常称变压器式传感器。这种传感器多采用差动形式。差动变压器结构形式包括变隙式、变面积式和螺线管式等。

在非电量测量中,应用最多的是螺线管式差动变压器,它可以测量 $1 \sim 100$ mm 机械位移,并具有测量精度高、灵敏度高、结构简单、性能可靠等优点。

差动变压器是一种线圈互感随衔铁位移变化的变磁阻式传感器,其原理类似于变压器。不同的是,变压器是闭合磁路,而差动变压器为开路;变压器的初、次级间的互感为常数,而差动变压器初、次级间的互感是随衔铁移动而变化。差动变压器正是以互感变化为工作基础。

假设闭磁路变隙式差动变压器的结构如图 9.18(a)所示,在 A、B 两个铁芯上绕有 $W_{1a} = W_{1b} = W_1$ 的两个初级绕组和 $W_{2a} = W_{2b} = W_2$ 两个次级绕组。两个初级绕组的同名端顺向串联,而两个次级绕组的同名端则反相串联。

当没有位移时,衔铁 C 处于初始平衡位置,它与两个铁芯的间隙有 $\delta_{a0} = \delta_{b0} = \delta_0$,则绕组 W_{1a} 和 W_{2a} 间的互感 M_a 与绕组 W_{1b} 和 W_{2b} 的互感 M_b 相等,致使两个次级绕组的互感电势相等,即 $e_{2a} = e_{2b}$。由于次级绕组反相串联,因此差动变压器输出电压 $U_0 = e_{2a} - e_{2b} = 0$。

当被测体有位移时,与被测体相连的衔铁的位置将发生相应的变化,使 $\delta_a \neq \delta_b$,互感 $M_a \neq M_b$,两次级绕组的互感电势 $e_{2a} \neq e_{2b}$,输出电压 $U_0 = e_{2a} - e_{2b} \neq 0$,即差动变压器有电压输出。此电压的大小与极性反映被测体位移的大小和方向。

179

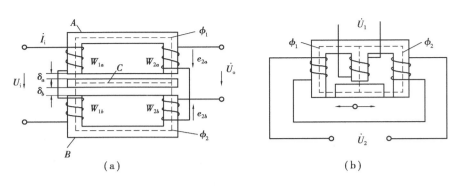

图 9.18 差动变压器式传感器的结构示意图

9.2.2 位移测量应用实例

差动变压器式电感传感器具有线性范围大、测量精度高、稳定性好和使用方便等优点,广泛应用于直线位移测量中。图 9.19 是将差动变压器式电感传感器应用于锅炉自动连续给水控制装置的实例。该装置是由浮球—电感式传感器、控制器、调节阀与积分式电动执行器组成,如图 9.19(a)所示。浮球—电感式传感器是由浮球、浮球室和变压器式传感器所组成,如图 9.19(b)所示。

锅炉水位的变化被浮球所感受,推动传感器的衔铁随着水位的波动而上下移动,使传感器的电感量发生变化,经控制器将电感量放大后反馈给调节阀。调节阀感受线圈电感量的变化,发生相应的开或关的电信号,调节阀通过执行器开大或关小阀门,实现连续调节给水的目的。当锅炉水位上升时,调节阀逐步关小,使锅炉的给水量逐步减少;反之,调节阀逐步开大,则锅炉的给水量逐步增加。由于在执行器的阀杆上设置一个与传感器线圈特性相同的阀位反馈线圈,当传感器线圈与反馈线圈经放大后的电感电压信号相等时,执行器就稳定在某一高度上,锅筒内水位也保持在某一高度,从而使锅炉的给水量与蒸发量不断地自动趋于相对平衡位置。

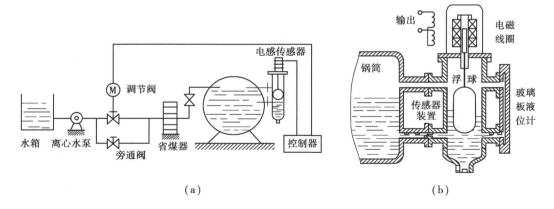

图 9.19 锅炉自动连续给水控制装置

9.3 转速测量

9.3.1 常见转速传感器

(1)测速发电机

测速发电机是机电一体化系统中用于测量和自动调节电机转速的一种传感器。它由带有绕组的定子和转子构成。根据电磁感应原理,当转子绕组供给励磁电压并随被测电动机转动时,定子绕组则产生与转速成正比的感应电动势。根据励磁电流的种类不同,测速发电机可分为直流测速发电机(他励式和永磁式两种)和交流测速发电机两大类。

1)直流测速发电机

直流测速发电机是一种微型直流发电机。它的定子、转子结构与直流伺服电动机基本相同。若按定子磁极的励磁方式不同,它可分为电磁式和永磁式两大类;若按电枢的结构形式不同,它可分为无槽电枢、有槽电枢、空心杯电枢和圆盘印刷绕组等几种。

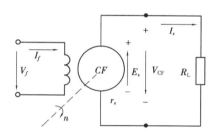

图 9.20 直流测速发电机电气原理图

直流测速发电机的工作原理与一般直流发电机相同(如图 9.20 所示)。在恒定磁场中,旋转的电枢绕组切割磁通并产生感应电动势。由电刷两端引出的电枢感应电动势为

$$E_s = K_e \Phi n = C_e n \tag{9.21}$$

式中　K_e——感应系数;

　　　Φ——磁通;

　　　n——转速;

　　　C_e——感应电动势与转速的比例系数。

空载(即电枢电流 $I_s = 0$)时,直流测速发电机的输出电压和电枢感应电动势相等,因此输出电压与转速成正比。

有负载(即电枢电流 $I_s \neq 0$)时,直流测速发电机的输出电压为

$$V_{CF} = E_s - I_s r_s \tag{9.22}$$

式中　r_s——电枢回路的总电阻(包括电刷和换向器之间的接触电阻等)。在理想情况下,若不计电刷和换向器之间的接触电阻,r_s 为电枢绕组电阻。

显然,有负载时,测速发电机的输出电压应比空载时小,这是电阻 r_s 的电压降造成的。

有负载时,电枢电流为

$$I_s = \frac{V_{CF}}{R_L} \tag{9.23}$$

由式(9.21)、式(9.22)和式(9.23)可得

$$V_{CF} = \frac{C_e}{1 + r_s/R_L} n = Cn \tag{9.24}$$

式中

$$C = \frac{C_e}{1 + r_s/R_L} \tag{9.25}$$

理想情况下，r_s、R_L 和 Φ 均为常数，则系数 C 也为一常数。由式(9.24)得到直流测速发电机有负载时的输出特性如图 9.21 所示。负载电阻不同，测速发电机的输出特性的斜率亦不同。

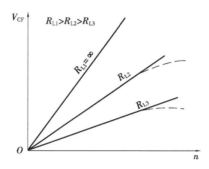

图 9.21　直流测速发电机的输出特性

2）交流测速发电机

交流测速发电机可分为永磁式、感应式和脉冲式三种。

永磁式交流测速发电机实质上是单向永磁转子同步发电机，定子绕组感应的交变电动势的大小和频率都随输入信号(转速)而变化，即

$$\begin{cases} f = \dfrac{pn}{60} \\ E = 4.44fNK_W\Phi_m = 4.44\dfrac{p}{60}NK_W\Phi_m n = Kn \end{cases} \tag{9.26}$$

式中　K——常系数，$K = 4.44\dfrac{p}{60}NK_W\Phi_m$；

　　　p——电机极对数；

　　　N——定子绕组每相匝数；

　　　K_W——定子绕组基波绕组系数；

　　　Φ_m——电机每极基波磁通的幅值。

这种测速发电机尽管结构简单，也没有滑动接触，但由于感应电动势的频率随转速而改变，致使电动机本身的阻抗和负载阻抗均随转速变化，故其输出电压不与转速成正比关系。通常，这种电机只作为指示式转速计使用。

感应式测速发电机是利用定子、转子齿槽相互位置的变化，使输出绕组中的磁通产生脉动，从而感应出电动势。这种工作原理称为感应子式发电机原理。如图 9.22 所示为感应子式测速发电机的原理结构图。其定子、转子铁芯均为高硅薄钢片冲制叠成，定子内圆周和转

子外圆周上都有均匀分布的齿槽;在定子槽中放置节距为一个齿距的输出绕组,通常组成三相绕组,定子、转子的齿数应符合一定的配合关系。

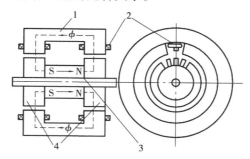

图9.22　感应子式测速发电机的原理性结构

1—定子;2—输出绕组;3—永久磁铁;4—转子铁芯

当转子不转时,永久磁铁在电动机气隙中产生的磁通不变,所以定子输出绕组中没有感应电动势。当转子以一定速度旋转时,定、转子齿之间的相对位置发生周期性的变化,定子绕组中有交变电动势产生。每当转子转过一个齿距,输出绕组的感应电动势也变化一个周期,因此,输出电动势的频率应为

$$f = \frac{Z_r n}{60}(\text{Hz}) \tag{9.27}$$

式中　Z_r——转子的齿数;

　　　　n——电动机转速,(r/min)。

由于感应电动势频率和转速之间有严格的关系,相应感应电动势的大小也与转速成正比,故其可作为测速发电机用。它和永磁式测速发电机一样,由于电动势的频率随转速而变化,致使负载阻抗和电动机本身的内阻抗大小均随转速而改变。但是,采用二极管对这种测速发电机的三相输出电压进行桥式整流后,可取其直流输出电压作为速度信号用于机电一体化系统的自动控制。感应式测速发电机和整流电路结合后,可以作为性能良好的直流测速发电机使用。

脉冲式测速发电机以脉冲频率作为输出信号。由于其输出电压的脉冲频率和转速保持严格的正比关系,所以也属于同步发电机类型。其特点是输出信号的频率相当高,即使在较低转速下(如每分钟几转或几十转),也能输出较多的脉冲数,因而以脉冲个数显示的速度分辨力比较高,适用于速度比较低的调节系统,特别适用于鉴频锁相的速度控制系统。

(2)变磁通式速度传感器

图9.23为变磁通式速度、角速度传感器的工作原理图。

开磁路式工作时,其传感器不动,导磁材料制成的测量齿轮1安装在被测旋转体上。传感器软铁3与齿轮轮齿的间隙约为0.1~0.7 mm。间隙小,输出电压幅值大,但太小时会因齿轮安装偏心而发生齿轮和传感器卡死现象。所以应在不影响齿轮正常转动情况下尽可能调整到间隙最小,以获得最大的输出电压幅值。测量时,齿轮随被测旋转体一起转动。每转过一个齿,传感器磁路磁阻变化一次,磁通亦变化一次,因此线圈产生感应电动势的变化频率等于齿轮的齿数与转速的乘积。

闭磁路式工作时,转子与转轴固紧并随被测轴转动,转子、定子和永久磁铁组成磁路系

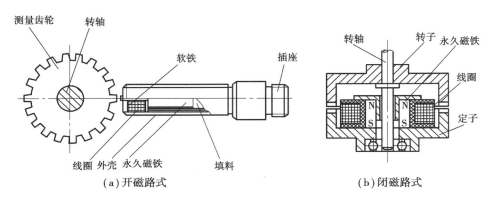

图 9.23　变磁通感应式速度、角速度传感器

统。在转子和定子的环形端面上铣有均匀分布的齿和槽,且两者的齿、槽数对应相等。当转子的齿与定子的齿相对时,气隙最小,磁路系统的磁通最大;而当齿与槽相对时,气隙最大,磁通最小。因此测量转速时,磁通周期变化,线圈产生感应电动势的频率与转速成正比。

变磁通式速度、角速度传感器的转速为

$$n = 60\frac{f}{z} \tag{9.28}$$

式中　f——输出感应电动势的频率,Hz;

　　　z——齿数;

　　　n——被测转数。

则角速度为

$$\omega = \left(\frac{2\pi}{z}\right)f(\mathrm{rad/s}) \tag{9.29}$$

开磁路式传感器的结构简单,体积较小,但输出信号弱,不易测量高转速。闭磁路式传感器的测量范围大,为(50 ~ 4 000)r/min,可连续使用,且方便、可靠。

(3)霍尔式和电涡流式转速传感器

利用霍尔效应和电涡流效应的传感元件,既可测量位移也可测量转速(角速度),其测量原理如图 9.24、图 9.25 所示。

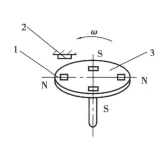

图 9.24　霍尔式转速传感器结构原理图

1—磁钢块;2—霍尔原件;3—被测物

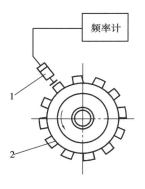

图 9.25　利用电涡流位移传感器
测量转速原理图

1—电涡流位移传感器;2—带齿圆盘

利用霍尔元件组成的传感器称为霍尔式传感器。霍尔式传感器测量转速和角速度的结构原理如图 9.24 所示,在被测物上粘有多对小磁钢,霍尔元件固定于小磁钢附近。当被测物转动时,每当一个小磁钢转过霍尔元件(通以电流),霍尔元件就输出一个相应的脉冲。测得单位时间内的脉冲个数,即可求得被测物的转速和角速度。霍尔元件由半导体材料制成,体积小,结构简单。

利用电涡流式位移传感器对转速和角速度进行测量的结构原理如图 9.25 所示。

这两种形式传感器所测转速为

$$n = 60\ \frac{f}{z} \tag{9.30}$$

式中　n——被测转速,(r/min);

　　　f——传感器输出周期信号的频率,Hz;

　　　z——被测物上标记(齿)数。

(4)光电码盘转速传感器

这种测量装置就是最常见的编码盘加光电二极管方式。其旋转轴上安装测速轮,传感器外壳上安装了一只由发光二极管及光敏三极管组成的槽形光电开关架。测速轮的每一个齿将发光二极管的光线遮挡住时,光敏三极管就输出一个高电平,反之就输出低电平,如图 9.26 所示。

由于测速轮齿数 K 已知,则可得到转数 n:

$$n = \frac{60 \times m}{K \times t} \tag{9.31}$$

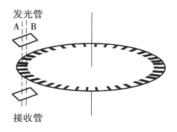

图 9.26　光电码盘转速传感器

式中　n——转速(r/min);

　　　m——脉冲数;

　　　K——齿轮盘齿数;

　　　t——时间(s)。

若齿轮盘齿数 K 为 60,则 n 即为脉冲频率。

9.3.2　转速测量实例

图 9.27 为汽车发动机曲轴转动位置传感器。这类传感器一般安装在曲轴端部飞轮上或分电器内,由磁电型、磁阻型、霍尔效应型或威耿德磁线型或光电型信号发生器测定曲轴转动位置及转速。

磁电型和磁阻型利用齿轮或具有等间隔的凸起部位的圆盘在旋转过程中引起感应线圈产生与转角位置和转速相关的脉冲电压信号,经整形后变为时序脉冲信号,通过计算机计算处理来确定曲轴转角位置及其转速。这类传感器一般安装在曲轴端部飞轮上或分电器内。

霍尔效应型也有一个带齿圆盘,当控制电流 I_c 流过霍尔元件,在垂直于该电流的方向加上磁场 B,则在垂直于 I_c 和 B 的方向产生输出电压,经放大器放大输出 E_o。利用这种霍尔效应制作的传感器已用于汽车,其中最受重视的是 GaAs 霍尔元件。

威耿德(weigand)磁线性传感器是 J. R. Weigand 利用磁力的反向作用研制而成。它利用 0.5 Ni—0.5 Fe 磁性合金制成丝状,并进行特殊加工,使其外侧矫顽力和中心部位不同。当外部加给磁线的磁场超过临界值时,仅仅在中心部位引起反向磁化。若在威耿德磁线上绕上线圈,则可利用磁场换向产生脉冲电压。因此,威耿德磁线与磁铁配对可构成磁性传感器。这种传感器不用电源,使用方便,可用在汽车上检测转速和曲轴角。光电型传感器由发光二极管、光纤、光敏三极管等构成,利用光的通断可测曲轴转角位置与转速。这种传感器具有抗噪声能力强及安装地点易于选择等优点,但不耐泥、油污染。

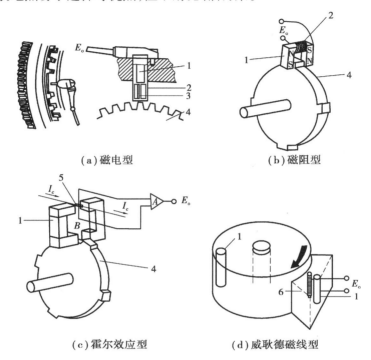

（a）磁电型　　　　　　　　　　　　（b）磁阻型

（c）霍尔效应型　　　　　　　　　（d）威耿德磁线型

图 9.27　曲轴位置、转速传感器

1—磁铁;2—感应线圈;3—软铁芯;4—检测用带齿转盘;5—霍尔元件;6—威耿德组件

9.4　三坐标测量机及其应用

三坐标测量机目前已广泛用于机械制造、仪器制造、电子工业、航天与国防工业。它有空间三个方向的标准量,可对空间任意处的点、线、面及其相互位置进行测量,特别是用于测量各类箱体、零件的孔距、面距,模具、精密铸件、电子线路板、汽车发动机零件、凸轮、滑轮和泵的叶片等各种复杂而又有高精度的空间曲面、曲线工件。它与数控加工中心配合可形成测量中心,具有高精度、高效率、测量范围大的优点,是几何量测量的代表性仪器。

9.4.1　三坐标测量机类型和结构

（1）三坐标测量机的类型

按三坐标测量机的技术水平可将其分为三类:数显及打字型、计算机进行数据处理型以及计算机数字控制型。

数显及打字型三坐标测量机主要用于几何尺寸的测量,采用数字显示与打印,操作一般为手动,但有电机驱动和微动装置。这类测量机技术水平不高,记录下来的数据需人工运算,对复杂零件尺寸计算效率低。

在数显及打字型的基础上加上计算机进行数据处理就构成计算机进行数据处理型三坐标测量机。由于采用计算机处理数据,功能上可进行工件安装倾斜、自动校正计算,坐标变换,孔心距计算及自动补偿等工作;并能预先储备一定量的数据,通过软件储存所需的测量件的数学模型,对曲线表面轮廓进行扫描测量。

计算机数字控制型三坐标测量机可像数控机床一样,按照编制的程序自动测量。其工作原理是:根据工件图纸要求编好穿孔带或磁卡并通过读取装置输入计算机和信息处理线路,用数控伺服机构控制测量机按程序自动测量并将结果输入计算机,按程序要求自动打印数据以及采用纸带等形式的输出。由于数控机床加工用的程序穿孔带可以和测量机的穿孔带相互通用,测量即可按被测量实物进行编程,可根据测量结果直接做出数控加工用的纸带。

（2）三坐标测量机的结构

三坐标测量机是一台以精密机械为基础,综合应用电子技术、计算机技术、光栅、激光等先进技术的测试设备。其主要组成部分有:底座,测量工作台,X、Y 向支承梁及导轨,Z 轴,X、Y 和 Z 向测量系统,测量头及操作系统等组成。外围设备有计算机、快速打印机和绘图仪、软件等。

1）三坐标测量机结构类型

根据 X、Y 和 Z 轴的布局方式不同,三坐标测量机有不同结构。其总体结构如图 9.28 所示。

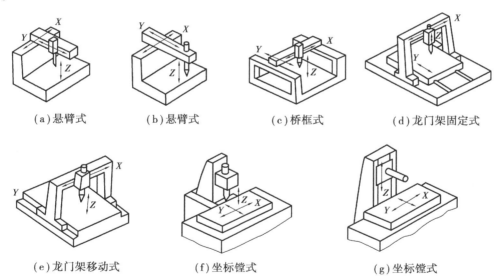

（a）悬臂式　　（b）悬臂式　　（c）桥框式　　（d）龙门架固定式

（e）龙门架移动式　　（f）坐标镗式　　（g）坐标镗式

图 9.28　三坐标测量机结构类型

①悬臂式:结构小巧,紧凑,工作面宽,装卸工件方便。但悬臂结构易产生挠度变形,必须有补偿变形的设计,从而限制了仪器的测量范围和精度。

②桥框式:Y 滑鞍由一主梁改为一桥框,Y 轴刚性增强,变形影响大为减小,增大了 X、Y、Z 向行程,使仪器的测量范围增大。

③龙门架固定式:龙门架刚度大,结构稳定性好,但工件装卸测量受到固定门框尺寸的限

制,因 Y 向工作台与工件同步移动,不利于测量重型工件。

④龙门架移动式:便于测量大型工件,操作性好。

⑤坐标镗式:由于结构刚度大,测量精度高。

2)导轨及支承

三坐标测量机一般都用直流伺服马达通过丝杆螺母、齿轮齿条或摩擦轮传动,除传统的滑动及滚动导轨外,目前广泛采用汽浮导轨结构。由于三坐标测量机不可能在三个方向上满足阿贝原则,导轨形状误差将直接影响测量精度,故导轨精度较高。直线度误差一般为 $2'' \sim 4''$,汽浮导轨进气压力一般为 $300 \sim 600 \text{ kPa}$。空气经过滤和稳压后,可保证气垫在工作状态下与床身导轨间隙约 10 μm,形成高压空气层,浮起移动件,使运动平稳,轻快。

3)测量系统

三坐标测量机在 X,Y,Z 坐标方向上都有一个长度精密测量系统,以便给出任意坐标值。测量系统多数为:精密丝杆和微分鼓轮,精密齿轮和齿条,光学刻尺,各种长光栅尺,编码器,感应同步器,磁尺,激光干涉器等,其特点比较见表9.1。

表 9.1 三坐标测量机中测量系统的特性综合比较

测量系统名称	原 理	元件精度 /($\mu m \cdot m^{-1}$)	精度 /($\mu m \cdot m^{-1}$)	特 征	适用范围
精密丝杆加微分鼓轮	机械	$0.7 \sim 1$	$1 \sim 2$	适于手动,拖动力大,与控制电机配合可实现自动控制	坐标镗床式测量机
精密齿轮与齿条	机械 + 光电			可靠性好,维护简便,成本低	中等精密大型机
光学读数刻度尺	光学	$2 \sim 5$	$3 \sim 7$	可靠性高,维护简便,成本低,手动方式,效率低	手动测量样机
光电显微镜和金属刻线尺	光电	$2 \sim 5$	$3 \sim 6$	精度较高,但系统比较复杂,自动方式,效率高	仪器台式样机
光 栅	光电	$1 \sim 3$	$2 \sim 4$	精度高,体积小,易制造,安装方便,但怕油污、灰尘	各种测量机
直线编码器旋转编码器	光电	$3 \sim 5$(直) ——(圆)	$5 \sim 10$(直) ——(圆)	抗干扰能力强,但制造麻烦,成本高	需要绝对码的测量机
激 光	光电		1	精度很高,但使用要求高,成本高	高精度测量机
感应同步器	电气	$2 \sim 5/250 \text{ mm}$	~ 10	元件易制造,可接长,价格低,不怕油污	中等精度,中等及大型测量机
磁 尺	电气		$-0.01 \sim +0.01/$ $200 \sim 600$ $-0.015 \sim +0.015$ $800 \sim 1\ 200$	易于生产,安装,但易受外界干扰	中等精度测量机

4）测量头

三坐标测量机的测量精度和效率与测量头密切相关,一般有以下几类:

①机械接触式测头。

此类测头无传感系统,无量程,不发信号,只是纯机械式地与工件接触,主要用于手工测量,只适于一般精度的测量。

②光学非接触式测头。

此类测头对薄形、脆性、软性工件接触测量时变形太大,只能用光学非接触式测头,常有光学点位测头和电视扫描头两大类。其中,光学点位测头瞄准精度一般为 $\pm 1 \sim 3$ μm,被测表面可倾斜达 70°,适合测量不规则空间曲面,如涡轮叶片、软质工件等。

③电气接触式测量头。

电气接触式测量头又称为软测头。测头的测端与被测件接触后可作偏移,传感器输出模拟位移量的信号。这种测头不但用于瞄准(即过零发讯),还可用于测微(即测出给定坐标值的偏差量)。因此按其功能,电气测头可分为做瞄准用的开关测头和具有测微功能的三向测头。

9.4.2　三坐标测量机的测量

三坐标测量机提供了测量任何形状的零件的万能程序,除一些特殊曲线(如渐开线、阿基米德螺旋线等)外,任何形状零件可认为是由一些基本的圆柱、孔、圆锥、平面、球或是断面(如圆、椭圆、直线和角度)等单元组成。根据零件的几何特点,就可以确定相应的测量方法及数学表达式。

如图 9.29(a)所示的零件,先测出 A 平面上的 1,2,3 三点,然后测出 B 面上的 4 点,即可确定两平面间的距离;对图 9.29(b)所示圆的测量,可用三点法、四点法或 N 点法确定圆的直径和圆心坐标;对图 9.29(c)所示角度的测量,可先测两点确定一边,然后由两边求夹角;对图 9.29(d)所示锥度的测量,可在两截面上分别测量 3 点,求得圆半径 r_1 和 r_2,然后在已知 L 下求锥度;对图 9.29(e)所示的球体,可通过测量 4 个以上的点,求得球半径和球心坐标;对图 9.29(f)所示孔距,可以用直角坐标或极坐标求得等。以上的测量方法均编有相应的测量程序。万能程序就包括了用来测量和求解圆、圆锥、球、平面、角度、距离等各种参数的子程序,以及测头校验子程序、坐标转换子程序共 30 多个。这些子程序约有 40 000 多个程序步,录于磁带上。测量时将磁带装入外部存储器,以便计算机根据测量时的需要随时调用。

三坐标测量机特别适合于成批零件的重复测量,测量效率高。测量时,可用预先编好的程序或采用学习程序先对第一个零件测量一次。计算机将所有测量过程如测头移动轨迹、测点坐标与程序调用储存在计算机中,作为测量该批零件的程序。在对其余零件测量时重复使用,通过数控伺服机构控制测量机按程序自动测量,并将测点坐标值输入计算机,计算机根据程序计算得到有关结果。下面仅简单介绍三坐标测量机的测量方法与应用。

(1)点位测量法

点位测量法是从点到点的重复测量方法,多用于孔的中心位置、孔心距、加工面的位置以及曲线、曲面轮廓上基准点的坐标检验与测量。图 9.30(a)是点位测量法的示意图,测头趋近 A 点后垂直向下,直到接触被测工件的 B 点,此时发信号,使存储器将 B 点的坐标值存储起来。然后,测头上升退回到 C 点,再按程序的规定距离进到 D 点,测头再垂直向下触测 E 点

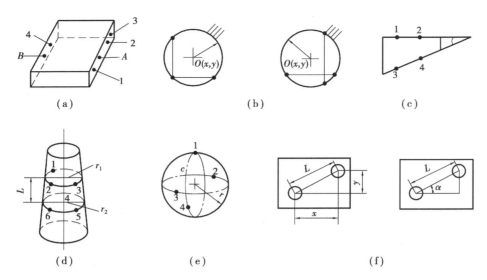

图 9.29 由零件几何特点确定测量方法示意图

并存储 E 点的坐标值。重复以上步骤直至测完所需的点。前面已测得的被测点坐标值自动地与输入的标准数据进行比较,得出被测对象的误差值及超差值等。当测量点的数目很多、操作用手工进行时,则需花费很多时间。

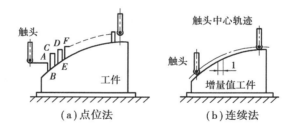

图 9.30 曲面测量过程示意图

若将手动点位测量改为自动点位测量,则需根据测量对象的图纸和已知测量点的两坐标值(如 x、y 坐标,y、z 坐标或 z、x 坐标值),按照程序加以数控化并送入计算机中,测量机可自动移动到被测点的各 x、y 坐标值点。对于另一轴可给以伺服驱动,这样就达到了自动测量的目的。如果另一轴(如 z 值)理论值也给定了,还可直接打印出误差值以及超差值。

(2)连续扫描法

图 9.30(b)为仿形连续扫描法示意图,测量头在被测工件的外形轮廓上进行扫描测量。例如固定一个 y 坐标值,测头沿工件表面在 x 轴方向上移动,并以增量 1 记录测得的各点 z 值。之后,再更换一个 y 坐标值,测头在 x 轴方向又以增量 1 记录各点 z 值,这便是连续扫描法。

9.4.3 三坐标测量机的应用

(1)实物程序编制

在航空、汽车等工业部门中,有些零件及工艺装备形状复杂,加工时不是依据图纸上的尺寸(数字量),而是按照实物(模型量),如根据特定曲线、模板、模型等进行加工。这样的零件最适宜于在数控机床上加工,但由于形状复杂,有时难以建立数学模型,因此程序编制相当困难。故在数控机床上加工这类零件,常常可以借助与测量机及其带实物程编软件系统的计算机,通过对木质、塑料、黏土或石膏等制成的模型(或实物)进行测量,获得加工面几何形状的各项参数,经过实物程序软件系统的处理,可以输出穿孔纸带并打出清单。

图 9.31 为实物程编过程的示意图。在制作数控纸带时,一般要以仿形动作跟踪工作台上的被测模型。同时,位移检测装置分别独立地检测 x、y、z 轴的机械运动,所取的间隔大小或取的点数由插补法或等容差法确定。计算机根据程编软件及加工工艺参数不断对所取的数据进行处理,然后用高速纸带穿孔机把被测模型的测量运动轨迹的程序直接以数控纸带输出。利用这个纸带可加工成原模型一样的工件,也可以将此数控纸带仍用于测量机上去测量同样的工件。

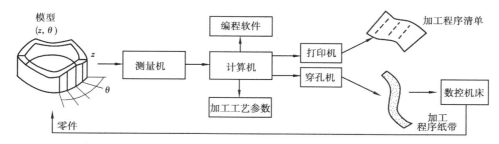

图 9.31 实物程序编制过程示意图

(2)设计自动化

三坐标测量机不仅可对复杂型面零件进行实物程序编制,甚至还可以对整机绘制出设计图。例如,新型飞机设计模型经风洞试验等合格后,需由人工绘制成图,工作量大,难度高,从反复定型到出图要间隔相当长的时间。三坐标测量机配以带有绘图设备及软件的计算机,则可通过测量机对模型的测量得到整体外形的设计图纸。图 9.32 为设计过程的示意图。

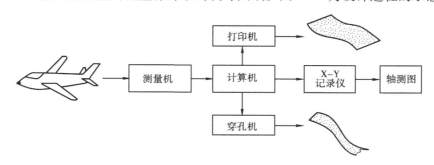

图 9.32 设计过程示意图

除上述各项应用外,三坐标测量机还可作为轻型加工的动力头对软质材料进行画线、打冲眼、钻孔、微量铣削加工或对金属制件进行最后一道工序的精加工,在大型测量机上还可用于重型机械的装配、安装等。

三坐标测量机的出现使得测量工作有了飞跃的发展,不仅节省了人力和时间,提高了测量精度,尤其是使得一些大型或复杂型面的测量成为可能。它既适合于大批量生产的检测,又适合于中小、小批量生产的测量。目前,各工业先进国都对三坐标测量机的生产与发展给予高度重视。三坐标测量机的关键技术是:测量头、气垫导轨、长导轨的制造工艺,长标准器、蠕动现象、卸荷及补偿结构、计算机软件的开发应用、动态精度的研究等。

目前,三坐标测量机的设计、功能等各方面都在朝着扩大实用性能、提高自动化程度、增加软件、提高机器精度和减小误差方向发展。

习题与思考题

9.1　简述几何量测量系统的一般组成及各部分作用。

9.2　若某一光栅的条纹密度为 100 条/mm,现利用光栅莫尔条纹的放大作用,把莫尔条纹的宽度调成 10 mm,求光栅条栅纹间的夹角。

9.3　光电编码器作为位置反馈的伺服系统中,若丝杠螺距为 5 mm,光电编码器的分辨率为 500 脉冲/r,参考输入脉冲为 1 500 脉冲/s,求工作台的线速度。

9.4　直流测速发电机在转速不变的条件下,电枢电动势 E_s 与哪些因素有关? 输出电压又与哪些因素有关?

9.5　直流测速发电机的输出特性曲线在不同的负载电阻有什么不同?

9.6　利用电涡流位移传感器和频率计数器测某轴的转速。欲使频率计所读频率的数值等于 1/2 转速的数值(如 $f = 50$ Hz,表示 $n = 25$ r/min)。问齿盘的齿数 z 为多少? 若使 f 的数值等于 n,z 又为多少?

第 **10** 章

测试技术在机械故障诊断中的应用

10.1 机械故障诊断的内容

机械故障诊断是设备状态监测与故障诊断的简称,它是识别机械设备运行状态的一门科学技术。随着科学技术和现代工业的发展,设备大型化、自动化、复杂化的程度日益提高,生产依赖设备的程度也越来越大,设备的任何故障都会给生产带来巨大的损失。因此,在设备运行期间对它的运行状态进行监测、分析和诊断越来越受到重视。

设备故障诊断研究的内容包括状态监测、状态识别、状态预测以及故障诊断与处理对策等几个方面,这些都与传感器与测试技术密不可分。机械故障诊断过程如图 10.1 所示。

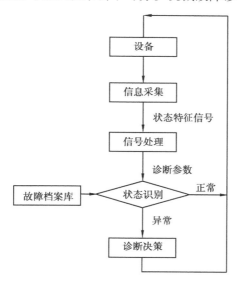

图 10.1 机械故障诊断过程

10.1.1 信息采集

信息采集是按不同诊断目的将最能表征设备运行状态的信息用传感器转变为电信号(状态特征信号)。

10.1.2 信号处理

信号处理是指排除混入状态信号的干扰信息,并对它进行适当处理,提取最能反映设备状态的特征参数(诊断参数)作为识别状态的依据。

信号处理的方法很多,最基本的是时域分析法和频域分析法。前者是对信号幅值随时间变化的特性进行分析,从中提取所需的特征信息供状态识别使用;后者是对信号的频率结构(不同频率组成的幅值和相位)进行分析,从中提取所需的特征信息供状态识别使用。

10.1.3 状态识别

状态识别是指将得到的诊断参数值与档案库的标准值进行比较,按一定判别准则对设备作出正常与否的判断。

10.1.4 诊断决策

诊断决策是指根据识别结果,对异常状态作进一步分析,确定故障的原因、部位、程度、类别;并根据诊断结果推测其发展趋势、提出相应的处理措施,如加强监测继续使用、调整、维护或停机修理等。

10.2 机械故障诊断技术

10.2.1 状态特征信号

(1)振动

任何机械设备运行时都有振动,劣化程度增加,振动强度也增大。据统计,机械设备70%以上的故障都是以振动形式表现出来的。振动量是多维的(幅值、频率和相位),而且变化范围很宽,便于区分不同种类、不同程度的故障状态。振动信号测量方便,技术成熟,可以在线监测,国内外已有许多专门的振动测量仪器系列。振动传递性强,传感器可以感受到较大范围内存在的故障振动。所以机械设备的齿轮、轴承、轴等的振动信息可以用安装在机壳上的传感器拾取。几乎所有的机械设备,特别是旋转机械都常用振动信息诊断它们的运行状态。

(2)噪声

机械设备在运行过程中会产生大量噪声,因此,噪声可以反映设备运行状态。噪声是振动在弹性介质中的传播,包含的信息量大。噪声测量时可和设备不接触,不受地方限制,比较方便。但是机械设备的噪声测量容易受环境噪声影响,对噪声的分析、处理也是一件很复杂的工作,所以应用较少。

（3）温度

设备在运行过程中发热是一种普遍现象，摩擦面损伤、超载、运动件有碰撞等原因都会使温度升高，而且温度测量也容易。所以温度是识别设备状态常用的重要信息，在设备运行过程中经常检测温度已成为使用者必须进行的工作。但温度对故障的响应慢，灵敏度低，一般只用作简易诊断。

（4）**磨损微粒**

磨损是使零件损伤，导致设备故障的主要原因，因此，监测磨损微粒的状况是诊断设备故障的一种重要手段。机械零件在运行过程中的磨损产物都在润滑油中，所以通过油中磨损产物的收集、分析可以确定零件的磨损状况。

10.2.2　振动判别标准

设备振动诊断标准（或称判定标准）是通过振动测试与分析，用来评价设备技术状态的一种标准。选好对象设备、决定测试方案之后，就要进行认真的测试。而对所测得的数值如何，判定它是正常值还是异常值或故障值，就需要依靠诊断标准的帮助。因此，诊断标准的制定和应用是设备诊断工作中一项十分重要和必不可少的任务。

理论证明，振动部件的疲劳与振动速度成正比，而振动所产生的能量则与振动速度的平方成正比，正是由于能量传递而造成了磨损和其他缺陷。因此，在振动诊断判定标准中，以速度为准比较适宜。

振动判别标准分为绝对、相对、类比三种，应优先选用绝对标准，尽量少用类比标准。

（1）**绝对标准**

绝对判定标准由某些权威机构颁布实施。由国家颁布的国家标准又称为法定标准，具有强制执行的法律效力。此外，还有由行业协会颁布的标准（称为行业标准）和国际标准化协会 ISO 颁布的国际标准，以及大企业集团联合体颁布的企业集团标准。这些标准都是绝对判定标准，其适用范围覆盖颁布机构所管辖的区域。目前应用较广泛的是：ISO 2372《机器振动的评价标准基础》、ISO 3945《振动烈度的现场测定与评定》和 CDA/MS/NVSH 107《轴承振动测量的判据》等。

表 10.1 是国际标准组织颁发的两种判别振动强度的标准。ISO 3945—1985 是现场评价标准，适用于转速为 600～1 200 r/min 的大型旋转机械，划分强度的根据是轴承壳体的振动烈度，即频率为 10～1 000 Hz 范围内振动速度的均方根值。ISO 2372—1974 是车间试验和验收的通用标准，适用的转速为 600～1 200 r/min。标准规定旋转机械分为四类，Ⅰ类：小型机械（例如 15 kW 以下电机）；Ⅱ类：中型机械（例如 15～75 kW 电机和 300 kW 以下在坚固基础上的机械设备）；Ⅲ类：大型机械刚性底座（底座固有频率高于转频）；Ⅳ类：大型机械柔性底座（底座固有频率低于转频）。振动强度分为四级：A 表示设备状态良好；B 为容许状态；C 为可容忍状态；D 为不允许状态。

我国的国家标准 GB 6075—85 等效采用国际标准 ISO 2372。

（2）**相对判别标准**

相对判别标准是根据设备的初期监测数据建立正常状态的标准，可根据实际监测值与标准值的比值进行识别。一般认为低频段（1 000 Hz 以下）小于标准值 2 倍为良好区，2 倍以上为注意区,大于 4 倍为危险区;对于高频段(1 000 Hz 以上),小于 3 倍为良好区,大于 3 倍为注意区,大于 6 倍为危险区。

表 10.1　国际标准 ISO 2372 和 ISO 3945

振动强度		ISO 2372				ISO 3945	
分级范围 速度有效值 mm/s		Ⅰ级	Ⅱ级	Ⅲ级	Ⅳ级	刚性 基础	柔性 基础
0.28	0.28	A	A	A	A	优	优
0.45	0.45						
0.71	0.71						
1.12	1.12	B					
1.80	1.80		B				
2.80	2.80	C		B		良	
4.50	4.50		C		B		良
7.10	7.10	D		C		可	
11.2	11.2				C		可
18	18		D				
28	28			D		不可	
45	45				D		不可
71							

(3)类比判别标准

类比判别标准是根据多台同规格设备在相同条件下大多数的监测数据建立正常状态的标准。一般认为高频段超过标准值两倍、低频段超过标准值一倍的设备都可判为异常;高频四倍以上、低频两倍以上就应考虑立即停机。

10.3　滚动轴承故障诊断及其应用实例

滚动轴承是机械设备的重要零件,应用面广,但易损坏。据统计,使用滚动轴承的旋转机械中大约 30% 的机械故障是由滚动轴承故障引起的,所以滚动轴承的状态监测与诊断技术一直是发展重点。

10.3.1　滚动轴承故障的基本形式

滚动轴承故障按产生的原因划分有以下几种。

（1）磨损

滚动轴承内外圈的滚道和滚动体表面既承受载荷又有相对运动,所以要发生各种形式的磨损,如疲劳磨损、磨料磨损、粘着磨损和腐蚀磨损等。在正常情况下,疲劳磨损是滚动轴承故障的主要原因,一般所说的轴承寿命就是指轴承的疲劳寿命。

（2）压痕

轴承受过大载荷或因硬度很高的异物侵入时,都将在滚动体和滚道的表面上形成凹痕,使轴承运转时产生剧烈的振动和噪声,影响工作质量。

（3）断裂

轴承元件的裂纹和破裂主要是由加工轴承元件时磨削加工或热处理不当引起,也有的是由于装配不当、载荷过大、转速过高、润滑不良产生的过大热应力而引起。

10.3.2　滚动轴承的故障振动分析

滚动轴承的振动非常复杂,除轴承本身结构特点和加工、装配误差引起的正常振动外,还有轴承损伤引起的故障振动,以及外部因素引起的振动。在此只分析轴承的故障振动。

（1）局部故障

当轴承元件的滚动面上产生损伤点（如点蚀、剥落、压痕、裂纹等）时,在轴承运行过程中,损伤处滚动体与内外圈就会因反复碰撞产生周期性的冲击力,引起低频振动。它的频率与冲击力的重复频率相同,称为轴承故障的特征频率。特征频率的大小取决于损伤点所在的元件和元件的几何尺寸以及轴承的转速,一般在 1 kHz 以下,在听觉范围内（1 ~ 20 kHz）,是分析轴承故障部位的重要依据。

冲击力具有极为丰富的频率成分,其高频分量必然激发轴承系统的组成部分产生共振,即以各自的固有频率作高频自由衰减振动。高频自由衰减振动的振幅大、持续时间长,但重复频率与冲击的重复频率（故障特征频率）相同。这些特点也是分析轴承故障的重要依据。

图 10.2 是轴承有局部故障的波形图,T 是冲击重复周期,即轴承局部故障的特征周期,f_0 一般是轴承外圈的固有频率。虽然轴承系统的高频自由衰减振动很复杂,但因测点通常距外圈最近,传感器拾取的高频衰减信号以外圈的最显著。

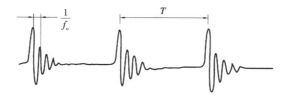

图 10.2　滚动轴承发生的冲击振动

1）局部故障特征频率的计算

轴承故障特征频率计算公式见表 10.2,这些公式是向心推力滚动轴承在外圈固定条件下推导出来的。

表 10.2 轴承故障特征频率

表面损伤点位置	特征频率/Hz
外圈	$f_{\mathrm{o}} = \dfrac{Z(D - d\cos\alpha)}{2D}f$
内圈	$f_{\mathrm{i}} = \dfrac{Z(D + d\cos\alpha)}{2D}f$
滚动体	$f_{\mathrm{b}} = \dfrac{D^2 - (d\cos\alpha)^2}{2Dd}f$

注:d—滚动体直径,mm;D—轴承滚道的节径(mm);Z—滚动体数量(个);α—接
触角(度);f—轴的转动频率(Hz)

2)局部故障的振动波形

正常轴承的时域振动波形如图 10.3 所示。它没有冲击尖峰,没有高频率的变化,杂乱无章,没有规律。

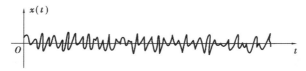

图 10.3 正常轴承的振动波形

①固定外圈有损伤点的振动。

若载荷的作用方向不变,则损伤点和载荷的相对位置关系固定不变,每次碰撞有相同的强度,振动波形如图 10.4 所示。

②转动内圈有损伤点的振动。

若载荷的作用方向不变,当滚动轴承内圈转动时,则损伤点和载荷的相对位置关系呈周期变化。每次碰撞有不同的强度,振动幅值发生周期性的强弱变化,呈现调幅现象,周期取决于内圈的转频,如图 10.5 所示。

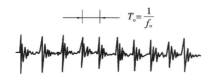

图 10.4 外圈有损伤点的振动波形

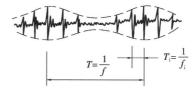

图 10.5 内圈有损伤点的振动波形

③滚动体有损伤点的振动。

若载荷的作用方向不变,当滚动体上有损伤点时,则发生的振动如图 10.6 所示。这种情况和内圈有损伤点相似,振动幅值呈周期性强弱变化,周期取决于滚动体的公转频率。

(2)分布故障(均匀磨损)

轴承工作面有均匀磨损时,振动性质与正常轴承相似,杂乱无章、没有规律,故障的特征频率不明显,只是幅值明显变大。因此,只可根据振动的均方根值变化来判别轴承的状态。

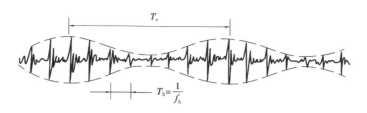

图 10.6　滚动体有损伤点的振动波形

10.3.3　滚动轴承振动监测诊断技术

有损伤的轴承振动信号在低频段有特征频率分量,在高频段有固有频率分量。所以诊断轴承故障可以使用低通滤波器去掉高频分量在低频段进行,也可使用高通或带通滤波器去掉低频分量在高频段进行。

(1)简易诊断

简易诊断一般是以振动信号的幅值变化为根据,常用的诊断参数是峰值、均方根值、峰值系数和峭度系数。

1)峰值

轴承有剥落、压痕等局部损伤产生冲击时,轴承的振动峰值明显增大,所以峰值是监测轴承早期故障最灵敏的参数。但是它的稳定性差,受载荷、转速和测试条件变化的影响很大,对灰尘等环境干扰也十分敏感。

2)均方根值

轴承工作面的均匀磨损或局部损伤逐渐发展增多以后,振动峰值的变化不明显,只有用均方根值才能比较准确地给出恰当的评价。但均方根值对轴承早期的局部损伤却不适用,因为由冲击引起的振动峰值虽大,但持续时间极短,对时间平均大峰值的出现几乎表现不出来。

3)峰值系数

峰值系数是峰值和均方根值的比值,它和峰值一样对表面早期剥落、压痕等损伤反应灵敏,且不受载荷、转速和测试条件变化的影响,稳定性好,所以是较好的诊断参数。一般认为轴承正常时峰值系数 <5,轴承异常时为 5~10,10 以上时轴承有较严重故障。不过当具有多处剥落、压痕等缺陷时,峰值系数会因均方根值的增大而减小;当轴承速度很高脉冲间的间隔太短时,峰值系数也会因均方根值的增大而减小,因此影响了峰值系数识别轴承损伤的能力。

4)峭度系数

英国首先使用峭度系数诊断轴承的运行状态。正常轴承的峭度系数约为 3,有损伤的轴承峭度系数将增大。峭度系数与峰值系数类似,但对信号中大幅值成分更灵敏,这对监测轴承早期损伤极为有效。

(2)精密诊断

轴承最常见、最有害也是最受重视的故障是局部故障,所以有许多针对这类故障的精密诊断方法。根据监测频段不同,这些方法可划分为低频(特征频率段)分析法和高频(固有频率段)分析法两种。

1)低频分析法

由于有损伤的轴承元件在运行中产生具有特征频率的振动,所以直接监测特征频率分量的幅值变化是诊断轴承故障部位最直接的方法。轴承的特征频率低,故这种方法通常称为低频分析法。

一种低频分析法的信号处理过程如图10.7所示。加速度传感器拾取的振动信号经电荷放大器放大、积分器转换为速度信号(低频振动一般用振动速度作诊断参数)、低通滤波器去掉高频分量,然后送入分析仪中进行频谱分析。在频谱图上根据故障的特征频率的峰值就能确定故障的大小和部位。

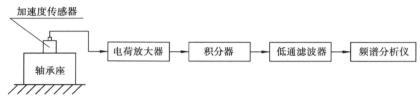

图10.7　低频分析法原理框图

但是,由于机械、电源和流体动力学的干扰能量都集中在这个频段(低频段)而轴承早期损伤产生的冲量值又很小,其低频分量的振平更微弱,所以信噪比很低,无论从时域或频域都很难在这个频段将轴承的早期故障揭示出来。目前只有简单的机械设备才采用这种简单的监测方法。

2)高频分析法

轴承局部故障激发的高频固有振动除具有振幅较大、持续时间较长、重复频率与冲击的重复频率(故障特征频率)相同等优点外,还可以避开低频干扰,有较高的信噪比。可以不受转速变化的影响,有较高的稳定性。所以根据这个频段的幅值变化判别轴承的早期故障有较好的效果,是当前使用较普遍的方法。

①选用轴承元件的固有频率作为分析对象。

因为监测轴承振动的测点通常都选在轴承座上,外圈距测点最近传输损失最少,所以一般都选用轴承外圈的固有频率作分析对象。由于外圈的固有频率为数千赫兹,相对较低,所以这种方式也称为中频段(1～20 kHz)分析法。

②选用频率较高的加速度传感器的固有频率或电谐振器的谐振频率作为分析对象。

轴承局部损伤能激发轴承系统各组成部分产生固有频率振动,同样也能激发加速度传感器产生固有频率振动,所以高频分析法的分析对象也可以选用加速度传感器的固有频率。由于它的频率更高,只有冲击性质的激励力才能激发它的固有频率振动,不易受非轴承局部损伤因素的影响,所以信噪比高、诊断效果好。电谐振器实际是一个窄带带通滤波器,它拾取振动信号中与中心频率一致的高频成分作为分析对象,同样具有较高的信噪比,诊断效果好。此外它还具有以下优点:

a.可以十分方便地改变谐振频率(分析频率)和阻尼大小,满足各种不同需要的监测;

b.无须事先知道监控对象的固有频率;

c.简单、方便、价格低廉。

3)高频常规分析法

对振动信号用带通滤波器分离出需要的高频信号后,只作某些时域处理和频域处理的分析方法叫常规分析法。

图 10.8 是这种方法的一种处理过程。加速度传感器拾取的振动信号经电荷放大器放大、带通滤波器分离出所需分量后,进行绝对值处理和频谱分析。在频谱图上根据故障的特征频率就能确定故障的大小和部位。

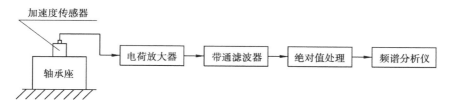

图 10.8　高频绝对值分析法原理框图

4)高频包络分析法

将轴承振动信号的高频成分分离出来后,再提取它的包络信号进行频谱分析的方法叫高频包络分析法(也叫共振解调分析法)。由于包络信号是近似的周期信号,幅值大、持续时间长,但重复频率没有改变,而且没有低频干扰,所以在谱图上可获得较明显的特征谱线,对故障识别十分有利。

图 10.9(a)是这种方法的一种处理过程。加速度传感器拾取的振动信号经电荷放大器、带通滤波器、绝对值处理器后还要经过低通滤波器才送入分析仪进行频谱分析。

(a)包络分析法原理框图

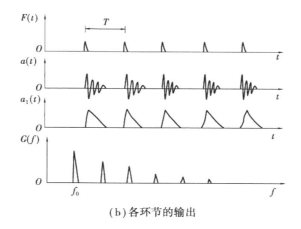

(b)各环节的输出

图 10.9　高频包络分析法原理

各环节的输出如图 10.9(b)所示,图(a)是轴承局部损伤产生的冲击脉冲 $F(t)$;图(b)是冲击脉冲激发的振动信号通过放大器和中心频率为某固有频率的带通滤波器后,得到的高频固有振动信号 $a(t)$;图(c)是经过绝对值处理和低通滤波后,得到的低频包络信号 $a_1(t)$;图(d)下面是对 $a_1(t)$ 进行频谱分析获得的功率谱 $G(f)$,显示了与轴承损伤对应的频率成分及其高次谐波成分。

按照高频包络分析原理,美国波音公司首先研制成了脉冲测振仪,在仪表中设置了若干个不同谐振频率的谐振器,因此分析频率可以选择,以适应各种不同的需要。

10.3.4 滚动轴承故障诊断实例

2006 年 6 月 27 日,安阳钢铁公司高速线材轧制线上的 $\phi6.5$ 钢吐丝机 II 轴发生轴承碎裂事故,被迫停产检修。事后检视在线故障诊断监测系统,发现早在 4 月 13 日时域峰值指标状态监测已经发出红色警报。图 10.10 是吐丝机传动简图。

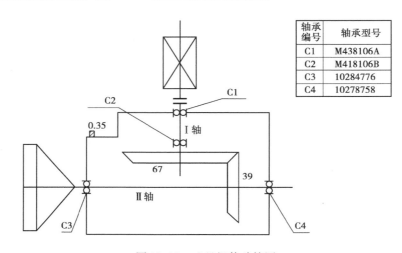

轴承编号	轴承型号
C1	M438106A
C2	M418106B
C3	10284776
C4	10278758

图 10.10 吐丝机传动简图

(1)时域指标趋势分析

1)$\phi6.5$ 钢吐丝机 a35 测点峰值趋势图

由图 10.11 可见,在 2—6 月份轧 $\phi6.5$ 钢时,吐丝机 a35 测点时域峰值从 4 月 13 日（50 m/s²）开始有所上升,到 4 月 25 日达到 85 m/s²,此后到 5 月 6 日已达到 260 m/s² 以上,并且到吐丝机轴承出现损坏事故前,在线系统一直连续出现红色警报（均在 200 m/s² 以上）。

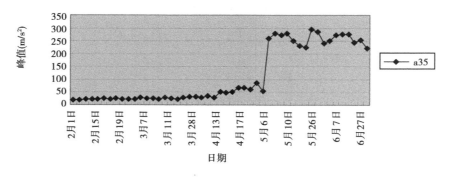

图 10.11 峰值指标趋势图

2)轧 ϕ6.5 钢吐丝机 a35 测点峰值系数趋势图

由图 10.12 可见,在 2—6 月份轧 ϕ6.5 钢时,吐丝机 a35 测点峰值系数在 4 月 13 日之前维持在 5 以下,到 4 月 16 日达到 10,此后到 5 月 25 日之间一直维持在 6.5 以上。轴承在正常状态下的峰值系数为 5 左右,说明吐丝机在 4 月 13 日时已有故障隐患了;到 5 月 25 日后吐丝机 a35 测点峰值系数又降到 5 以下,说明此时轴承已经损坏了。

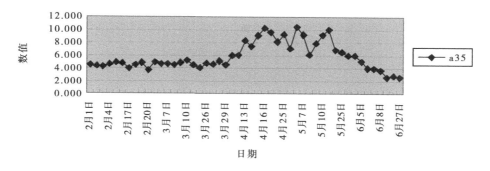

图 10.12　峰值系数趋势图

3)轧 ϕ6.5 钢吐丝机 a35 测点峭度指标趋势图

由图 10.13 可见,在 2—6 月份轧 ϕ6.5 钢时,吐丝机 a35 测点峭度在 4 月 13 日之前维持在 5 以下,到 4 月 16 日达到 14,此后到 5 月 25 日之间一直维持在 6.5 以上。轴承在正常状态下的峭度为 3 左右,说明吐丝机在 4 月 13 日(9.4)时已有故障隐患了;到 5 月 25 日后,吐丝机 a35 测点峭度又降到 5 以下,说明此时轴承已经损坏了。

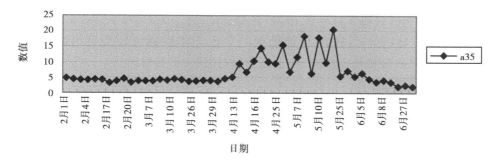

图 10.13　峭度指标趋势图

由以上分析可见,从峰值、峰值系数、峭度三个时域指标都可看出吐丝机轴承在 4 月 13 日时已有故障隐患了,5 月初到 5 月 25 日是轴承逐渐损坏时期,若在这个时期能够对吐丝机进行必要的检查,就可避免 6 月 27 日轴承碎裂事故的发生。

(2)频域指标趋势分析

轧 ϕ6.5 钢吐丝机 II 轴轴频幅值趋势图如图 10.14 所示。

由图 10.14 可见,在 2—6 月份轧 ϕ6.5 钢时,吐丝机 II 轴轴频幅值在 4 月 24 日之前维持在 0.25 m/s² 以下,4 月 24 日开始上升,达到 0.4 m/s²,到 5 月 6 日达到 9.659 m/s²,此后到 6 月 27 日之间一直维持在 8.5 m/s² 以上,6 月 6 日最高达到 30.82 m/s²。这些数据说明吐丝机在 4 月 24 日(0.4 m/s²)时已有故障隐患了,到 5 月 6 日幅值发生突变,增大了 20 多倍,说明此时吐丝机轴承已经损坏了。

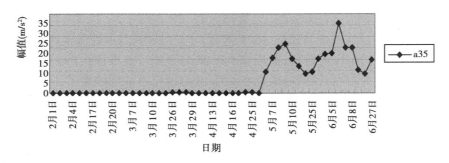

图 10.14　Ⅱ轴轴频幅值趋势图

(3)谱图分析

1)a35 测点正常时的频谱图

表 10.3　吐丝机 3 月 9 日 19:00 特征频率

序号	故障信号频率/Hz	计算特征频率/Hz	振幅/(m·s⁻²)	绝对误差/Hz	相对误差/%	可信度/%	故障部位及性质分析
1	29.297	30.665	0.151	1.368	4.46	90	Ⅱ轴轴频
2	58.594	61.33	0.948	2.736	4.46	90	2×Ⅱ轴轴频
3	92.773	91.995	0.63	0.778	0.85	100	3×Ⅱ轴轴频
4	151.367	153.325	1.179	1.958	1.28	100	5×Ⅱ轴轴频
5	205.078	214.655	1.916	9.577	4.46	90	7×Ⅱ轴轴频

　　图 10.15 显示为吐丝机 3 月 9 日 19:00 的频谱图,转速为 1 071 r/min,吐丝机Ⅱ轴(高速轴)轴频幅值为 0.151 m/s²,并且Ⅱ轴轴频的 2、5、7 倍频幅值较为突出(见特征频率表 10.3)。这时Ⅱ轴已有轻微松动故障,由于幅值相对很低,不易看出。

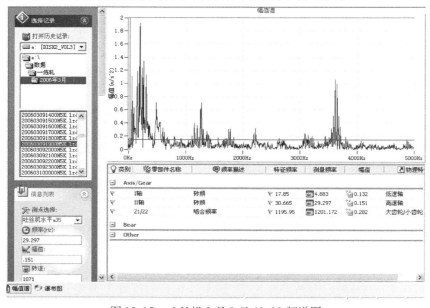

图 10.15　吐丝机 3 月 9 日 19:00 频谱图

2）a35 测点峰值明显上升时的频谱图

图 10.16 显示为吐丝机 4 月 25 日 4:00 的频谱图,转速为 1 052 r/min,吐丝机 II 轴(高速轴)轴频幅值为 0.386 m/s²,并且 II 轴轴频的 2、5、7 倍频幅值较为突出(见表 10.4)。与 3 月 9 日波形图相比,II 轴(高速轴)轴频幅值上升了 2 倍多,且 II 轴轴频的 2、5、7 倍频幅值也相对上升了,表明吐丝机 II 轴松动故障在逐渐加重。

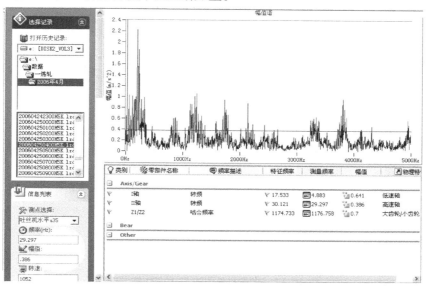

图 10.16　吐丝机 4 月 25 日 4:00 频谱图

表 10.4　吐丝机 4 月 25 日 4:00 特征频率

序号	故障信号频率/Hz	计算特征频率/Hz	振幅/(m·s⁻²)	绝对误差/Hz	相对误差/%	可信度/%	故障部位及性质分析
1	29.297	30.121	0.386	0.824	2.73	100	II 轴轴频
2	58.594	60.242	1.026	1.648	2.73	100	2×II 轴轴频
3	87.891	90.363	0.639	2.472	2.73	100	3×II 轴轴频
4	151.367	150.605	0.948	0.762	5.06	90	5×II 轴轴频
5	205.078	210.847	2.226	5.769	2.73	100	7×II 轴轴频

3）a35 测点峰值上升非常大时的频谱图

表 10.5　吐丝机 5 月 6 日 10:00 特征频率

序号	故障信号频率/Hz	计算特征频率/Hz	振幅/(m·s⁻²)	绝对误差/Hz	相对误差/%	可信度/%	故障部位及性质分析
1	29.297	30.436	9.659	1.139	3.74	100	II 轴轴频
2	58.594	60.872	3.521	2.278	3.74	100	2×II 轴轴频
3	87.891	91.308	2.773	3.417	3.74	100	3×II 轴轴频

图 10.17 显示为吐丝机 5 月 6 日 10:00 的时域和频域波形图,转速为 1 063 r/min,吐丝机 Ⅱ 轴(高速轴)轴频幅值为 9.659 m/s²,并伴有 Ⅱ 轴轴频的 2、3 倍频幅值较为突出(见表 10.5)。与 4 月 25 日波形图相比,Ⅱ 轴(高速轴)轴频幅值上升了 20 多倍,且 Ⅱ 轴轴频的 2、3 倍频幅值也相对上升了,表明吐丝机 Ⅱ 轴上轴承已经损坏了。

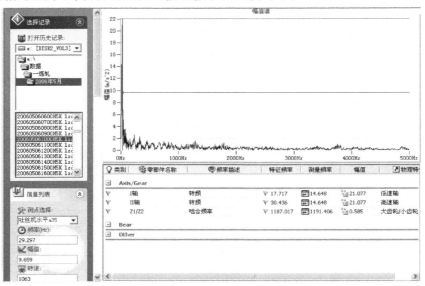

图 10.17　吐丝机 5 月 6 日 10:00 频谱图

这个时间距轴承破碎还有 40 多天,而且频谱图上已有极明显的故障征兆。低频段升高 20 倍,已将高频振幅压下去了。如在此期间及时处理,完全可以避免事故发生。

4)吐丝机轴承碎裂当天的频谱图

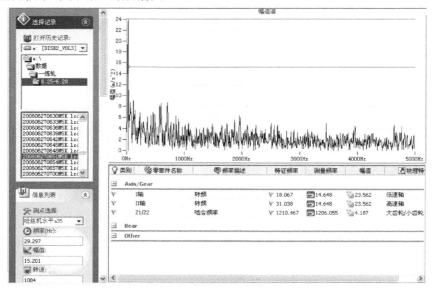

图 10.18　吐丝机 6 月 27 日 06:51 频谱图

表 10.6　吐丝机 6 月 27 日 06:51 特征频率

序号	故障信号频率/Hz	计算特征频率/Hz	振幅/(m·s⁻²)	绝对误差/Hz	相对误差/%	可信度/%	故障部位及性质分析
1	29.297	31.038	15.201	1.741	5.61	90	Ⅱ轴轴频
2	58.594	62.076	7.573	3.482	5.61	90	2×Ⅱ轴轴频

图 10.18 显示为吐丝机 6 月 27 日 06:51 的频谱图,转速为 1 084 r/min,吐丝机 Ⅱ 轴(高速轴)轴频幅值为 15.201 m/s²,比 5 月 9 日幅值又有所上升,说明吐丝机 Ⅱ 轴轴承已严重损坏,从而导致 Ⅱ 轴轴频幅值持续上升。

(4)诊断结论

①根据以上分析,一炼轧厂吐丝机有以下两方面的故障征兆:

a.吐丝机 Ⅱ 轴在初期(3、4 月份)有轻微松动故障征兆,实质是轴承定芯劣化。

b.吐丝机 Ⅱ 轴两端的轴承有损伤。

②吐丝机 Ⅱ 轴有松动故障特征是由于在频域图中 Ⅱ 轴转频(基频)及其 2、5、7 倍频幅值在 2、3 月份较小,到 4、5 月份都有较大增长,与松动故障很吻合,尤其在轧小规格钢(10 mm 钢以下)的时候更为突出。

③吐丝机 Ⅱ 轴两端的轴承有损伤是由于峰值系数和峭度指标在 2、3 月份都属于正常范围内,到 4、5 月份上升了几倍甚至十几倍,已远远超出了轴承正常运行的技术状态。

④吐丝机 Ⅱ 轴两端的轴承损坏表现为轴承在早期(3、4 月份)与 Ⅱ 轴之间配合间隙大而引起 Ⅱ 轴出现松动故障,后期(5、6 月份)轴承损坏主要表现为 Ⅱ 轴轴频幅值很高,而其 3、5、7 倍频幅值不再突出,频谱图与 3、4 月份明显不同。

⑤从在线监测系统的时域和频域两方面都能表明吐丝机 Ⅱ 轴上轴承损坏的渐变过程。综合此事件可看出:当峭度指标异常升高,轴的转频幅值也有很大增加,同时出现转频的高阶次谐频,这些条件综合起来就是滚动轴承故障的判定条件。

10.4　齿轮故障诊断及其应用实例

齿轮传动在机械设备中应用很广,齿轮损伤是导致设备故障的重要原因。据统计,齿轮箱中齿轮损坏的百分比最大,约占 60%,并且齿轮损伤造成的后果也十分严重,所以开展齿轮状态监测与故障诊断具有重大的实际意义。

10.4.1　齿轮常见故障

传动齿轮常见的故障按产生的原因划分为以下几种:

(1)齿面磨料磨损

润滑油不清洁、磨损产物以及外部的硬颗粒侵入接触齿面都会在齿面滑动方向产生彼此独立的划痕,使齿廓改变、侧隙增大,甚至使齿厚过度减薄,导致断齿。

(2)齿面粘着磨损

重载、高速传动齿轮的齿面工作区温度很高,如润滑效果不好,使齿面间油膜破坏,一个

207

齿面上的金属会熔焊在另一个齿面上,在齿面滑动方向可看到高低不平的沟槽,使齿轮不能正常工作。

(3)齿面疲劳磨损

疲劳磨损是由于材料疲劳引起的。当齿面的接触应力超过材料允许的疲劳极限时,表面层将产生疲劳裂纹。裂纹逐渐扩展,就会使齿面金属小块断裂脱落,形成点蚀。严重时,点蚀扩大连成一片,形成整块金属剥落,使齿轮不能正常工作,甚至使轮齿折断。

(4)轮齿断裂

轮齿如同悬臂梁,根部应力最大,且应力集中。在变载荷作用下,应力值超过疲劳极限时,根部要产生疲劳裂纹,裂纹逐渐扩大就要产生疲劳断裂。轮齿工作时由于严重过载或速度急剧变化受到冲击载荷作用,齿根危险截面的应力值超过极限就要产生过载断裂。

10.4.2　齿轮振动监测诊断技术

有损伤的齿轮,其频率成分及其幅值会发生明显的变化:低频段有幅值明显变大的啮合频率及其倍频成分,有显著的边频带、幅值明显的转频及其低次倍频成分;高频段有幅值明显变大的固有频率成分。根据这些特点可以诊断出齿轮的故障。因此,诊断齿轮的故障可以在低频段进行,也可以在高频段进行。

(1)简易诊断

简易诊断在时域中进行,目的是判别齿轮是否处于正常状态,一般用特征参数来进行诊断。有量纲的特征参数主要是振幅值、均方根值、方根幅值、平均幅值、峭度、偏度等;无量纲的特征参数有:波形系数、峰值系数、脉冲系数、裕度系数、峭度系数等。这些参数适用于不同情况,没有绝对优劣之分。

机械设备中除齿轮外,转轴、轴承、电动机等也要产生振动,正确区分它们是简易诊断的关键。下面以减速箱为例,对齿轮和滚动轴承的振动判别加以说明。

图 10.19 是减速箱简图,测振点选在 A、B、C、D 四个轴承座上。若四个测振点的振动值都超出规定,且基本相同,则说明减速箱的齿轮有故障,因为齿轮故障的振动频率较低,传递损失小,所以四个测振点的振动值基本相同。若四个测振点的振动值只一个点 C 超出规定,则说明 C 处滚动轴承有故障。因为滚动轴承故障的振动频率较高,传递损失大,所以 C 处轴承故障只在 C 处有较强的响应,其他测振点是几乎测不出来的。当然还可利用滚动轴承特征频率与齿轮振动频率不相同的特点,适当选取检测振动的频段,也能排除轴承振动的干扰。

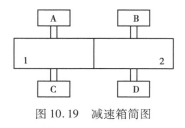

图 10.19　减速箱简图　　　　图 10.20　齿轮有故障

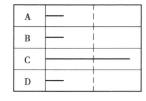

图 10.21　滚动轴承有故障

(2)精密诊断

精密诊断主要在频域中进行,目的是判别齿轮故障的程度和部位。

1）频域诊断

①功率谱啮合频率及其倍频分量分析。

齿轮传动系统的啮合振动是不可避免的,振动的频率就是啮合频率。啮合频率是齿轮的特征频率,其计算公式如下:

齿轮一阶啮合频率 $$f_{C0} = \frac{n}{60}Z$$

啮合频率的高次谐波: $f_{Ci} = i \times f_{C0}, i = 2,3,4,\cdots,n$

式中　n——齿轮轴的转速,r/min;

　　　Z——齿轮的齿数。

齿轮均匀磨损产生的作用与齿轮小周期误差相同,都是使常规振动的幅值受到调制,在谱图上产生边频,但边频成分与常规振动的啮合频率及其各次倍频成分重合,故使啮频及其各次倍频成分的幅值增加,而且高次成分增加较多。因此,根据啮频及其高次倍频成分的振幅变化(至少取高、中、低三个频率成分)可以诊断齿轮的磨损程度。

图 10.22 表示了齿轮磨损前后幅值的变化情况。实线是磨损前的振动分量,虚线是磨损后的增量。

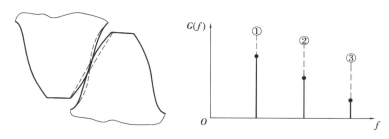

图 10.22　齿轮均匀磨损前后功率谱变化

②功率谱边频带分析。

啮频振动分析主要用来诊断齿轮的分布故障(如轮齿的均匀磨损),对齿轮早期局部损伤不敏感,应用面窄。大部分齿轮故障是局部故障,它使常规振动受到调制,呈现明显的边频带。根据边频带的形状和谱线的间隔可以得到许多故障信息,所以功率谱边频带分析是普遍采用的诊断方法。

图 10.23(a)为齿轮上一个轮齿有剥落、压痕或断裂等局部损伤时,齿轮的振动波形及其频谱。波形图是一个齿轮的常规振动,受一个冲击脉冲(每转重复一次)调制产生的调幅波。由于冲击脉冲的频谱在较宽范围内具有相等且较小的幅值,所以频谱图上边频带的特点是范围较宽、幅值较小、变化比较平缓,边频的间隔等于齿轮的转频。

图 10.23(b)是齿轮有分布比较均匀的损伤时,齿轮的振动波形及其频谱。波形图是一个齿轮的常规振动受到一个变化比较平缓的宽脉冲调制产生的调幅波。由于宽脉冲的频率范围窄,高频成分很少,所以在频谱图上边频带范围比较窄,幅值较大,衰减较快。损伤分布越均匀,边频带就越高、越窄。边频的间隔仍然等于齿轮的转频。

③高频分析法。

齿轮齿面有局部损伤时,在啮合过程中就要产生碰撞,从而激发齿轮以其固有频率作高频自由衰减振动。采用固有频率振动为分析对象,诊断齿轮状态的方法叫高频分析法。这种方法的主要过程是先用电谐振器从振动信号中排除干扰,分离并放大与谐振频率相同的高频

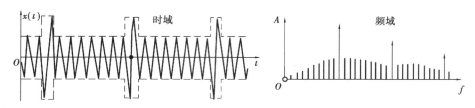

（a）齿轮上一个轮齿有剥落、压痕或断裂等局部损伤时齿轮的振动波形及其频谱

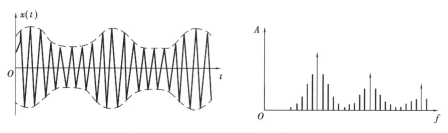

（b）齿轮有分布比较均匀的损伤时齿轮的振动波形及其频谱

图 10.23　齿轮缺陷对边频带的影响

成分,经检波器进行包络检波得到低频包络信号后,进行频谱分析就可得到频谱图。在谱图上,基频谱线的频率就是故障冲击的重复频率,根据此频率值即可诊断出有故障的齿轮及故障的严重程度。这种方法虽然与滚动轴承的高频包络分析原理一致,但难度要大得多,因为齿轮的高频振动信息在传感器的测点处异常微弱,需要使用格外精密的仪器与技术。

在图 10.24 中,图（a）是齿轮振动的原始波形;图（b）是原始波形经过带通滤波后提取的高频成分波形;图（c）是高频成分经过包络检波后得到的低频包络波形,由于它近似周期信号,所以在它的频谱图中有较明显的尖峰如图（d）所示,这对故障分析十分有利。

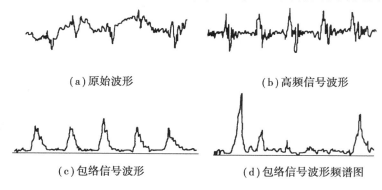

（a）原始波形　　　　　　　　　　　（b）高频信号波形

（c）包络信号波形　　　　　　　　　（d）包络信号波形频谱图

图 10.24　齿轮振动波形及其频谱图

2）倒频谱分析诊断

有一对齿轮啮合的齿轮箱,在振动频谱图上,啮频分量及其倍频分量两侧有两个系列边频谱线。一个是边频谱线的相互间隔为主动齿轮的转频,另一个是边频谱线的相互间隔为被动齿轮的转频。如果两齿轮的转频相差不多,这两个系列的边频谱线就十分靠近,即使采用频率细化技术也很难加以区别。有数对齿轮啮合的齿轮箱,在它的振动频谱图上,边频带的数量就更多,分布更加复杂,要识别它们就更加困难了。比较好的识别方法是倒频谱分析法,因为边频带具有明显的周期性。倒频谱分析法能将谱图上同一系列的边频谱线简化为倒频

谱图上的单根或几根谱线,谱线的位置是原谱图上边频的频率间隔。谱线的高度反映了这一系列边频成分的强度,因此使监测者便于识别故障齿轮及故障的严重程度。

图 10.25(a)是某齿轮箱振动信号的功率谱,频率范围是 0～20 kHz,频率间隔是 50 Hz,在谱图上能观察到啮合频率(4.3 kHz)及其二次、三次倍频,但不能分辨出边频带。图 10.25(b)是 2 000 细分谱线功率谱,频率范围为 3.5～13.5 kHz,频率间隔为 5 Hz,在图上能观察到很多边频谱线,但很难加以区分。进一步对范围 7.5～9.5 kHz 进行频率细化,间隔不变,得到图 10.25(c)所示谱图,边频谱线虽更明显,但区分仍然困难。若进行倒频谱分析则可得图 10.25(d)所示倒频谱,它清楚地表明了对应于两轴转频(85 Hz 与 50 Hz)的两个倒频分量(A1 和 B1),即谱图上以两个转频为周期的两个系列边频带。

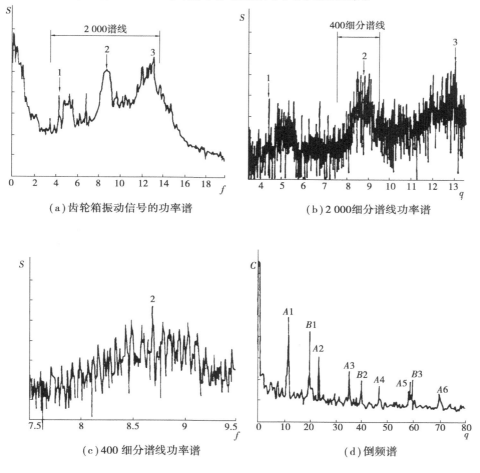

(a)齿轮箱振动信号的功率谱　　　　(b)2 000 细分谱线功率谱

(c)400 细分谱线功率谱　　　　(d)倒频谱

图 10.25　齿轮箱振动信号的谱分析

此外,倒频谱分析还能排除传感器测点位置和信号传输途径带来的影响,这对齿轮监测工作的实施也是十分有利的。倒谱分析理论可参考相关书籍。

10.4.3　齿轮故障诊断实例

某高速线材公司于 2006 年 9 月发现精轧 22#轧机辊箱振动增大。图 10.26 是传动系统图。调出这一期间的在线监测与故障诊断系统的趋势图和频谱图。在 9 月 14 日的频谱图上

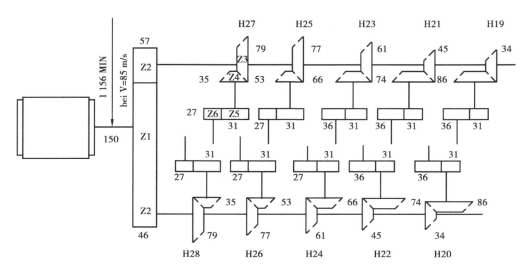

图 10.26　高线精轧机传动系统图

可明显看到 Z5/Z6 的啮合频率谱线,如图 10.27 所示。

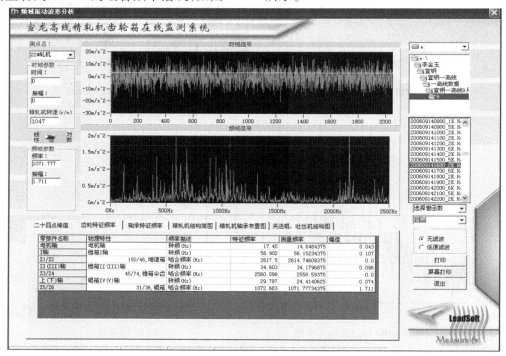

图 10.27　9 月 14 日的振动时域波形和频谱图

表 10.7　特征频率表(22#轧机　转速为 1 047 r/min)

序号	故障信号 频率/Hz	计算特征 频率/Hz	振幅 /(m·s⁻²)	绝对误差 /Hz	相对 误差/%	可信度 /%	故障部位及 性质分析
1	1 037.598	1 037.593	1.281	0.005	0	100	Z5/Z6 啮合频率-锥箱 Ⅱ 轴转频

续表

序号	故障信号 频率/Hz	计算特征 频率/Hz	振幅 /(m·s⁻²)	绝对误差 /Hz	相对 误差/%	可信度 /%	故障部位及 性质分析
2	1 072.683	1 071.773	1.711	0.91	0.085	100	Z5/Z6 啮合频率
3	1 105.957	1 105.953	0.946	0.004	0	100	Z5/Z6 啮合频率 + 锥箱 Ⅱ轴转频
4	2 143.555	2 143.546	1.962	0.009	0	100	2 倍 Z5/Z6 啮合频率

由特征频率表可见,22 架辊箱的 Z5/Z6 啮合频率(1 072.6 Hz)幅值在 9 月 14 日为 1.71 m/s²,其两侧有较宽的边频带,间隔为 35.085 Hz,与锥箱Ⅱ轴的转频(34.603 Hz)基本一致。由此得出诊断结论:

①从图 10.27 的频谱图上可看出,22#辊箱 Z5/Z6 啮合频率幅值比较突出且有上升趋势。在其两侧有边频出现,边频间隔分别为 35.085 Hz,与锥箱Ⅱ轴的转频(34.603 Hz)基本一致,说明 22 锥箱Ⅱ轴上的齿轮存在故障隐患。

②从图 10.27 的时域波形中可以看出有轻微的周期性冲击信号,冲击周期为 0.028 s,相应频率为(1/0.028 = 35.71 Hz),正好为 22 架锥箱Ⅱ轴的转频(36.85 Hz)一致,这表明问题就出在 22 架锥箱Ⅱ轴的齿轮上。厂于 11 月份对拆卸下的精轧 22 架进行检查,发现锥箱Ⅱ轴上 Z5(31 齿)齿轮打齿,与诊断分析结论相符。

习题与思考题

10.1　选择设备故障监测用的特征参数应满足哪些条件?

10.2　机械设备故障诊断中的状态信号有哪几种? 为什么常用的状态信号是振动信号?

10.3　常用的特征参数有哪些? 它们有哪些作用?

10.4　简述时域分析、频谱分析、频率细化分析、功率谱分析、倒频谱分析和包络分析的作用。

10.5　简述诊断参数、测点、拾振器和测振仪器的选择原则。

10.6　振动判别标准有哪几种?

10.7　常用的振动图形分析方法有哪些? 它们的特点是什么?

10.8　滚动轴承故障产生的原因是什么? 对其进行故障诊断的方法有几种? 各有何特点?

10.9　齿轮常见的故障有哪些?

10.10　调幅振动和调频振动在时域和频域各如何显示?

第11章
测试技术在自动控制中的应用

在工程技术领域,工程研究、产品开发、生产监督、质量控制和性能等都离不开传感器技术。在自动控制领域中,自动化程度越高,控制系统对传感器的依赖性就越大,因此,传感器对控制系统功能的正常发挥起着决定性的作用。图11.1是测试常用传感器分类情况。

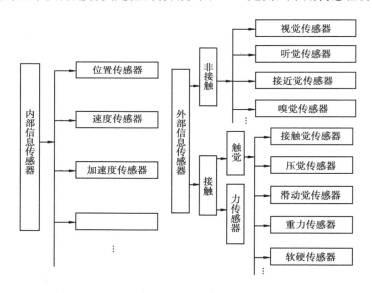

图11.1　机电一体化系统(或产品)用传感器分类

11.1　测试技术在工业机器人中的应用

工业机器人是典型的机电一体化产品,一般由机械本体、控制系统、传感器和驱动器等四部分组成。为对本体进行精确控制,传感器应提供机器人本体或其所处环境的信息。控制系统依据控制程序产生指令信号,通过控制各关节运动坐标的驱动器,使各臂杆端点按照要求的轨迹、速度和加速度,以一定的姿态达到空间指定的位置。工业机器人的准确操作取决于对其自身状态、操作对象及作业环境的准确认识。这种准确认识均通过传感器的感觉功能实现。

　　机器人中的传感器包括内部传感器和外部传感器两大类。内部传感器主要用来检测机器人本身的状态,为机器人的运动控制提供必要的本体状态信息,如位置传感器、速度传感器等。外部传感器则用来感知机器人所处的工作环境或工作状况信息,它又可分成环境传感器和末端执行器传感器两种类型。前者用于识别物体和检测物体与机器人的距离等信息,后者安装在末端执行器上,检测处理精巧作业的感觉信息。常见的外部传感器有力觉传感器、触觉传感器、接近觉传感器、视觉传感器等。

11.1.1　零位和极限位置的检测

　　零位的检测精度直接影响工业机器人的重复定位精度和轨迹精度;极限位置的检测则起保护机器人和安全动作的作用。

　　工业机器人常用的位置传感器有接触式微动开关、精密电位计或非接触式光电开关、电涡流传感器等。通常在机器人的每个关节上各安装一种接触式或非接触式传感器及与其对应的死挡块。在接近极限位置时,传感器先产生限位停止信号。如果限位停止信号发出之后还未停止,由死挡块强制停止。当无法确定机器人某关节的零位时,可采用位移传感器的输出信号确定。利用微动开关、光电开关、电涡流等传感器确定零位的特点是零位的固定性。当传感器位置调好后,此关节的零位就确定了,若要改变,则必须重新调整传感器的位置。而用电位计或位移传感器确定零位时,不需要重新调整其位置,只要在计算机软件中修改零位参数值即可。

　　图 11.2 表示几种具有代表性的触觉开关。其中,图(a)的绝缘基板上装有多个 ON-OFF 开关;金属触头在弹簧作用下,始终与上基板底部的金属导线接触,处于 ON 状态。当被接触物体压下金属触头而与金属导线脱开时则处于 OFF 状态,这样可以通过 ON-OFF 状态判断非接触或接触状态。图(b)中,绝缘体上装有含碳海绵(压敏电阻),其上盖有软橡胶膜,每个含碳海绵的上下均接有导线。当被接触物体压软橡胶膜及含碳海绵而使电阻改变时,导线的输出电压发生改变,从而检测与物体的接触状态。图(c)中,绝缘体上装有导电橡胶和金属,不接触物体时始终处于断开状态。接触物体时,导电橡胶与金属接触,使其分别与连接的导线导通。图(d)的触觉结构类似昆虫或甲壳虫类的触角,两根触角分别装在上下导体上,导体之间夹有绝缘材料。两根触角平时不接触,当触角接触物体而变形时,两根触角相接触,从而使上下导体导通,通过导线输出接触信号。

11.1.2　位移量的检测

　　位移传感器一般安装在机器人各关节上,用于检测机器人各关节的位移量,作为机器人的位置控制信息。选用时,应考虑到安装传感器结构的可行性以及传感器本身的精度、分辨率及灵敏度等。机器人上常用的位移传感器有旋转变压器、差动变压器、感应同步器、电位计、光栅、磁栅、光电编码器等。

　　关节型机器人大多采用光电编码器如图 11.3 所示。例如,采用光电增量码盘经过处理后的信号是与关节转角角度成一定关系式的脉冲数,计算机在确定零位和正、负方向后,只需计脉冲数就可以得到关节转角的角位移值。如果将它安装在关节的末端转轴上,则可以形成

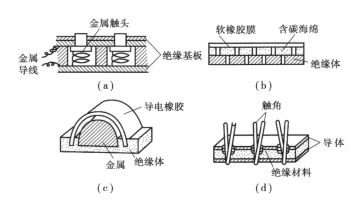

图 11.2　几种触觉传感器

该关节的闭环控制,理论上可以获得较高的控制精度。但这样对传感器的分辨力要求高。因此在实际应用中,由于刚性原因,位移传感器多与驱动元件同轴,此时传感器的脉冲当量(不考虑细分)为 $360°/(ni)$(n 为码盘的每转脉冲数,i 为电动机到该关节转轴的总传动比)。显然,分辨率提高了 i 倍(但传动比的准确性影响检测精度)。传动系统的间隙可以采取适当措施,使其限制在规定的要求内。

直角坐标机器人中的直线关节或气动、液压驱动的某些关节采用线位移传感器。用于检测直线运动的线位移传感器的精度和分辨力将 1:1 地影响机器人末端的定位精度。因此,选择时要考虑机器人的精度要求和行程。图 11.4 为容栅位移传感器,用于测量直线位移。

图 11.3　光电编码器　　　　　　　　　图 11.4　容栅位移传感器

11.1.3　速度、加速度的检测

机器人使用速度传感器是为实现机器人各关节的速度闭环控制。在用直流、交流伺服电动机作为工业机器人驱动元件时,一般采用测速发电机作为速度的检测器。它与电动机同轴,电动机转速不同时,输出的电压值也不同。其电压值被输入到速度控制闭环反馈回路中,以提高电动机的动态性能。

也可以用位移传感器代替速度传感器,此时必须对位移进行时间微分。如利用光电码盘代替速度传感器时,在单位时间内的脉冲数即为速度。利用频率电压转换器将光电码盘的脉冲频率转换成电压值,输入给伺服电动机的伺服系统中的速度反馈回路。

加速度传感器被用于机器人中关节的加速度控制。有时为了抑制振动而在关节上进行检测,将测到的振动频率、幅值和相位输入计算机。然后在控制环节中叠加一个与此频率相同、幅值相等而相位相反的控制信号用于抑制振动。

11.2　测试技术在数控机床与加工中心中的应用

数控机床(CNC:Computer Numericaled Control)是由计算机控制的多功能自动化机床,而加工中心(MC:Machining Center)是带有刀具库和自动换刀装置的数控机床,是当今数控机床发展的主流。数控机床是典型的机电一体化产品,是集现代机械制造技术、自动控制技术、检测技术、计算机信息技术于一体的高效率、高精度、高柔性和高自动化的现代机械加工设备。它同其他机电一体化产品一样,也是由机械本体、动力源、电子控制单元、检测传感部分和执行机器(伺服系统)组成。这类机床多采用闭环控制。要实现闭环控制,必须由传感器检测机床各轴的移动位置和速度进行位置数显、位置反馈和速度反馈,以提高运动精度和动态性能。表 11.1 列出了 CNC 机床和 MC 用传感器。

表 11.1　传感器在 CNC 机床、MC 中的应用

CMC 机床 MC		传感器																	
		位移(位置)							速　度				限　位			零　位			
		磁栅(磁尺)	旋转变压器	光栅	编码器	容栅	感应同步器	光电码盘	测速发电机	磁通感应式	编码器	霍尔元件	行程开关	光电开关	霍尔元件	霍尔元件	电涡流式	光电开关	磁电式
工作台 x、y、z 轴		√	√	√	√	√	√		√	√	√	√	√	√	√	√	√	√	√
主轴	z 轴	√		√	√	√			√	√	√	√	√	√	√				
	转角位置							√		√	√	√				√			√

在大位移量中,常用位移传感器有感应同步器、光栅、磁尺、容栅等。

11.2.1　传感器在位置反馈系统中的应用

机床 x 轴、y 轴和 z 轴的闭环控制系统,按传感器安装位置的不同分为半闭环控制和全闭环控制,按反馈信号的检测和比较方式不同分为脉冲比较伺服系统、相位比较伺服系统和幅值比较伺服系统。

脉冲编码器是一种角位移(转速)传感器,它能够把机械转角变成电脉冲。脉冲编码器可分为光电式、接触式和电磁式三种,其中,光电式应用比较多。在图 11.5 的半闭环脉冲比较伺服系统中,x 轴和 z 轴端部分别配有光电编码器,用于角位移测量和数字测速。角位移通过丝杠螺距能间接反映拖板或刀架的直线位移。

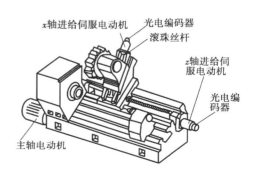

图 11.5　脉冲编码器的应用

图 11.6 为半闭环脉冲比较伺服系统框图。安装在滚珠丝杠一端的光电编码器产生位置反馈信号 P_f,与指令脉冲 F 相比较以取得位移的偏差信号 e 进行位置伺服控制。

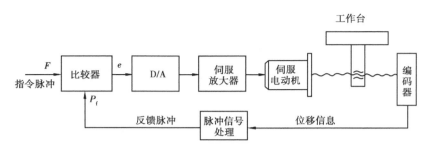

图 11.6　半闭环脉冲比较伺服系统框图

图 11.7 为全闭环脉冲比较伺服系统的框图。它采用的传感器虽有光栅、磁栅、容栅等不同形式,但都安装在工作台上,可直接检测工作台的移动位置。检测出的位置信息反馈到比较环节,只有当反馈脉冲 $P_f = F$ 时,即 $e = F - P_f = 0$ 时,工作台才停止在所规定的指令位置上。

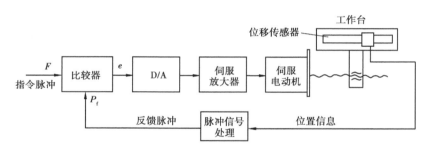

图 11.7　全闭环脉冲比较伺服系统框图

当采用的传感器为旋转变压器和感应同步器时,要采用闭环幅值比较和相位比较伺服控制方式。

11.2.2　传感器在速度反馈系统中的应用

图 11.8 为由测速发电机检测电动机转速进行速度反馈的伺服系统框图。图中位置传感器为光电编码器,其检测的位移信号直接送给 CNC 装置进行位置控制,而速度信号则直接反馈到伺服放大器,以改善电动机的动态性能。

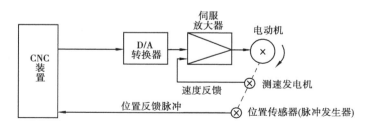

图 11.8　测速发电机速度反馈伺服系统框图

图 11.9 为用光电编码器 PE 同时进行速度反馈和位置反馈的半闭环控制系统原理图。光电编码器将电动机转角变换成数字脉冲信号反馈到 CNC 装置进行位置伺服控制。又由于电动机转速与编码器反馈的脉冲频率成比例,因此采用 F/V(频率/电压)变换器将其变换为速度电压信号就可以进行速度反馈。

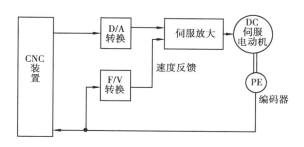

图 11.9　光电编码器速度反馈和位置反馈伺服系统

11.2.3　传感器在位置检测中的应用

位置传感器可用来检测位置是反映某种状态的开关。和位移传感器不同,位置传感器分为接触式和接近式两种。

(1) 接触式传感器的应用

接触式传感器的触头由两个物体接触挤压而动作,常见的有行程开关、二维矩阵式位置传感器等。行程开关结构简单、动作可靠、价格低廉。当某个物体在运动过程中,碰到行程开关时,其内部触头会动作,从而完成控制,如在加工中心的 X、Y、Z 轴方向两端分别装有行程开关,则可以控制移动范围。二维矩阵式位置传感器安装于机械手掌内侧,用于检测自身与某个物体的接触位置。

(2) 接近开关的应用

接近开关是指当物体与其接近到设定距离时就可以发出"动作"信号的开关,它无需和物体直接接触。接近开关有很多类,主要有自感式、差动变压器式、电涡流式、电容式、干簧管、霍尔式等。

接近开关在数控机床上的应用主要是刀架选刀控制、工作台行程控制、油缸及汽缸活塞行程控制等。

在刀架选刀控制中,如图 11.10 所示,从左至右的 4 个凸轮与接近开关 $SQ_4 \sim SQ_1$ 相对应,组成四位二进制编码。每一个编码对应一个刀位,如 0110 对应 6 号刀位。接近开关 SQ_5 用于奇偶校验,以减少出错。刀架每转过一个刀位,就发出一个信号。该信号与数控系统的刀位指令进行比较,当刀架的刀位信号与指令刀位信号相符时,表示选刀完成。

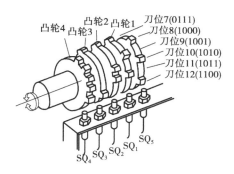

图 11.10　刀架选刀控制

霍尔传感器是利用霍尔现象制成的传感器。将锗等半导体置于磁场中,在某个方向通以电流时,则在垂直的方向上会出现电位差,这就是霍尔现象。霍尔传感器便是将小磁体固定在运动部件上,使部件靠近霍尔元件时便产生霍尔现象,从而判断物体是否到位。

11.3 测试技术在汽车机电一体化中的应用

随着微电子技术和传感器技术的应用,当今对汽车的控制已由发动机扩大到全车,例如实现自动变速换挡、防滑制动、雷达防碰撞、自动调整车高、全自动空调、自动故障诊断及自动驾驶等。

汽车机电一体化的中心内容是以微机为中心的自动控制系统取代原有纯机械式控制部件,从而改善汽车的性能,增加汽车的功能,实现汽车降低油耗,减少排气污染,提高汽车行驶的安全性、可靠性、操作方便和舒适性。汽车行驶控制的重点是:①汽车发动机的正时点火、燃油喷射、空燃比和废气再循环的控制,使燃烧充分、减少污染、节省能源;②汽车行驶中的自动变速和排气净化控制,以使其行驶状态最佳化;③汽车的防滑制动、防碰撞,以提高行驶的安全性;④汽车的自动空调、自动调整车高控制,以提高其舒适性。

11.3.1 汽车用传感器

现代汽车发动机的点火时间和空燃比的控制已实现用微机控制系统进行精确控制。例如,美国福特汽车公司的电子式发动机控制系统(EEC)如图 11.11 所示,日本丰田汽车公司发动机的计算机控制系统(TCCS)如图 11.12 所示。从图中可以看出,控制系统中必不可少地使用了曲轴位置传感器、吸气及冷却水温度传感器、压力传感器、氧气传感器等多种传感器。表 11.2 示出了汽车发动机控制用典型传感器的技术指标。表 11.3 示出了汽车常用传感器及检测对象。表 11.4 为发动机控制用传感器举例。

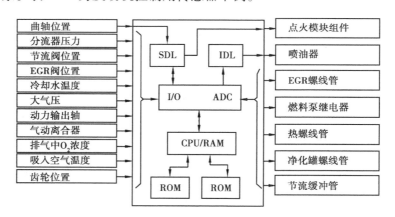

图 11.11　EEC 框图

SDL—火花放电逻辑;IDL—综合数据逻辑;EGR—废气再循环

表 11.2　汽车发动机控制用传感器的技术指标

性能参数	曲轴转角位置	压　力	空气流量	温　度	氧分压	燃料流量	油门角度
满度值	—	107 kPa	2 361/min	150 ℃	1.1 kPa	30 gal/h	—
准确度	±0.5°	40 kPa 时 ±0.4 kPa	71/min 时 ±1%	±2 ℃	±0.13 kPa	1 gal/h 时 1%	±1°
量　程	360°	—	—	−50 ℃ ~ +120 ℃	0 ~ 1.1 kPa	—	90°
输　出	0.25 ~ 5 V	0 ~ 5 V	0 ~ 5 V	0 ~ 5 V	0 ~ 1 V	0 ~ 5 V	0 ~ 5 V
分辨力	±0.1°	±14 Pa	数值的 1%	±0.5 ℃	±60 Pa	数值的 1‰	0.1°
响应时间	10 μs	10 ms	1 ms	空气 1 s 冷却水 10 s	10 ms	1 s	—
可靠性	4 000 h 0.999	2 000 h 0.997	2 000 h 0.997	4 000 h 0.999	2 000 h 0.999	2 000 h 0.997	4 000 h 0.997

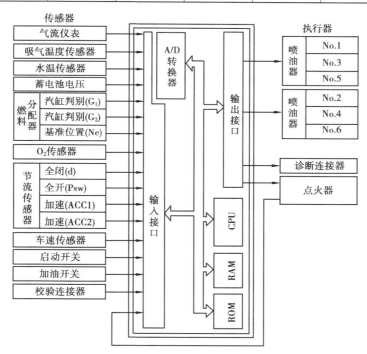

图 11.12　TCCS 框图

表 11.3　汽车用传感器及检测对象

项　目	检测量、检测对象
温度	冷却水、排出气体(催化剂)、吸入空气、发动机油、室外(内)空气
压力	吸气压(计示压力、绝对压力)、大气压、燃烧压、发动机油压、制动压、各种泵压、轮胎压
转数、转速	曲轴转角、曲轴转数、车轮速度、发动机速度、车速(绝对)
加速度	加速度
流量	吸入空气量、燃料流量、排气再循环量、二次空气量

续表

项　目	检测量、检测对象
液量	燃料、冷却水、电池液、洗窗器液、发动机油、制动油
位移、方位	节流阀开口度、排气再循环阀升降量、车高(悬置、位移)、行车距离、行驶方位
排出气体	O_2、CO_2、CO、NO_x、碳氢化合物、柴油烟
其他	转矩、爆震、燃料酒精成分、湿度、玻璃结露、鉴别饮酒、睡眠状态、电池电压、电池储存多寡、灯泡断线、荷重、冲击物、轮胎失效率、液位

表 11.4　汽车发动机控制用传感器例

传感器名称	测量范围	要求精度	例　　如
空气吸入量传感器	$(5 \sim 500) m^3/h$ (2 000 cc 发动机)	±2%	＊旋转板、电位计式 ＊卡尔曼涡流式 ·涡轮式 ·红外线式 ·离子漂移式 ·超声式
吸气管压力传感器、大气压传感器	$(100 \sim 780) mmHg$ (绝对压力)	±2%	＊真空膜盒式气压计/差动变压器式 ＊真空膜盒式气压计/电位计式 ＊振动膜/半导体应变计式 {扩散型 Au-Cu 蒸发型 厚膜电阻} ＊电容器式 ·振动膜/声表面波式 ·振动膜/晶体振动式 ·振动膜/碳堆式
温度传感器(水温、吸气温度)	$-40 \ ℃ \sim -120 \ ℃$	2%	＊热敏电阻式 ＊线绕电阻式 ·半导体式 ·临界温度电阻器式(开关用) ·正温度系数热敏电阻式(开关用) ·热敏铁氧体式(开关用)
曲柄转角传感器(曲柄基准位置传感器)、发动机转数传感器	$1° \sim 360°$	±0.5%	＊电磁传感器式 ＊磁敏三极管式 ＊磁式 ＊霍尔元件式 ＊压电式 ·光电式 ·韦格纳效应式 ·可变电感式

续表

传感器名称	测量范围	要求精度	例　如
位置传感器(排气再循环式阀的升降、节气门角度)	(0～5)mm	±3%	＊电位差式 ＊差动变压器式
车速传感器	(0～170)km/h	±1%～4%	＊舌簧接点开关式 ＊电磁传感器式
氧传感器	0.4%～1.4%	±1%	＊ZrO_2 元件 ·TiO_2 元件 ·CoO 元件(低级的空燃比 A/F 传感器)
爆震传感器	(1～10)kHz (压力波频率)	±1%	＊压电元件式 ＊磁致伸缩式

注：＊——多用(已生产)；·——少用。

发动机控制用传感器的精度多以百分数表示,这个数值必须在各种不同条件下满足燃料经济性指标和排气污染指标规定。控制活塞式发动机,基本上就是控制曲轴的位置。利用曲轴位置传感器可测出曲轴转角位置,计算点火提前角,并用微机计算出发动机转速,其信号以时序脉冲形式输出。燃料供给信号可以用两种方法获得。一种是直接测量空气的质量流量;另一种是检测曲轴位置,再由歧管绝对压力(MAP)和温度计算出每个汽缸的空气量。燃料控制环路多采用第二种方法,或采用测量空气质量流量的方法。因此,MAP 传感器和空气质量流量传感器都是重要的汽车传感器。MAP 传感器有膜盒线性差动变换传感器、电容盒 MAP传感器和硅膜压力传感器。在空气流量传感器中,离子迁移式、热丝式、叶片式传感器是真正的空气质量流量计。涡流式、涡轮式则是测量空气流速,需把它换算成质量流量。为算出恰当的点火时刻,需要检测曲轴位置的指示脉冲、发动机转速和发动机负荷 3 个参量。其中,发动机负荷可用歧管负压换算。在美国的发动机控制系统中,虽然前两个参量均用曲轴转角位置传感器测量,但控制环路的组成方法不同。有的系统直接测量歧管负压,有的系统用类似MAP 传感器的传感器测量环境空气压力(AAP),再用减法算出歧管负压。后者可用准确的环境空气压力完成海拔高度修正,以便对燃料供给和废气再循环(EGR)环路进行微调。在点火环路中,歧管负压信号响应性要快,但准确度并不需要像 MAP 和 AAP 那么高。过去的火花点火发动机在很宽的空燃比范围内工作,因此并不要求计算化学当量。由于汽车排气标准的确定,需从根本上改进发动机的工作情况。为此,很多汽车采用了一种三元催化系统。只有废气比例较小时,三化催化剂才能有效地净化 HC、CO 和 NO_x。所以,发动机必须在正确计算化学当量的 ±7% 范围内工作。带催化剂的发动机可看作气体发生器,按要求需在燃料供给环路中加装氧环路。这一环路的关键传感器是氧传感器,它可以检测废气中是否存在过剩的氧气。氧化锆氧传感器和二氧化钛氧传感器可以完成此任务。为了确定发动机的初始条件或随时进行状态修正,还需使用一些其他传感器,如空气温度传感器、冷却水温度传感器等。在最近生产的汽车中,还装了爆震传感器。涡轮增压发动机在中速或高负荷状态下振动较大,从而带来许多问题。安装爆震传感器后,当振动超过某一限度时会自动推迟点火时间,直至振动减弱为止。即发动机在无激烈振动时提前点火,找出了最佳超前量。机械共振传感器、带通振动传感器和磁致伸缩传感器可以提供这种振动信息。

为了提高汽车行驶的安全性、可靠性、操纵性及舒适性,还采用了非发动机用传感器,如表 11.5 所示。工业自动化领域用的各类传感器直接或稍加改进,即可作为汽车非发动机用传感器使用。

表 11.5 非发动机用汽车传感器

项 目	传感器
防打滑的制动器	对地速度传感器、车轮转数传感器
液压转向装置	车速传感器、油压传感器
速度自动控制系统	车速传感器、加速踏板位置传感器
轮胎	压力传感器
死角报警	超声波传感器、图像传感器
自动空调	室内温度传感器、吸气温度传感器、风量传感器、湿度传感器
亮度自动控制	光传感器
自动门锁系统	车速传感器
电子式驾驶	磁传感器、气流速度传感器

11.3.2 传感器在发动机中的典型应用

(1)压力传感器

通过压力传感器测量汽缸负压即可知道汽车发动机的负荷状态信息,发动机根据压力传感器获取的信息进行电子点火器控制。汽车用压力传感器不仅用于检测发动机负压,还可用于检测其他压力,其主要功能包括:

①检测汽缸负压,从而控制点火和燃料喷射;

②检测大气压,从而控制爬坡时的空燃比;

③检测涡轮发动机的升压比;

④检测汽缸内压;

⑤检测 EGR(废气再循环)流量;

⑥检测发动机油压;

⑦检测变速箱油压;

⑧检测制动器油压;

⑨检测翻斗车油压;

⑩检测轮胎空气压力。

汽车用压力传感器目前已有若干种,但从价格和可靠性考虑,应用最广泛的是压阻式和静电电容式压力传感器。压阻式压力传感器由 3 mm × 3 mm × 3 mm 的硅单晶片构成,晶面用化学腐蚀法减薄,在其上面用扩散法形成 4 个压阻应变片膜。这种传感器的特点是灵敏度高,但灵敏度的温度系数大。灵敏度随温度的变化用串联在压阻应变片桥式电路上的热敏电阻进行补偿,不同温度下零点漂移由并联在应变片上的温度系数小的电阻增减进行补偿。

图 11.13 为压阻应变式压力传感器(亦称真空传感器)。它实际上是一个由硅杯组成的半导体应变元件。硅杯的一端通大气,另一端接发动机进气管。硅杯的主要部位为一个很薄的(厚度 3 μm)硅片,外围较厚(厚度约 250 μm),中部最薄。硅片上、下两面各有一层二氧化硅膜。膜层中沿硅片四周有 4 个应变电阻。在硅片四角各有一个金属块,通过导线与应变电阻相连。硅片底部粘贴了一块硼硅酸玻璃片,使硅膜中部形成一个真空窗以感应压力。使用时,用橡胶或塑料管将发动机吸气歧管的真空负压连接到真空窗口(真空室)即可。传感器的 4 个电阻连接成桥形电路,无变形时将电桥调到平衡状态。当硅杯 2 中硅片 1 受真空负压弯曲时,引起电阻值的变化,其中 R_1 和 R_4 的阻值增加,R_2 和 R_3 的阻值等量减小,使电桥失去平衡,从而在 ab 端形成电势差。此电势差正比于进气真空度,故可作为发动机的负荷信号。

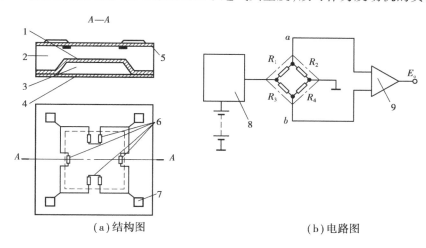

图 11.13　压阻应变式压力传感器
1—硅片;2—硅杯;3—真空室;4—硼硅酸玻璃片;5—二氧化硅膜;
6—传感电阻;7—金属块;8—稳压电源;9—差动放大器

图 11.14 为较早使用的膜盒线性差动变换压力传感器原理图。膜盒 2 外部腔与吸气歧管相通,随着气压的变化,膜盒 2 带动芯子做直线运动,通过差动变压器 3 将芯子位移信号检测输出,从而计算负压大小。

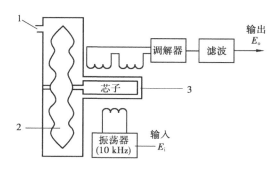

图 11.14　膜合式压力传感器
1—接吸气歧管;2—膜盒;3—差动变换器

（2）爆震传感器

爆震是指燃烧室中本应逐渐燃烧的部分混合气突然自燃的现象。这种现象通常发生在离火花塞较远区域的末端混合气中。爆震时会产生很高强度的压力波冲击燃烧室，所以能听到尖锐的金属部件敲击声。爆震不仅使发动机部件承受高压，并使末端混合气区域的金属温度剧增，严重的可使活塞顶部熔化。点火时间过早是产生爆震的一个主要原因。由于要求发动机能够发出最大功率，点火时间最好能提早到刚好不至于发生爆震的角度。但在这种情况下，发动机的工况略有改变，就可能发生爆震而造成损害。为避免这种危险，过去通常采用减小点火提前角的办法，但这样要牺牲发动机的功率。为了不损失发动机的功率而不产生爆震现象，必须研制和应用爆震传感器。发动机爆震时产生的压力波频率范围约为 1 ~ 10 kHz。压力波传给缸体，使其金属质点产生振动加速度。加速度计爆震传感器就是通过测量缸体表面的振动加速度来检测爆震压力的强弱，如图 11.15（a）所示。

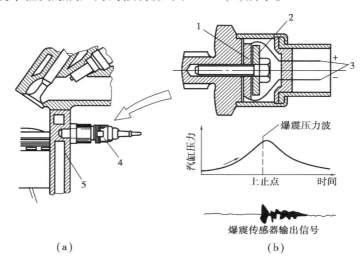

图 11.15　爆震传感器（加速度型）

1—压电元件;2—惯性配重;3—输出引线;4—传感器;5—汽缸壁

这种传感器用螺纹旋入汽缸壁，其主要元件为一个压电元件（压电陶瓷晶体片）1，螺钉使一个惯性配重 2 压紧压电片而产生预加载荷。载荷大小影响传感器的频率响应和线性度。图 11.15（b）所示的爆震压力波作用于传感体时，通过惯性配重 2 使压电元件 1 的压缩状况产生约 20 mV/g（g——重力加速度）的电动势。传感器以模拟信号（小电流）传输给微型电子计算机，经滤波后，再转换成指示爆震后爆震的数字信号。当逻辑电路感测到爆震数字脉冲时，控制计算机立即发出指令推迟点火时间以消除爆震。

（3）冷却液温度传感器

目前使用的温度传感器主要是热敏电阻和铁氧体热敏元件。冷却液温度传感器常用一个铜壳与需要测量的物体接触，壳内装有热敏电阻。一般金属热敏电阻的阻值随温度升高而增加，具有正温度系数。与此相反，由半导体材料（最常用的是硅）制成的传感器具有负温度系数，其电阻值随温度升高而降低。使用时，传感器装在发动机冷却水箱壁上，其输出的与冷却液温度成比例的直流电压作为修正点火提前角的依据。发动机冷却液温度传感器采用正温度系数的热敏电阻特性。

11.3.3　传感器在汽车空调系统中的应用

汽车的基本空调系统经过不断发展和元件改进、功能完善和电子化,最终发展成为自动空调系统。自动空调系统的特点为:空气流动的路线和方向可以自动调节,并迅速达到所需的最佳温度;天气不是特别燥热时,可使用设置的"经济挡"控制,使空压机关掉,但仍有新鲜空气进入车内,既保证一定舒适性要求,又节省制冷系统燃料;具有自动诊断功能,可迅速查出空调系统存在的或"曾经"出现过的故障,给检测维修带来很大方便。

图 11.16 为自动空调系统框图。它由操纵显示装置、控制和调节装置、空调电动机控制装置以及各种传感器和自动空调系统各种开关组成。温度传感器是系统中应用得最多的。两个相同的外部温度传感器分别安装在蒸发器壳体和散热器罩背后。计算机感知这两个检测值,一般用低值计算,因为在行驶时和停止时,温度会有很大差别。图中高压传感器实际上是一个温度传感器,即负温度系数的热敏电阻,起保护作用。它装在冷凝器和膨胀阀之间,以保证压缩机在超压的情况下(例如散热风扇损坏时)关闭并被保护。各种开关有防霜开关、外部温度开关、高/低压保护开关、自动跳合开关等。当外部温度 $T \leqslant 5$ ℃时,可通过外部温度开关关断压缩机电磁离合器。自动跳合开关的作用是在加速、急踩油门踏板时关断压缩机,使发动机有足够的功率加速,然后再自动接通压缩机。

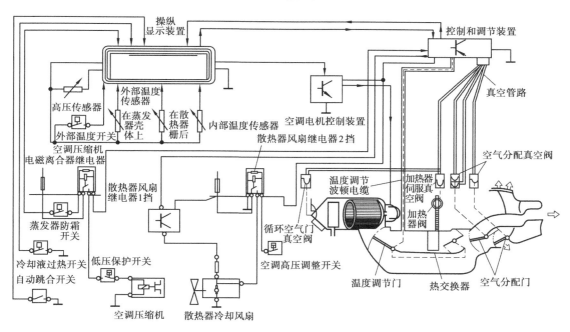

图 11.16　自动空调系统框图

自动空调系统在带来很大便利的同时也使系统更为复杂,给维修带来很大困难。但自动诊断系统的应用后,给查找故障和维修都带来极大方便。奥迪车的自动诊断系统采用频道代码进行自动诊断。即在设定的自检方式下,将空调系统的各需检测的内容分门别类地分到各频道,在各个频道里用不同代码表示不同意义,然后检阅有关专用手册,便可确定系统各部件的状态。

奥迪轿车自动空调系统中的传感器、各种开关及各种装置的安装位置如图 11.17 所示。

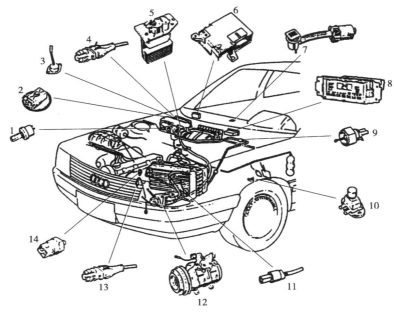

图 11.17　自动空调系统元件安装位置示意图

1—低压保护开关;2—防霜开关;3—外部温度开关;4—安装在蒸发器壳体上的外部温度传感器;
5—空调电动机控制装置;6—控制和调节装置;7—内部温度传感器;8—操纵机构;
9—高压传感器;10—自动跳合开关;11—高压保护开关;12—压缩机;
13—安装在散热器栅处的外部温度传感器;14—水温传感器

习题与思考题

11.1　工业机器人中检测位移量常用什么传感器?

11.2　简述传感器在 CNC 机床与加工中心中的应用。

11.3　简述触发式测头的原理。

11.4　汽车用传感器主要包括哪几类?

11.5　简述压力传感器在汽车测试中的主要功能。

参考文献

［1］李迅波. 机械工程测试技术基础［M］. 成都：电子科技大学出版社，1998.

［2］王伯雄，王雪，陈非凡. 工程测试技术［M］. 北京：清华大学出版社，2008.

［3］卢文祥，杜润生. 机械工程测试·信息·信号分析［M］. 武汉：华中理工大学出版社，1999.

［4］黄长艺，严普强. 机械工程测试技术基础［M］. 北京：机械工业出版社，2006.

［5］熊诗波，黄长艺. 机械工程测试技术基础［M］. 北京：机械工业出版社，2010.

［6］许同乐. 机械工程测试技术［M］. 北京：机械工业出版社，2010.

［7］韩建海，马伟. 机械工程测试技术［M］. 北京：清华大学出版社 2010.

［8］周生国，李世义. 机械工程测试技术［M］. 北京：国防工业出版社，2005.

［9］董海森. 机械工程测试技术学习辅导［M］. 上海：中国计量出版社，2004.

［10］黄惟公，曾盛绰. 机械工程测试技术与信号分析［M］. 重庆：重庆大学出版社，2002.

［11］秦树人. 机械工程测试原理与技术［M］. 重庆：重庆大学出版社，2002.

［12］周传德，文成. 传感器与测试技术［M］. 重庆：重庆大学出版社，2009.

［13］蒋洪明，张庆. 动态测试理论与应用［M］. 南京：东南大学出版社，1998.

［14］黄长艺，卢文祥. 机械工程测量与试验技术［M］. 北京：机械工业出版社，2000.

［15］郑方，徐明星. 信号处理原理［M］. 北京：清华大学出版社，2000.

［16］张贤达，保铮. 非平稳信号分析与处理［M］. 北京：国防工业出版社，1998.

［17］北京中科泛华测控技术有限公司. 计算机虚拟仪器图形化编程 LabVIEW 实验教材［M］.

［18］秦树人. 虚拟仪器［M］. 北京：中国计量出版社，2004.

［19］贺启环. 环境噪声控制工程［M］. 北京：清华大学出版社，2011.

［20］闻邦椿，刘树英. 机械系统的振动设计及噪声控制［M］. 北京：机械工业出版社，2010.

［21］张优云，陈花玲，张小栋，等. 现代机械测试技术［M］. 北京：科学出版社，2005.

［22］何渝生. 汽车噪声控制［M］. 北京：机械工业出版社，1995.

［23］钟海兵，贺才春，查国涛. 城市客车车内噪声振动实测分析［J］. 汽车技术，2009 年增刊.

［24］张建民. 传感器与检测技术［M］. 北京：机械工业出版社，2000.

［25］徐志敏，刘美生，卿燕萍. 汽车底盘测功机的原理及检测［J］. 中国测试技术，2004（3）.

［26］左铭旺，姚丹亚，周申生. 多功能汽车底盘测功机［J］. 工业仪表与自动化装置，2001（6）.

［27］廖伯瑜. 机械故障诊断基础［M］. 北京：冶金工业出版社，1994.

［28］张键. 机械故障诊断技术［M］. 北京：机械工业出版社，2009.

［29］韩捷. 旋转机械故障机理及诊断技术［M］. 北京：机械工业出版社，1997.

［30］钟秉林，黄仁. 机械故障诊断学［M］. 北京：机械工业出版社，1997.

［31］李晓莹. 传感器与测试技术［M］. 北京：高等教育出版社，2005.

［32］盛兆顺，尹琦岭. 设备状态监测与故障诊断技术及应用［M］. 北京：化学工业出版社，2003.

［33］陈进. 机械设备振动监测与故障诊断［M］. 上海：上海交通大学出版社，1999.

［34］江征风. 测试技术基础［M］. 北京：北京大学出版社，2007.

［35］贾民平. 测试技术［M］. 北京：高等教育出版社，2004.

［36］江征风. 测试技术讲义［M］. 武汉：武汉理工大学，2012.

［37］JZC 机械系统创意组合与性能分析实验台使用说明书［M］. 长沙：湖南宇航科技教学设备有限公司，2009.

［38］梁为. 机械故障诊断学自编教材［M］. 北京：华北科技学院，2004.

［39］杨叔子. 机械故障诊断的时序方法［M］. 北京：冶金工业出版社，1994.

［40］黄仁. 机械设备的工况监视与故障诊断［M］. 南京：东南大学出版社，1988.